Informatik-Fachberichte 139

Herausgegeben von W. Brauer
im Auftrag der Gesellschaft für Informatik (GI)

Michael Marhöfer

Fehlerdiagnose für Schaltnetze aus Modulen mit partiell injektiven Pfadfunktionen

Springer-Verlag
Berlin Heidelberg New York
London Paris Tokyo

Autor

Michael Marhöfer
Institut für Informatik IV, Universität Karlsruhe
Zirkel 2, 7500 Karlsruhe 1

CR Subject Classifications (1987): B.5.3, B.6.2, B.7.3, I.1.2

ISBN-13: 978-3-540-17938-2   e-ISBN-13: 978-3-642-72757-3
DOI: 10.1007/978-3-642-72757-3

Repro- u. Druckarbeiten: Weihert-Druck GmbH, Darmstadt

2145/3140-543210

<u>Vorwort</u>

Die vorliegende Arbeit entstand am Institut für Informatik IV der Universität Karlsruhe (TH). Unter dem ursprünglichen Titel "Digitale Fehlerdiagnose durch Anwendung von Modultests aufgrund partiell injektiver Pfadfunktionen" wurde sie von der Fakultät für Informatik als Dissertation angenommen. Die mündliche Prüfung fand am 12. November 1986 statt.

An dieser Stelle möchte ich allen danken, die mir bei der Entstehung dieser Arbeit geholfen haben.

Herrn Prof. Dr.-Ing. W. Görke bin ich für die Betreuung dieser Arbeit und wertvolle Anregungen zu großem Dank verpflichtet. Ihm verdanke ich auch einen großen Forschungsfreiraum und eine sehr förderliche Arbeitsumgebung.
Herrn Prof. Dr.-Ing. H. M. Lipp danke ich für die Übernahme des Korreferats und für seine nützlichen Hinweise, die zur Abrundung der Arbeit beitrugen.

Meinen Kolleginnen und Kollegen danke ich für die gute Zusammenarbeit und die Entlastung von manchen Pflichten. Ein besonderer Dank gebührt Herrn Dr. K. Echtle, der die Entstehung dieser Arbeit als kritischer Diskussionspartner förderte, und Herrn A. Pfitzmann für manchen Ratschlag. Frau D. Tautz und Herrn H. Seitz danke ich für die saubere und prompte Ausführung der Zeichenarbeiten. Mein Dank gilt auch Herrn B. Gengel und Herrn R. Lepold, die beide durch ihre Diplomarbeiten zu dieser Arbeit beitrugen, sowie Herrn K. Furmans und Herrn Th. Beutel für die sorgfältige Software-Erstellung.

Meine Frau Barbara und meine Tochter Marie-Luise brachten dieser Arbeit auch in schwierigen Phasen Verständnis und Geduld entgegen, wofür ich ihnen herzlich danke.

Karlsruhe, März 1987   Michael Marhöfer

Kurzfassung

Die digitale Fehlerdiagnose hat die Aufgabe, in Digitalschaltungen Fehler, wie sie
bei der Herstellung oder im Betrieb auftreten, zu erkennen und zu lokalisieren.
Vielfältige Fehlermechanismen und umfangreiche Schaltungen stellen gerade bei
integrierten Schaltungen hohe Anforderungen an die Fehlerdiagnose. Dies gilt
besonders für die Bestimmung geeigneter Testmuster.

Vorhandene Verfahren zur Testmusterbestimmung verwenden entweder ein realisierungsbezogenes, sehr präzises Schaltungs- und Fehlermodell und eignen sich nur für
relativ kleine Schaltungen oder sie verwenden ein eher abstraktes Schaltungs- und
Fehlermodell und können dann sehr große Schaltungen bearbeiten. Abstriche an der
Qualität des Tests sind im letzteren Fall unvermeidlich, so daß die Anforderungen
hochintegrierter Schaltungen von keinem Verfahren voll erfüllt werden.

Um die Vorteile (präzises Fehlermodell, Eignung für große Schaltungen) beider
Verfahrensklassen zu verbinden, wird in dieser Arbeit ein Verfahren zur modularen
Testmusterbestimmung vorgeschlagen. Es basiert auf einem modularen Modell des Testobjekts, das die Struktur der Schaltung auf Modulebene und die Funktion der Module
umfaßt, sowie einem ebenfalls modularen Fehlermodell und geht von realisierungsbezogenen Tests für die einzelnen Module aus. Zur Anwendung eines Modultests wird
zusammen mit dem Einstellen der Modultestmuster ein mehrere Bit breiter Beobachtungspfad durch die nachfolgenden Module eingerichtet. Für den Beobachtungspfad
wird die in den Modulfunktionen vorhandene partielle Injektivität in zwei
Ausprägungen ("Transparenz" und "Relativtransparenz") ausgenutzt.

Im Verlauf der Arbeit werden die grundlegenden Operationen zur Anwendung von
Modultests eingeführt, insbesondere das Einstellen von Modultest-Mustern und das
Beobachten von Modultest-Ergebnissen. Auch dazu adäquate Mittel für den prüfgerechten Entwurf werden angegeben. Der Ablauf des eigentlichen Testbestimmungsverfahrens
wird beschrieben. Abschließend werden zur Bewertung des vorgeschlagenen Verfahrens
eine Reihe von quantitativen Daten angegeben, die mittels einer Teil-Implementierung
aus praktischen Schaltungsbeispielen gewonnen wurden.

Stichworte

Digitale Fehlerdiagnose, Fehlermodellierung, prüfgerechter Entwurf, Fehlererkennung,
modulare Testbestimmung, Rechnen mit Schaltfunktionen.

Abstract

The task of digital fault diagnosis is to detect and localize faults which occur in the production and operation of digital circuits. Especially demanding is the fault diagnosis of complex integrated circuits because of the large variety of failure mechanisms and the poor accessibility of interior circuit parts. In general, faults are diagnosed by application of suitable test patterns, which are generated by a process called test generation.

Test generation methods currently available are based either on models close to the physical realization of the circuit or on more abstract models which lack information about the circuit realization. Only the latter methods can be applied to large circuits but generate test sets of questionable completeness.

This thesis intends to combine the advantages of both approaches by proposing a _modular_ test generation method. Our method is based on a modular model of a circuit and its faults and is operating partly on the module-level-structure of the whole circuit and partly on the function of the modules. Starting with a prepared test for a single module, the module test is applied by setting the module test pattern and establishing an observation path which is usually several bits wide. To establish the observation path, the method exploits the partially available injectivity of module functions.

In this thesis, the definition of the circuit and fault model is followed by the description of the basic operations for applying a module test through the surrounding circuit. A corresponding approach for design for testabiliy is described. A procedure for modular test generation concludes the theoretic part. For evaluation of the presented theory the proposed method has been partially implemented. Results of application to examples of practical circuits are given in the concluding chapter.

Keywords

Digital fault diagnosis, fault modelling, design for testability, fault detection, modular test generation, injectivity of truth functions, calculating with truth functions

Inhaltsverzeichnis

		Seite
0	Einleitung	1
1	**Testen digitaler Schaltungen**	3
	1.1 Testvorbereitung und Testdurchführung	4
	1.2 Modellierung des Testobjekts	5
	1.3 Bestimmung von Testmustern	8
	1.3.1 Allgemeine Vorgehensweise	9
	1.3.2 Testbestimmung anhand einer Struktur elementarer Verknüpfungselemente	11
	1.3.3 Testbestimmung anhand einer Struktur funktionell beschriebener Module	12
	1.4 Verbesserung der Testbarkeit	13
	1.5 Abgrenzung der Aufgabenstellung	14
2	**Entwicklung des Testkonzepts**	17
	2.1 Anforderungen an das Testkonzept	17
	2.2 Im Testkonzept verwendete Voraussetzungen	18
	2.3 Testkonzept	20
	2.3.1 Modell und Beschreibung des Testobjekts	21
	2.3.2 Anwendung von Modultests aufgrund partiell injektiver Pfadfunktionen	24
3	**Mathematische Grundlagen und Hilfsmittel**	27
	3.1 Grundbegriffe	27
	3.2 Schaltfunktionen	28
	3.3 Logische Gleichungen	34
4	**Beobachtung von Modul-Testergebnissen**	35
	4.1 Pfadfunktionen und Injektivität	36
	4.2 Transparente Pfade	40
	4.2.1 Transparenzbestimmung für einen t-Einzelpfad	45
	4.2.2 Heuristische Transparenzbestimmung für einen K-fachen t_Einzelpfad	46
	4.2.3 Transparenzbestimmung für einen K-fachen t-Mehrfachpfad	55
	4.3 Relativtransparente Pfade	60
	4.3.1 Punktweise Injektivität und Relativtransparenz	61
	4.3.2 Bestimmung der Relativtransparenz eines Pfades bei einer Beobachtung	63
	4.3.3 Bestimmung der sequentiellen Relativtransparenz eines Pfades bei mehreren Beobachtungen	68
	4.4 Modulare Beobachtungspfade	78
	4.4.1 Fortsetzung des Beobachtungspfades in Abhängigkeit vom Verbindungstyp	79
	4.4.2 Wahlentscheidungen bei der Fortsetzung eines Beobachtungspfads	82

X

5 Entwurfsmaßnahmen zur Verbesserung der partiellen Injektivität   86

  5.1 Verbesserung der Transparenz eines Moduls   86

    5.1.1 Bestimmung der Ist-Transparenz   87

    5.1.2 Modulexterne Schaltungszusätze   88

    5.1.3 PLA-spezifische Maßnahmen   92

  5.2 Verbesserung der Relativtransparenz eines Moduls   98

6 Ein Verfahren zur Anwendung von Modultests aufgrund partiell injektiver Pfadfunktionen   101

  6.1 Operationen zum Einstellen von internen Wertebelegungen   101

    6.1.1 Durchführung der Implikation   102

    6.1.2 Durchführung der Vervollständigung   106

  6.2 Beschreibung des modularen Testbestimmungsverfahrens   108

  6.3 Effizienzsteigernde Maßnahmen   111

    6.3.1 Erweiterung der Modulbeschreibung   112

    6.3.2 Verwendung von Heuristiken   112

    6.3.3 Speicherung von Zwischenergebnissen   113

7 Bewertung ausgewählter Verfahren und der partiellen Injektivität anhand praktischer Schaltungsbeispiele   114

  7.1 Vergleich mit anderen Ansätzen   114

    7.1.1 D-Algorithmus mit mehrwertigem Signalmodell   114

    7.1.2 Ansatz von Somenzi et al.   115

  7.2 Bewertung anhand praktischer Beispiele   115

    7.2.1 Merkmale der Funktionsdarstellung   116

    7.2.2 Ergebnisse aus der Bestimmung der Relativtransparenz   117

    7.2.3 Ergebnisse aus der Bestimmung der Transparenz   128

8 Zusammenfassung und Ausblick   133

9 Literatur   134

Anhang A: Rechnen mit Schaltfunktionen im System CUBICALC   142

Anhang B: Anteile der Einfach- und Mehrfachbeobachtungen an den bei der Relativtransparenzbestimmung untersuchten Fällen   159

Anhang C: Mittlerer Erfüllungsgrad der RTB und der STB in Abhängigkeit von der Pfadkenngröße BDD_p 164

Sachverzeichnis   169

Liste der verwendeten Abkürzungen

		Definition/Erklärung Seite
a	Belegung der Modulausgänge	21
A	m-Tupel der Modulausgänge	21
AF	abstrahierendes Modulfehlermodell	22
α	Element einer Indexmenge	
ATB	anteilige Relativtransparenzbedingung	51
B^k	Menge $\{0,1\}^k$	28
$B_{EP,s}$	Ergebnis des ersten Schritts der Berechnung von RTB_s	63
$BD_{i,j}$	Boolesche Differenz der j-ten Pfadausgangsfunktion nach ET_i	119
BDD_P	eine der Pfadkenngrößen	119
$BR_{EP,s}$	Ergebnis des ersten Schritts der Berechnung von ETB_s	67
BTD_P	eine der Pfad-Kenngrößen	119
cB	charakteristische Funktion des Modul-Bildbereichs	112
Δ,Δ_j	Indexmengen	
DF	disjunktive Form	31
DNF	disjunktive Normalform	31
e	Belegung der Moduleingänge	21
E	n-Tupel der Moduleingänge	21
$E(f)$	Erfüllungsgrad einer Schaltfunktion f	29
E_M	Menge der Modulkanten	21
E_{VB}	Menge der Verbindungskanten der Gesamtschaltung	23
EAQ_P	eine der Pfadkenngrößen	119
ep	Belegung der pfadeinstellenden Moduleingänge EP	36
EP	(n-p)-Tupel der pfadeinstellenden Moduleingänge	36
$E(RB)$	Erfüllungsgrad der Randbedingung für die Pfadeingänge	123
$E(RTB)$	Erfüllungsgrad der Relativtransparenzbedingung	122
$E(STB)$	arithmetisches Mittel der Erfüllungsgrade der $STB_{s,i}$	122
et	Belegung der Pfadeingänge ET eines Moduls	36
ET	p-Tupel der Pfadeingänge eines Moduls	36
ETB_s	Bedingung für eingeschränkte Relativtransparenz	66
F	m-Tupel der Modulfunktionen	21
FP_k	q-Tupel der durch k bestimmten Pfadfunktionen	37
G	Modulgraph	21
GA	Menge der Anschlüsse in der Gesamtschaltung	23
GE	Menge der Kanten von GS	23
GN	Menge der Verbindungsnetze	23
GPA	Menge der Primärausgänge der Gesamtschaltung	23
GPE	Menge der Primäreingänge der Gesamtschaltung	23
GS	Graph der Gesamtschaltung	23
GV	Menge der Knoten von GS	23
I	Implikant	31
IP	Teilimplikant, bestehend aus EP-Literalen	74
IT	Teilimplikant, bestehend aus ET-Literalen	74
IX	Teilimplikant, bestehend aus X-Literalen	57
IY	Teilimplikant, bestehend aus Y-Literalen	57

Definition/Erklärung
Seite

ILA	'iterative logic array'	7
KF	konjunktive Form	31
KNF	konjunktive Normalform	31
m	Anzahl der Ausgänge eines Moduls	21
M	ein Modul	21
M_P	ein Modul des Beobachtungspfads (Pfadmodul)	78
M_T	ein zu testendes Modul	109
MB_s	s-Mischbereich	70
$MB_{s,ep}$	Mischbereich zu ep	70
$MB_{s,PM}$	Mischbereich zu einer Menge PM	71
n	Anzahl der Eingänge eines Moduls	21
N-Modul	Nachfolger-Modul im Beobachtungspfad	79
p	Anzahl der Pfadeingänge	36
P	ein Pfad	36
PLA	'programmable logic array'	92
PM	Menge von EP-Belegungen ep	70
pmin	Mindestanzahl von Pfadeingängen	120
pmax	Höchstanzahl von Pfadeingängen	120
q	Anzahl der Pfadausgänge	36
qconst	konstante Anzahl von Pfadausgängen	120
qr	Anzahl der von min. einem ET_i abhängigen Pfadausgangsfunktionen	119
qr_i	Anzahl der vom Pfadeingang ET_i abhängigen Pfadausgangsfunktionen	119
rani	Initialisierung des Pseudozufallszahlen-Generators	120
R_s	Randbedingung der Beobachtungsaufgabe	66
RB	Randbedingung für die Pfadeingänge ET	120
ROM	Nur-Lese-Speicher, 'read-only memory'	92
RP	Randbedingung für die pfadeinstellenden Eingänge EP	86
RTB_s	Relativtransparenzbedingung	61
s	Sollwert einer Testantwort an den Pfadeingängen	38
SP_P	eine der Pfadkenngrößen	119
st-0	ständig 0	6
st-1	ständig 1	6
$STB_{s,i}$	Bedingung der (eingeschränkten) sequentiellen Relativtransparenz	69
t	eine Testantwort als Belegung der Pfadeingänge	38
T	Modultest	22
TB	Transparenzbedingung	41
TB^+	Bedingung für die positiv gerichtete Transparenz	48
TB^-	Bedingung für die negativ gerichtete Transparenz	48
TD	Menge der Modul-Testdaten	22
TE	Menge der Modul-Testergebnisse	22
TEQ_P	eine der Pfadkenngrößen	119
TM	Menge der Modul-Testmuster	22
TRM	Transparenzmodus	86
UB_s	s-Unterscheidungsbereich	69
$UB_{s,ep}$	Unterscheidungsbereich zu ep	70
$UB_{s,PM}$	Unterscheidungsbereich zur Menge PM	71

Definition/Erklärung
Seite

V	Menge der Knoten des Modulgraphs	21
V-Modul	Vorgänger-Modul	79
V1,..,V8	Voraussetzungen zum Testkonzept	18
X,Y	Tupel unabhängiger Variablen	

Liste der verwendeten Formelzeichen und Symbole

$\mid .. \mid$	Betrag, Mächtigkeit einer Menge	
$\cup, \bigcup$	Vereinigung von Mengen	
$\cap, \bigcap$	Schnitt von Mengen	
-	Differenz, Mengendifferenz	
$\vee, \bigvee$	Disjunktion	27
$\wedge, \bigwedge$	Konjunktion	27
$\neg, \bar{}$	Negation	27
$\leftrightarrow$	Äquivalenz	28
$\leftarrow/\rightarrow$	Antivalenz	28
#	Relativkomplement, Kreuzoperation	28
$\Rightarrow$	Implikation	28
ρ	ein Operator	
$\rightarrow$	Abbildungspfeil	
$\equiv$	Gleichheit von Funktionen, Abbildungen	55
$\not\equiv$	Ungleichheit von Funktionen, Abbildungen	55
$[..]_{DF}$	Darstellung einer Funktion in disjunktiver Form	31
/	Bildung einer Teilfunktion, die von einem Teil der Variablen der Funktion unabhängig ist	51
|	bei Modulen: Restriktion auf einen Pfad	36
$\exists$	Existenzquantor, "Es gibt **mindestens** ein..."	30
$\exists_1$	Existenzquantor, "Es gibt **genau** ein..."	
$\forall$	Allquantor, "Für alle..."	30

0 Einleitung

Die Entwicklung der Integrationstechnik macht rasche Fortschritte. Immer mehr Transistoren und andere Bauelemente können auf einem Chip integriert werden. 1-Chip-Computer und 4-Megabit-Chip sind exemplarische Beispiele dafür. Gleichzeitig ist aber bei der Produktion solcher Chips die Ausbeute, d.h. der Anteil fehlerfrei gefertigter Chips, auf nur wenige Prozent abgesunken. Immer mehr physikalische/chemische Defekte, Unreinheiten, und Ungenauigkeiten an den bei der Herstellung verwendeten Materialien und Geräten machen sich bei den zunehmend feineren Strukturen als Funktionsfehler der integrierten Schaltung bemerkbar. Diese Anfälligkeit ist nicht auf die Herstellung beschränkt, sondern wirkt sich auch im Betrieb der Schaltungen aus.

Daraus ergeben sich neue Anforderungen an die Fehlerdiagnose digitaler Schaltungen. Nicht nur größere Schaltungen als je zuvor sind zu bewältigen. Auch die früher relativ einfache Modellierung der Fehler ist aufgrund der neuen Herstellungverfahren unzureichend. Neben adäquaten Geräten zur Testdurchführung fehlen vor allem Verfahren zur Testvorbereitung. Dazu gehört die Bestimmung der zur Fehler-Erkennung bzw. Fehler-Lokalisierung geeigneten Eingangsmuster ebenso wie schaltungstechnische Maßnahmen zur Verbesserung der Testbarkeit.

In der vorliegenden Arbeit werden modular arbeitende Verfahren für die Testbestimmung und Testbarkeits-Verbesserung hochintegrierter Schaltungen bei Verwendung realitätsnaher Fehlermodelle entwickelt. Es wird angegeben, wie aus Tests für Teilschaltungen (Module) Tests für eine größere Schaltung gewonnen werden können. Dadurch lassen sich die für kleinere Schaltungen beherrschten, aufwendigen Fehlermodelle auch bei der Testbestimmung für sehr große Schaltungen anwenden. Die Arbeit verallgemeinert zu diesem Zweck das Konzept des sensibiliserten Pfades (Transfer einer 1-Bit-Information über den Fehler) zum Konzept des (relativ-)transparenten Pfades (Transfer einer k-Bit-Information über den Fehler).
Um den mit solchen Verfahren verbundenen Aufwand relativ niedrig zu halten, wird angestrebt, nach der Bestimmung der realisierungsbezogenen Modultests zur modularen Testbestimmung ein möglichst abstraktes Modell der Schaltung und ihrer Module zu verwenden. Dazu wird ein abstrahierendes Fehlermodell eingeführt, das es ermöglicht, alle Operationen der modularen Testerzeugung allein anhand der Schaltungsstruktur auf Modulebene und anhand der Modulfunktionen auszuführen, ohne daß die Realitätsnähe des Fehlermodells eingeschränkt wird.

Das erste Kapitel führt in das Testen digitaler Schaltungen ein, beschreibt den Wissensstand in den Teilgebieten Fehlermodellierung und Testbestimmung und grenzt im Abschnitt 1.5 die vorliegende Arbeit ab. Im zweiten Kapitel wird das hier verfolgte Testkonzept entwickelt. Es basiert auf Anforderungen, die sich aus der Aufgabenstellung ergeben, und auf einer Reihe von Voraussetzungen. Auch Modell und Beschreibung des Testobjekts werden hier angegeben. Das dritte Kapitel enhält eine knappe Zusammenstellung der mathematischen Grundlagen und Schreibweisen; es kann zusammen mit dem Verzeichnis der Abkürzungen, Formelzeichen und Symbole, das dem Inhaltsverzeichnis folgt, bei Bedarf zum Nachschlagen verwendet werden.

Nach diesen Vorbereitungen werden im zentralen Kapitel 4 der Arbeit die Verfahren zur Beobachtung von Modul-Testergebnissen entwickelt, die auf verschiedenen Formen partieller Injektivität beruhen. Diese Verfahren ermöglichen den Transfer von k-Bit-Testdaten über transparente und relativtransparente Pfade einer modularen Schaltung.

In Kapitel 5 werden Entwurfsmaßnahmen angegeben, die bei Bedarf die modulare Testbestimmung vereinfachen können. Nach der Behandlung des Einstellens interner Belegungen kann schließlich im Kapitel 6 das Testbestimmungsverfahren angegeben werden. Abschließend werden ausgewählte Verfahrensteile anhand praktischer Beispiele bewertet (Kapitel 7).

Anhang A enthält eine Beschreibung des für eine Teilimplementierung der Verfahren entwickelten Programmsystems; die Anhänge B und C bringen in Ergänzung zum Kapitel 7 graphische Darstellungen von Einzelergebnissen.

1 Testen digitaler Schaltungen

Die Entwicklung der Integrationstechnik macht die Herstellung einer komplexen digitalen Schaltung immer billiger; auch die Kosten für ihren Entwurf konnten durch Einführung neuer Methoden und zunehmende Automatisierung stark gesenkt werden. Dagegen haben sich Vorbereitung und Durchführung des Schaltungstests kaum vereinfacht; sie sind durch die neuen Herstellungsverfahren eher aufwendiger geworden. Dies führte zum Anstieg des Testkosten-Anteils an den Gesamtkosten einer Schaltung bzw. eines digitalen Systems. Nach [Benn84] haben die Testkosten z.T. schon einen Anteil von mehr als 50%.
Trotz der relativ hohen Kosten kann man auf das Testen nicht verzichten. Bei der Herstellung von digitalen Bauelementen und Systemen ist das Testen das wichtigste Hilfsmittel zur Qualitätssicherung. Auch während des Betriebs eines digitalen Systems treten Fehler auf; zur Vermeidung von teuren Betriebsunterbrechungen sind effiziente Testverfahren in der Wartung und in Fehlertoleranzverfahren notwendig. Neben der hohen wirtschaftlichen Bedeutung kommt dem Testen auch eine sicherheitstechnische Bedeutung zu. Als Beleg dafür sei auf den zunehmenden Einsatz digitaler Schaltungen in sicherheitskritischen Anwendungen (z.B. Aufzug, Bahn, Flugzeug) hingewiesen.

Das Ziel der Fehlerdiagnose digitaler Schaltungen kann man so definieren, daß alle bei der Herstellung oder im Betrieb digitaler Schaltungen auftretenden Fehler zur Vermeidung unerwünschter Auswirkungen zu erkennen und nach Bedarf zu lokalisieren sind. Dieses Ziel ist bei zunehmender Schaltungsgröße und immer fehleranfälligeren Herstellungsverfahren für hochintegrierte Schaltungen schwierig zu erreichen.

Die Einführung einiger Begriffe soll die umgangssprachlichen Sprechweisen präzisieren. Nach DIN 40042 versteht man unter Fehler "...die unzulässige Abweichung eines Merkmals...". Hier werden insbesondere Abweichungen von der Funktion der Schaltung als Fehler betrachtet. <u>Fehlererkennung</u> bedeutet festzustellen, ob eine Schaltung fehlerhaft ist; <u>Fehlerlokalisierung</u> bezeichnet die Unterscheidung oder Eingrenzung vorhandener Fehler. <u>Fehlerdiagnose</u> umfasst als Oberbegriff Fehlererkennung und Fehlerlokalisierung. Entsprechend wird ein Fehler diagnostiziert, wenn er erkannt oder lokalisiert wird. Das <u>Testobjekt</u> ist die Schaltung, deren Fehler zu diagnostizieren sind. Ein <u>Testmuster</u> ist eine Belegung der Schaltungseingänge, die mindestens einen Fehler diagnostiziert. Die Testmuster werden innerhalb der <u>Testvorbereitung</u> bestimmt. Eine Menge von Testmustern, für deren Elemente ergänzend eine Reihenfolge festgelegt sein kann, in der sie anzuwenden sind, heißt <u>Testmenge</u>. In der <u>Testdurchführung</u> (auch <u>Test</u> genannt) werden jedem zu testenden Exemplar der Schaltung die Testmuster zugeführt. Die dabei an den Schaltungsausgängen gebildeten Wertekombinationen sind die <u>Testergebnisse</u>. Durch Vergleich mit den von einer fehlerfreien Schaltung erwarteten Testergebnissen kann festgestellt werden, ob bzw. welcher Fehler vorhanden ist.

1.1 Testvorbereitung und Testdurchführung

Die Testvorbereitung umfasst neben der Testbestimmung verschiedene andere Tätigkeiten, wie z.B. Analyse und Verbesserung der Testbarkeit oder die Bewertung der Testmenge. Die Testdurchführung besteht im Anlegen der Testmuster und Auswerten der Ergebnisse. Zur Einführung werden ein typischer Ablauf der Testvorbereitung und einige Merkmale der Testdurchführung erläutert.

Die Testvorbereitung beginnt mit dem Erfassen bzw. Festlegen der allgemeinen Randbedingungen. Dazu gehören die für die Fehlerdiagnose verfügbaren Verfahren, Programme und Geräte. Randbedingungen im weiteren Sinn sind personelle Voraussetzungen, Termine und Kostenpläne. Typisch für die Testvorbereitung ist der folgende Ablauf:

(1) Spezifikation der Anforderungen an die Testvorbereitung:
Das Testobjekt und seine zu diagnostizierenden Fehler sind aufgrund einer geeigneten Modellbildung zu beschreiben. Es ist festzulegen, ob die Fehler erkannt oder auch lokalisiert werden sollen. Im letzteren Fall ist zusätzlich die Genauigkeit bzw. Auflösung der Lokalisierung anzugeben.

(2) Analyse der Testbarkeit:
Anhand der Beschreibung des Testobjekts wird geschätzt, ob unter den gegebenen Randbedingungen eine Testmenge erwartet werden kann, die die Anforderungen erfüllt. Falls dies nicht möglich ist, werden die Ursachen dafür bestimmt.

(3) Verbesserung der Testbarkeit:
Soweit notwendig, wird die Testbarkeit durch Modifikation der Schaltung oder Abgrenzung getrennt testbarer Teile verbessert. (Es ist vorteilhaft, wenn die Schritte (2) und (3) möglichst früh im Schaltungsentwurf integriert werden; man spricht dann auch vom prüfgerechten Entwurf.)

(4) Testbestimmung:
Zentrale Aufgabe der Testvorbereitung ist die Bestimmung einer Testmenge mit dem Ziel, die gestellten Anforderungen zu erfüllen (z.B. Erkennung von 98% der modellierten Fehler des Testobjekts). Dieses Ziel kann unter verschiedenen Optimierungskriterien, wie minimale (Rechen-)Zeit oder minimaler Umfang der Testmenge, angestrebt werden.

(5) Bewertung der Testmenge:
Die bestimmten Testmuster sind anhand der Anforderungen zu bewerten; wichtigstes Hilfsmittel dabei ist die Fehlersimulation [LeMe81a], die genau feststellen kann, welche der modellierten Fehler durch die Testmenge diagnostiziert werden.

(6) Aufbereitung der Tests für die Durchführung:
Die Testmenge wird in eine Form umgesetzt, die zur Steuerung des Testgeräts dient. Dabei ändert sich i.a. nicht nur die Beschreibung der Testmenge; auch eine eventuell zur Verbesserung der Testbarkeit vorgenomene Aufteilung der Schaltung in getrennt testbare Teile und konkrete Zeitbedingungen sind dabei zu berücksichtigen.

Die Testdurchführung, d.h. das Anlegen der Testmuster an das konkrete Testobjekt bei gleichzeitiger Erfassung (und Auswertung) der Testantworten, kann mittels eines Testautomaten geschehen (Fremdtest) oder durch Teile des Testobjekts (Selbsttest). Auch Mischformen kommen vor, z.B. Erzeugung von Testmustern und Komprimieren der Testergebnisse innerhalb des Testobjekts mit Steuerung des Ablaufs und Auswerten der Ergebnisse extern in einem Testautomaten. Je nach konkretem Testobjekt bezeichnet man die Testdurchführung als Bauelemente-Test (auch gebräuchlich für den Test einer integrierten Schaltung), Geräte-Test oder Systemtest.

Anschließend werden mit der Modellierung des Testobjekts, den Verfahren zur Testbestimmung und den Methoden des prüfgerechten Entwurfs drei Punkte vertieft, die zum besseren Verständnis von Aufgabenstellung und Lösung der vorliegenden Arbeit wichtig sind. Breiter angelegte Einführungen in die Fehlerdiagnose sind z.B. in [Benn84], [Lala85] und [GoMa85] enthalten.

1.2 Modellierung des Testobjekts

Die Testerzeugung und andere Verfahren der Testvorbereitung arbeiten nicht anhand des konkreten Testobjekts, sondern verwenden eine Beschreibung von ihm. Diese basiert auf einem abstrahierenden Modell für Testobjekte, das Schaltungen und ihre Fehler umfasst. Üblicherweise wird ein zweiteiliges Modell verwendet, ein Schaltungsmodell für fehlerfreie Schaltungen und ein Fehlermodell für mögliche Fehler von Schaltungen. So wird z.B. eine Leitung zwischen zwei Elementen einer Schaltung als Kante eines Graphen modelliert und eine Unterbrechung der Leitung als veränderte Funktion des nachfolgenden Schaltelements. Die Fehlermodellierung bildet entsprechend den betrachteten Anwendungen den Schwerpunkt dieses Abschnitts; auf die Modellierung der fehlerfreien Schaltung soll hier nur kurz eingegangen werden.

Wie bei anderen Anwendungen auch kann die Schaltung anhand verschiedener Aspekte, wie geometrische Struktur, topologische Struktur und Verhalten beschrieben werden. Die Beschreibung kann einen oder mehrere dieser Aspekte umfassen; eine Strukturierung durch Aufteilung in Teilschaltungen bzw. Module und deren Verwendung zur hierarchischen Beschreibung wird bei größeren Schaltungen benutzt [Marh84]. Als Beschreibungsmittel werden u.a. Tabellen, Netzlisten und formale Sprachen eingesetzt. Während die Beschreibung des Verhaltens kleinerer Schaltungen durch Tabellen und die Beschreibung der topologischen Schaltungsstruktur durch Netzlisten häufig eingesetzt werden, haben formale Sprachen bisher nicht diese Verbreitung gefunden. Für Testbestimmung und Fehlersimulation sind Netzlisten am gebräuchlisten, die die Schaltung als Struktur aus elementaren Verknüpfungselementen (auch Gatter genannt) und ihren Verbindungen (auch Knoten genannt) beschreiben. Für Schaltnetze, d.h. Schaltungen ohne interne Zustände, werden auch Beschreibungen der logischen Funktion (Schaltfunktion) verwendet. Grundsätzliche Fragen der Schaltungsmodellierung werden etwa in [Stef82] und [Mead83] behandelt. Übersichtsartikel ([Shiv79], [East81], [SiTr81], [Pawl85]) und eine Bibliographie [Nash84] geben Hinweise auf die zahlreichen Originalarbeiten.

Zum Zweck der Fehlerdiagnose sind neben der eigentlichen Schaltung auch die vielfältigen Fehler zu modellieren, von denen eine Schaltung nach der Herstellung oder im
Betrieb betroffen sein kann. Innerhalb dieser Arbeit werden nur Fehler betrachtet,
die sich auf die Schaltfunktion auswirken (logische Fehler), nicht jedoch etwa
Abweichungen elektrischer und anderer Parameter, die die Schaltfunktion nicht verändern. Es geht hier um die Modellierung derjenigen Fehler, die während der Produktion
oder des Betriebs der Schaltung entstehen; Entwurfsfehler werden dadurch i.a. nicht
abgedeckt (siehe etwa [FBS82]).

Geht die Modellbildung von den in der Schaltungsrealisierung auftretenden Fehlern
aus, so wird hier von einem **realisierungsbezogenen Fehlermodell** gesprochen. Komplementär dazu geht man bei dem **beschreibungsbezogenen Fehlermodell** allein von der
Beschreibung der Schaltung aus. Man hat die Wahl, ein Fehlermodell durch Aufzählung
der zu testenden Fehler anzugeben (**explizites Fehlermodell**) oder durch Angabe eines
Sollwerts implizit zu definieren (**implizites Fehlermodell**).

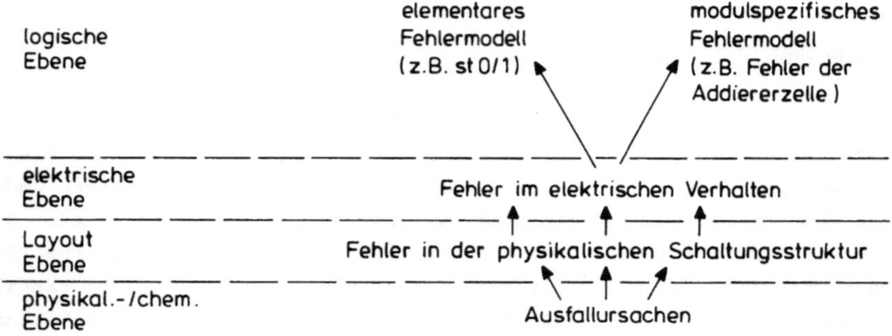

<u>Bild 1.1:</u> Realisierungsbezogene Fehlermodellierung

Voraussetzung für ein <u>realisierungsbezogenes Fehlermodell</u> ist, daß die Realisierung
der Schaltung bekannt ist und die Fehlerursachen entweder analytisch oder experimentell bestimmt wurden. Eine tabellarische Übersicht der beobachteten Ausfallursachen
ist in [SiRe80] enthalten, in [SiAv81] sind einige Ausfallmechanismen erklärt.
[FaMa83] geht auf Ausfallmechanismen in integrierten Schaltungen ein und beschreibt,
wie sich die Verkleinerung des Layouts für die Ausfälle auswirkt. Nächster Schritt
bei dieser Art der Modellierung (siehe Bild 1.1) ist die Charakterisierung der
Ausfälle in ihrer Wirkung auf das elektrische Verhalten der Schaltung. Schließlich
kann man die Auswirkung des geänderten elektrischen Verhaltens auf die logische
Funktion der Schaltung untersuchen. Diese Art der Fehlermodellierung ist aufwendig,
sie wurde anfangs nur für einzelne Gatter durchgeführt.
Es konnte gezeigt werden, daß sich in der TTL-Technologie die Fehler eines Gatters
in seiner logischen Funktion in der Regel so äußern, als ob man dem Eingang oder
Ausgang des Gatters permanent den logischen Wert 1 (0) zuordnen würde [Beh82].
Dieses <u>ständig-0/ständig-1-Fehlermodell</u> (kurz: <u>st-0/st-1-Fehlermodell</u>) kann entsprechend seiner Geschichte und Verbreitung als das klassische Fehlermodell der digitalen Fehlerdiagnose bezeichnet werden. Mit ihm wird häufig die Einzelfehler-Annahme
verbunden, die davon ausgeht, daß zu einem bestimmten Zeitpunkt die Funktion der
Schaltung nur durch einen einzigen dieser Fehler beeinträchtigt wird.

Untersuchungen von integrierten Schaltungen in NMOS- und CMOS-Technologie weisen darauf hin, daß bei einem großen Teil der beobachteten Fehler zumindest eine dieser Annahmen verletzt ist. Bei immer kleiner werdenden Strukturen müssen zunehmend Mehrfachfehler betrachtet werden ([BoHo71], [XuMc83]). Auch Kurzschlüsse zwischen datenführenden Leitungen, die sich als zusätzliche UND- bzw. ODER-Verknüpfung auswirken, und Kurzschlüsse im Inneren von MOS-Verknüpfungselementen, die deren logische Funktion verändern, kommen vor und werden nicht vom klassischen Fehlermodell abgedeckt [GCV80]. In der CMOS-Technologie wurden sog. st-open-Fehler beobachtet, die sich als parasitäre Speicherelemente bemerkbar machen [Wads78] und zu einem entsprechenden Mehraufwand bei der Modellierung und insbesondere der Testbestimmung führen [Chan83].

Neben realisierungsbezogenen Fehlermodellen für einzelne Gatter wurden auch für größere Module solche Fehlermodelle angegeben. Dazu gehören Schreib-/Lesespeicher [BaAb82], PLAs und ähnliche Strukturen [SiAv81]. Für beliebig strukturierte Schaltungen von beschränktem Umfang wird in [SMF85] die automatische Erstellung des Fehlermodells ausgehend von einer Beschreibung des Layouts und der Technologie beschrieben; als Beispiel dient eine modifizierte 1-Bit-Volladdierer-Zelle.

Ein <u>beschreibungsbezogenes Fehlermodell</u> ergibt sich, wenn man (explizit oder implizit) Abweichungen von der Beschreibung der fehlerfreien Schaltung unabhängig von ihrer Realsierung als Fehler definiert. Dabei macht man die Annahme, daß von Testmustern, die aufgrund der beschreibungsbezogenen Fehler bestimmt werden, auch die Fehler der Schaltungsrealisierung diagnostiziert werden. Diese Annahme ist um so schwieriger zu überprüfen, je weiter die Schaltungsbeschreibung von der Realisierung und deren Fehlermechanismen abstrahiert.

Am ehesten gelingt diese Überprüfung noch für Fehler der logischen Funktion. Man modelliert diese Fehler, indem man Literale des die Funktion beschreibenden Booleschen Ausdrucks durch 0 bzw. 1 ersetzt. Für diese <u>Literalfehler</u> konnten Beziehungen zum klassischen Fehlermodell der die Funktion realisierenden Schaltung und entsprechende Testerzeugungsverfahren angegeben werden (siehe [Haye80a], [Boct80], [Goer81], [Chen84]).
Einen Sonderfall bei den beschreibungsbezogenen Fehlermodellen stellen die sog. <u>iterative logic arrays</u> (ILAs) [Kaut67] dar. Diese Schaltungen bestehen aus einer Menge von gleichartigen Modulen, die in einer regelmäßigen Struktur verbunden sind. Das Fehlermodell eines ILA umfasst zu jedem Modul ein implizites Fehlermodell der Modulfunktion. Wegen der Regelmäßigkeit der Schaltung reicht eine geringe Zahl von Testmustern aus, alle Fehler zu erkennen. Da sich ILAs auch gut zum Entwurf als integrierte Schaltungen eignen, ist ihr Test auch aktuell gut untersucht ([ShFe83a], [Beck85], [Beck85a]).
Andere beschreibungsbezogene Fehlermodelle beziehen sich auf Beschreibungen des Verhaltens durch formale Spezifikations- und Beschreibungssprachen sowie auf Prozessorbefehlssätze. [SuLi84] vergleicht eine Reihe von Testerzeugungsverfahren, die auf solchen beschreibungsbezogenen Fehlermodellen beruhen.

Testmengen, die anhand beschreibungsbezogener Fehlermodelle bestimmt wurden, mögen sich zum Erkennen von Entwurfsfehlern eignen, da sich Entwurfsfehler in der Beschreibung widerspiegeln. Es wurde vorgeschlagen, solche Fehlermodelle auch beim Test auf Fertigungsfehler zu verwenden, wenn die Schaltungsrealisierung unbekannt ist. Damit kann ggf. bei der Testvorbereitung Aufwand eingespart werden. Was jedoch mit beschreibungsbezogenen Fehlermodellen nicht möglich ist, ist die Bewertung der erzeugten Tests. Es bleibt unbekannt, welcher Teil der Fehler der Schaltungsrealisierung damit erkannt wird.

1.3 Bestimmung von Testmustern

Die Bestimmung der Testmuster ist die Hauptaufgabe der Testvorbereitung. An ihr orientieren sich die anderen Aktivitäten wie die Modellierung des Testobjekts oder die Verbesserung der Testbarkeit. Die Testmenge ist so zu bestimmen, daß alle zu diagnostizierenden Fehler sich an den direkt zugänglichen Schaltungsausgängen äußern. Dabei geht man nicht vom Testobjekt selbst aus, sondern von einem Modell des Testobjekts einschließlich seiner Fehler. Daher bewertet man die Testmenge anhand der

$$\text{Fehlererfassung} := \frac{\text{Zahl der erkannten modell. Fehler}}{\text{Zahl der modellierten Fehler}} \, ,$$

die exakt nur durch eine aufwendige Fehlersimulation bestimmt werden kann. Aussagekräftiger ist die _reale Fehlererfassung_, die angibt, welcher Anteil der Fehler der Schaltungsrealisierung von einer Testmenge diagnostiziert wird. Die letztere Größe ist aber bei unvollständiger Fehlermodellierung nicht bestimmbar. Letzlich entscheidend für den Erfolg der Testbestimmung ist der _Vollständigkeitsgrad_, der angibt, welcher Anteil der fehlerhaften Schaltungen von der Testmenge als fehlerhaft erkannt wird. Um einen Vollständigkeitsgrad von 100% zu erreichen, ist auch eine reale Fehlererfassung von 100% notwendig. Ein Vollständigkeitsgrad kleiner 1 (kleiner als 100%) bedeutet, daß z.B. fehlerhafte Bauelemente aufgrund ihres Testergebnisses als fehlerfrei klassifiziert werden und auf eine Baugruppe montiert werden. So kann ein Fehler über alle Stufen der Herstellung eines Systems unbemerkt bleiben. Mit jeder Stufe steigen aber die Kosten der Fehlerdiagnose um etwa den Faktor 10 [Davi82]. Daher ist es gerade beim Bauelemente-Test wichtig, daß mit der Testmenge ein sehr hoher Vollständigkeitsgrad erreicht wird, was nur bei einer realen Fehlererfassung nahe 100% möglich ist.
Daraus werden zwei _Anforderungen an die Testbestimmung_ abgeleitet:

1. Verwendung eines Fehlermodells, das möglichst alle Fehler der Schaltungsrealisierung nachbildet.

2. Fehlererfassung der Testmenge nahe bei 100%.

Diese Anforderungen sind unter den Randbedingungen der Testvorbereitung, ggf. unter Zuhilfenahme des prüfgerechten Entwurfs, zu erfüllen, was jedoch bei immer leistungsfähigeren Entwurfs- und immer fehleranfälligeren Herstellungsverfahren für integrierte Schaltungen zunehmend schwieriger geworden ist. Für die vorgeschlagenen Fehlermodelle (vgl. 1.2) fehlen Testbestimmungsverfahren oder sie sind nur für kleinere Schaltungen geeignet.

Die erreichbare Fehlererfassung einer Testmenge hängt sowohl von der Schaltung als auch vom Testbestimmungsverfahren ab. In redundanten Schaltungen gibt es prinzipiell nicht erkennbare Fehler. Bei Entwurfsverfahren, die auf eine exakte Minimierung der Schaltung verzichten, kann sich dies nachteilg bemerkbar machen. Ist ein <u>Testbestimmungsverfahren vollständig</u>, d.h. hat es die Eigenschaft, daß es zu jedem erkennbaren Fehler ein Testmuster findet, dann hängt es noch von der Laufzeit des entsprechenden Programms ab, ob eine Fehlererfassung von 100% erreicht wird. Dabei ist ein asymptotisches Annähern an das Maximum typisch (vgl. Bild 1.2).

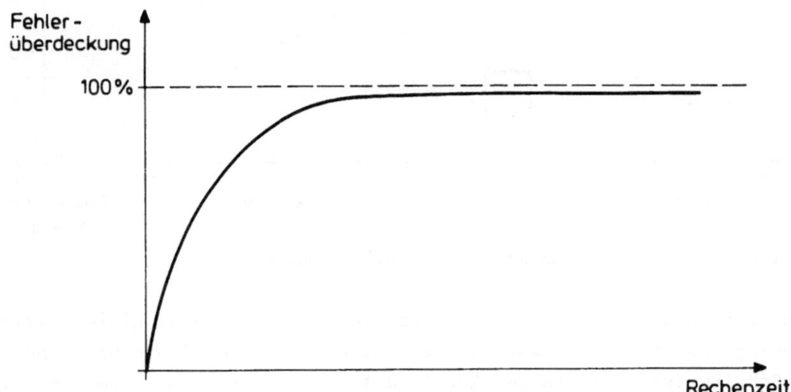

<u>Bild 1.2:</u> Zunahme der Fehlerüberdeckung während der Testbestimmung

Kritisch für die Einhaltung der Randbedingungen ist, daß der Aufwand für die Testbestimmung im Mittel quadratisch mit der Schaltungsgröße ansteigt [Goel80]; im schlimmsten Fall muß mit einem noch weitaus stärkeren Anstieg gerechnet werden, da das Problem der Testbestimmung NP-vollständig ist [IbSa75]. Die einzige allgemeine Methode zur exakten Bestimmung der Fehlererfassung, die Fehlersimulation, benötigt für die Simulation aller Einzelfehler der Art st-0/st-1 je nach Verfahren eine Rechenzeit, die im Mittel quadratisch bis kubisch mit der Schaltungsgröße ansteigt. Auf der anderen Seite werden durch kürzere Entwicklungszeiten bei gleichzeitiger Zunahme der Schaltungsgröße und fortschreitender Verbilligung der ICs die Randbedingungen für die Testvorbereitungen immer enger.

1.3.1 Allgemeine Vorgehensweise

Fast alle Verfahren zur Testbestimmung gehen in der gleichen Weise vor (siehe Bild 1.3). Zunächst wird für den Fehlerort eine Belegung bestimmt, die den Fehler lokal erkennbar macht (z.B. Belegung 1 bei st-0-Fehler). Dann wird eine Belegung für die Primäreingänge gesucht, die zwei Dinge bewirkt. Zum einen soll am Fehlerort die benötigte Wertebelegung eingestellt werden. Zum anderen sollen die Schaltungselemente zwischen Fehlerort und Primärausgängen so belegt werden, daß sich eine Signaländerung am Fehlerort zu mindestens einem Primärausgang fortpflanzt. Der Weg, auf dem dies geschieht, wird auch <u>Beobachtungspfad</u> genannt, weil damit aus der Sicht der Primärausgänge der Fehlerort beobachtet werden kann.

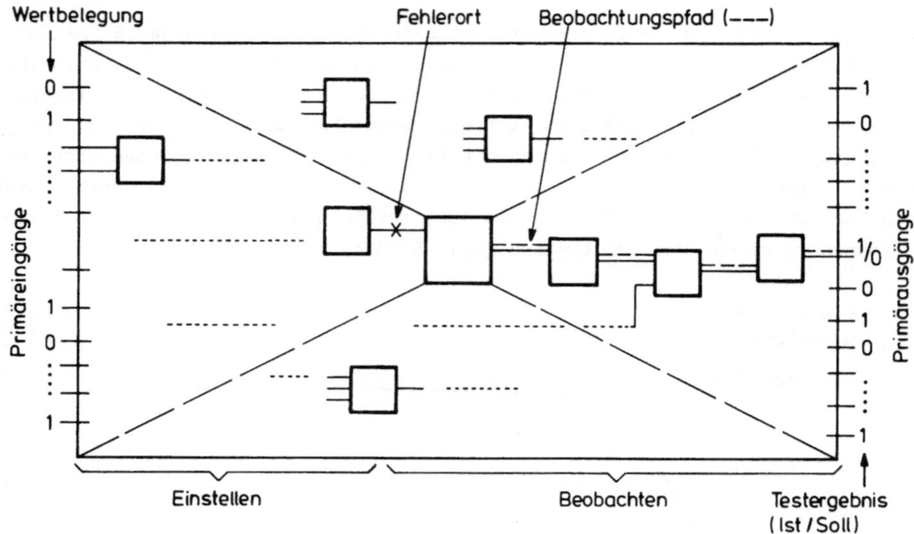

<u>Bild 1.3:</u> Prinzipielle Vorgehensweise der Testbestimmung

Bei Schaltnetzen müssen in der Regel Einstellen und Beobachten gleichzeitig erfolgen; nur Eingangsmuster, die beides leisten, sind Testmuster (Ausnahme: CMOS-Technologie). Bei Schaltwerken wird in der Regel zu jedem Fehler eine Folge von Eingangsbelegungen (Testfolge) benötigt, um beide Aufgaben zu lösen. Zu jedem betrachteten
Fehler wird mindestens ein Testmuster (eine Testfolge) bestimmt. Die entstehende
Testmenge kann vereinfacht werden, indem man z.B. mittels Fehlersimulation jeweils
alle von einem Testmuster diagnostizierten Fehler bestimmt und anschließend als
Lösung eines Überdeckungsproblems eine für die Diagnose aller Fehler hinreichende
Teilmenge bestimmt. Um den Rechenaufwand niedrig und die Testmenge klein zu halten,
verwenden fast alle Verfahren Heuristiken. Da die Wirksamkeit dieser Heuristiken
von der jeweiligen Schaltung abhängt, ist es schwer, den Zeit- bzw. Speicherbedarf
der Verfahren vorherzusagen.

Die Testbestimmung kann anhand des Layouts, der Struktur oder des Verhaltens der
Schaltung erfolgen. Je nach Fehlermodell kann auch zwischen realisierungsbezogener
und beschreibungsbezogener Testbestimmung bzw. -durchführung unterschieden werden.
Im Hinblick auf die Aufgabenstellung konzentriert sich die folgende Bestandsaufnahme
auf Verfahren, die den Test entweder anhand einer Struktur elementarer Verknüpfungselemente oder anhand einer Struktur funktionell beschriebener Module bestimmen. Auf
den Test von Schaltwerken wird dabei nicht eingegangen.

Die <u>Testbestimmung anhand des Layouts</u> besteht im wesentlichen aus der Erstellung
eines Fehlermodells anhand der für das Layout und die zur Herstellung verwendete
Technologie charakteristischen Fehler (vgl. 1.2). Diese Vorgehensweise ist wegen
des Aufwands bei der Fehlermodellierung nur bei relativ kleinen Schaltungen und
solchen mit regelmäßig strukturiertem Layout anwendbar [SMF85].

1.3.2 Testbestimmung anhand einer Struktur elementarer Verknüpfungselemente

Die Schaltung wird als Struktur von elementaren Verknüpfungselementen, wie Inverter, Und-, Oder-Gatter, beschrieben. Solche Elemente haben einen oder mehrere Eingänge und einen Ausgang. Es wird das klassische Fehlermodell (Einzelfehler der Art st-0/st -1) verwendet. Auf dieser Grundlage arbeitet der größte Teil der heute in der Praxis eingesetzten Verfahren. Das erste vollständige Verfahren war der D-Algorithmus [Roth66]. Als örtliche Fehlerwirkung betrachtet man einen abweichenden Wert (0 statt 1 bzw. 1 statt 0) am Ausgang eines Gatters. Zu dieser hier mit D bzw. ¬D bezeichneten Fehlerwirkung versucht der Algorithmus, einen sog. sensibilisierten Pfad als Beobachtungspfad aufzubauen. Wesentlich für die Vollständigkeit des Verfahrens ist, daß hierzu auch sich verzweigende Pfade betrachtet werden. Hat man einen Beobachtungspfad gefunden, so sucht man mittels 'backtracking' über die Belegungen der Schaltungsknoten und unter Verwendung der implizierbaren Werte eine mit dem Pfad und der Belegung des Fehlerorts verträgliche Eingangsbelegung, das Testmuster. Mit jedem gefundenen Testmuster wird eine Fehlersimulation durchgeführt, um über die Bestimmung der miterkannten Fehler die Menge der noch zu betrachtenden Fehler zu reduzieren.

Aus dem D-Algorithmus entwickelten sich zahlreiche Verfahren, die auf den gleichen Grundlagen nach effizienteren Algorithmen gesucht haben. Durch Erweiterung des bei der Testbestimmung zur Belegung von Schaltungsknoten verwendeten Wertevorrats von 5 auf 9 Werte gelangen für Schaltwerke die Angabe eines vollständigen Verfahrens [Muth76] und für Schaltnetze wesentliche Vereinfachungen bei der Betrachtung sich verzweigender Pfade [CDO78] Die implizite Aufzählung aller Eingangsmuster als Ersatz für ein 'backtracking' über die Belegungen der internen Schaltungsknoten wurde mit dem PODEM-Verfahren [Goel81] als Effizienzverbesserung angegeben. Das FAN-Verfahren [FuSh83] verbessert wiederum das PODEM-Verfahren, indem es beim impliziten Aufzählen der Eingangsbelegungen auch die von internen Knoten implizierten Werte berücksichtigt. Eine Reduktion des Wertevorrats der Schaltungsknoten zur Beschleunigung der impliziten Aufzählung der Eingangsbelegungen wurde von Blum [Blum85] angegeben.

Eine andere Methode, die aber auch anhand einer Struktur von elementaren Verknüpfungselementen und mit dem Einzel-st-0/st-1-Fehlermodell arbeitet, ist die Methode der Booleschen Differenzen. Zum Ermitteln des Beobachtungspfades verwendet sie die Funktion der Schaltung und ihrer internen Punkte in Form eines Booleschen Ausdrucks. Die einen Fehler erkennenden Testmuster werden jeweils als Lösungen einer Booleschen Gleichung bestimmt, womit die Bestimmung aller geeigneten Muster in kompakter Form möglich ist ([AmCo67], [SHB68] mit [SHB71] zur Testbestimmung; [BoPo81], [Thay81] zur Theorie). Handelt es sich z.B. um einen Fehler des Primäreingangs x, dann liefert die vollständige Lösung der Gleichung

$$f(x=0) \leftrightarrow f(x=1) = 1$$

alle Belegungen der anderen Eingangsvariablen, die zusammen mit der geeigneten Belegung von x (z.B. 1 beim Fehler x st-0) ein Testmuster bilden.

Solche strukturbezogenen Verfahren können prinzipiell auf Mehrfachfehler übertragen

werden ([Klin73], [Cha79]). Da allerdings die Anzahl der zu betrachtenden Mehrfachfehler exponentiell ansteigen kann [Haye71], setzt die vom einzelnen Fehler bzw.
von der einzelnen Fehlerkombination ausgehende Vorgehensweise und die damit verbundenen Rechenzeiten diesen Verfahren enge Grenzen. Dies ist unbefriedigend, da zum
einen die heutigen Herstellungsverfahren die Berücksichtigung von Mehrfachfehlern
erfordern [Gold77] und zum anderen auch nicht erwartet werden kann, daß die für
Einzelfehler bestimmten Tests die Mehrfachfehler miterkennen [AgFu81].

Neben den hier beschriebenen Verfahren der sogenannten <u>deterministischen Testbestim-
mung</u> wird auch das <u>Testen mit Pseudozufallsmustern</u> untersucht (siehe etwa [Flab76],
[Wund84b]). Der Aufwand für die Testmusterbestimmung ist niedrig oder entfällt.
Dafür ist die Testmenge in der Regel um ein mehrfaches größer als bei determinist i-
schen Verfahren und eine genaue Bestimmung der damit erkennbaren Fehler ist daher
sehr aufwendig.

1.3.3 Testbestimmung anhand einer Struktur funktionell beschriebener Module

Hier werden Schaltungen betrachtet, die nicht als Struktur aus elementaren Verknüpfungselementen beschrieben sind, sondern als eine aus komplexeren Modulen zusammen-
gesetzte Struktur; die Module sind Teilschaltungen, die u.a. durch ihre Funktion
beschrieben sind. Die Testmenge eines Moduls (<u>Modultest</u>) kann anhand der verfügbaren
Modulbeschreibungen bestimmt werden; die Testmenge für die Gesamtschaltung (<u>Gesamt-
test</u>) wird unter Verwendung der Modultests bestimmt. Effizienzgewinne sind in dem
Umfang möglich, wie beim Einstellen interner Werte und beim Weiterleiten der Modultestergebnisse von den Einzelheiten der Module, ihrer Realisierung, Schaltungsstruktur und Fehler abstrahiert werden kann.

Die zuerst vorgeschlagenen Verfahren zur modularen Testbestimmung verwendeten Module
mit einem Ausgang, die jeweils eine Boolesche Funktion realisieren. Dazu gehören
die Verfahren aus [BaKi76], [Cern78], und [Savi79].

Spätere Verfahren betrachteten Module mit mehreren Ausgängen und Schaltwerk-Module.
[AbRe81] beschreibt die Module, die vom Anwender frei definiert werden können,
durch binäre Entscheidungsdiagramme, anhand derer auch die Modultests bestimmt
werden. Als Fehlermodell werden Abweichungen an jeweils einer Ausgangsfunktion
eines Moduls verwendet. In [BrFr80] wird für einen begrenzten Vorrat an Schaltwerk-
Modulen insbesondere die Weiterleitung von bestimmten Fehlerwirkungen untersucht.
Typische Module sind hier Schieberegister und Zähler. Das Fehlermodell orientiert
sich an einfachen und mehrfachen st-0/st-1-Fehlern, während das Testbestimmungsverfahren in Anlehnung an den (für Schaltwerke unvollständigen) D-Algorithmus konzi-
piert ist.

Zu den ersten industriellen Implementierungen der modularen Testbestimmung gehört
das in [Joha83] angegebene System, das einen festen Vorrat von Standardzellen als
Module verwendet. Das Fehlermodell beinhaltet nur Einzelfehler an Anschlüssen. Die
Grundoperationen für die Pfadsensibilisierung verwenden tabellierte Lösungen für
die verwendeten Standardzellen.

Allen bisher vorgestellten Verfahren ist gemeinsam, daß sie bei der Bestimmung des Gesamttests, insbesondere beim Weiterleiten der Wirkung modulinterner Fehler, ohne Fehlerabstraktion arbeiten und daher die Vorteile der Modularität nur unvollkommen nutzen. Jeder Fehler eines Moduls muß auch bei der Erstellung des Tests für die Gesamtschaltung individuell behandelt werden.

1.4 Verbesserung der Testbarkeit

Dieses Teilgebiet des prüfgerechten Entwurfs wird hier sehr knapp dargestellt; ausführlichere Darstellungen bieten Bücher (z.B. [Benn84], [Lala85]) und Übersichtsartikel (z.B. [Will81a], [GGM86]).

Zur Verbesserung der Testbarkeit verwendet man Schaltungsmodifikationen und Schaltungszusätze (sog. Testhilfen). Diese sind je nach Strategie des prüfgerechten Entwurfs [Marh84b] schon Bestandteil des ersten Entwurfs der Schaltung oder werden nachträglich eingefügt. Im ersten Fall hat der Entwerfer zusätzliche Entwurfsregeln zu beachten. Solche Regeln können sich auf die geometrische Struktur (Layout), die topologische Struktur, das Zeitverhalten, die verwendeten Speicherelemente und andere Merkmale des Testobjekts beziehen. Zu den praktisch verwendeten Testhilfen gehören zusätzliche Ein- und Ausgänge und auftrennbare Rückkopplungen bei kleineren Schaltungen; am weitesten verbreitet bei größeren Schaltungen sind Speicherelemente, die für Testzwecke zu einem Schieberegister verbunden werden können (scan path [WiAn73], LSSD [EiWi77]). So führt man die Aufgabe des Schaltwerkstests zurück auf den Test von Schieberegistern und Schaltnetzen. Dabei kann das Testobjekt auch in unabhängig zu testende Teile aufgeteilt werden. Für den Selbsttest der Schaltung verwendet man statt der Schieberegister (SR) rückgekoppelte SR mit mehreren Betriebsarten, womit man auch Testmuster generieren und Testergebnisse komprimieren kann. Das BILBO [KMZ79] wurde aus einem linearen rückgekoppelten SR entwickelt und eignet sich für die Erzeugung von gleichverteilten Zufallsmustern; für die Erzeugung einer vorgegebenen Testmenge gibt Daehn ein entsprechendes nichtlinear rückgekoppeltes SR an [Daeh83].

Kann man den scan path durch Erweiterung vorhandener Speicherelemente aufbauen, dann vergrößert sich die Anzahl der Gatter um 4% bis 20% [Benn84], außerdem werden zusätzliche Schaltungsanschlüsse benötigt, z.B. vier für LSSD. Der Mehraufwand für die Verwendung von rückgekoppelten Schieberegistern liegt noch etwas höher.

Obwohl sich die Testbestimmung mit Hilfe dieser Techniken des prüfgerechten Entwurfs auf Schaltnetze beschränken kann, sind damit die Probleme der Testbestimmung noch bei weitem nicht gelöst, da die Schaltnetze bei VLSI-Schaltungen wegen ihrer Größe (einige 10.000 Gatter) und wegen des aufwendigen Fehlermodells schwierig zu testen sind. Eine Unterteilung durch weitere Schieberegister wäre zwar prinzipiell möglich, scheitert aber praktisch an dem hohen Zusatzaufwand in der Schaltung und an der Verlangsamung der Schaltungsfunktion.

Die **Ergebnisse der Bestandsaufnahme** lassen sich so zusammenfassen:

- Es ist für eine erfolgreiche und wirtschaftliche Fehlerdiagnose notwendig, Testmengen zu verwenden, die nahezu alle Fehler einer Schaltungsrealisierung diagnostizieren. Besonders schwierig ist dies aus technologischen Gründen für Fehler hochintegrierter Schaltungen. Man kann bisher solche Testmengen nur für kleine Teilschaltungen und Schaltungen, die wie Speicher ein besonders regelmäßig strukturiertes Layout haben, bestimmen.

- In der Praxis werden die Testmuster unter der Annahme erzeugt, daß Einzelfehler der Art st-0/st-1 zu diagnostizieren sind,wobei die Schaltung als Struktur elementarer Verknüpfungselemente (Gatter) beschrieben ist. Für hochintegrierte Schaltungen ist aufgrund der mangelhaften Fehlermodellierung unsicher, welcher Teil der Fehler der Schaltungsrealisierung damit erkannt wird.

- Durch gängige Techniken des prüfgerechten Entwurfs wird der Test von Schaltwerken im wesentlichen auf den Test von Schaltnetzen zurückgeführt. Allerdings erreichen diese Schaltnetze bei hochintegrierten Schaltungen einen Umfang von mehr als 10.000 Gattern; sie werden u.a. aus Kostengründen nicht in unabhängig voneinander testbare Teil-Schaltnetze aufgeteilt.

- Es gibt Ansätze, die Testbestimmung zu modularisieren. Wesentlich für die Entwicklung solcher Verfahren sind neben geeigneten Schaltungsbeschreibungen Mechanismen, die es ermöglichen, aus den Modultests unter Abstraktion von Moduldetails die Testmenge der Gesamtschaltung zu bestimmen. Im Zusammenhang mit dieser Form der Testbestimmung fehlen auch adäquate Methoden des prüfgerechten Entwurfs.

1.5 Abgrenzung der Aufgabenstellung

Primäres Ziel der vorliegenden Arbeit ist die Verbesserung der realen Fehlererfassung bei der Fehlerdiagnose hochintegrierter Schaltungen. Dieses Ziel ist wirtschaftlich erstrebenswert, denn gelingt die Diagnose eines Fehlers schon beim Bauelemente-Test und nicht erst bei dem um Zehnerpotenzen teureren Test des fertigen digitalen Systems, können beträchtliche Kosten eingespart werden. Eine bessere Fehlererfassung ist auch sicherheitstechnisch wünschenswert, da unerkannte Fehler bei Anwendungen wie z.B. Flugzeugsteuerung fatale Auswirkungen haben können. Dies gilt graduell auch bei Fehlertoleranzverfahren, da sie aufgrund falscher Testergebnisse zu falschen Schlüssen kommen können.

Zur Erreichung des primären Ziels sollen Verfahren zur modularen Testbestimmung erarbeitet werden, die es ermöglichen, die vorhandenen Kenntnisse über realisierungsbezogene Testbestimmung für relativ kleine Schaltungen modulweise auch für sehr großer Schaltungen zu nutzen. Die akzeptierten Techniken des prüfgerechten Entwurfs erlauben dabei eine Beschränkung auf Schaltnetze. Es wird angenommen, daß eine Beschreibung des Testobjekts als Struktur aus kleineren Schaltnetzen (Modulen) gegeben ist. Für die Effizienz solcher Verfahren ist es entscheidend, daß außerhalb des jeweils zu testenden Moduls nicht mehr jeder einzelne Modulfehler zu bearbeiten ist. Das Einstellen schaltungsintern benötigter Wertebelegungen und die Beobachtung der intern enstehenden Testergebnisse soll ebenfalls aus Effizienzgründen eine möglichst abstrakte Beschreibung der Module (z.B. Funktion statt Schaltungsstruktur) verwenden (Bild 1.4). Als Ergänzung dazu ist eine adäquate Methode zur Analyse und Verbesserung der Testbarkeit anzugeben.

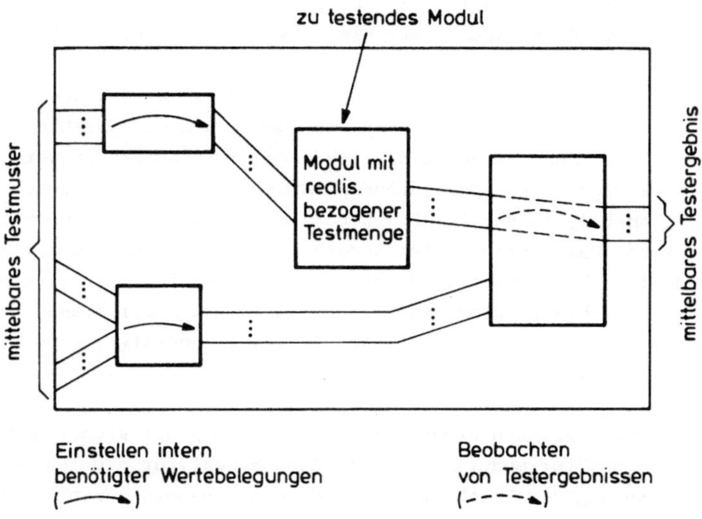

<u>Bild 1.4:</u> Modulare, realisierungsbezogene Testbestimmung

Als wesentlicher Vorteil einer derartigen Vorgehensweise wird erwartet, daß damit speziell für hochintegrierte Schaltungen Tests bestimmt werden können, die über das klassische st-0/st-1-Fehlermodell hinaus nahezu alle Fehler der Schaltungsrealisierung erkennen und einen sehr hohen Vollständigkeitsgrad erreichen. Die angenommene modulare Beschreibung des Testobjekts wird dem Trend bei Entwurfsmethoden gerecht, die Schaltung nicht mehr aus elementaren Verknüpfungselementen, sondern aus größeren Modulen aufzubauen, die nach einmaligem Entwurf in einer Bibliothek gespeichert sind, oder wie bei PLAs und sehr regelmäßigen Schaltungen, nach Bedarf automatisch generiert werden. Es ist im Zusammenhang mit solchen Methoden sinnvoll, für die mehrfach verwendbaren Module einmal eine realisierungsbezogene Testbestimmung durchzuführen und die Modultests ebenfalls in Bibliotheken zu speichern. Für die Bestimmung des Modultests hat man die Freiheit, für jedes Modul das geeignetste Verfahren zu verwenden. So kann man z.B. besondere Realisierungsformen und Fehlermodelle im Modultest berücksichtigen. Es wird auch erwartet, daß die modulare Vorgehensweise den Aufwand für die Fehlersimulation deutlich reduzieren wird.

Wie aus der vorangehenden Bestandsaufnahme hervorgeht, erreichen die bekannten Verfahren zur Testbestimmung jeweils nur einen Teil der hier angestrebten Ziele. Verfahren, die aus dem D-Algorithmus entstanden sind, verlangen, daß die Modulstruktur aufgelöst wird in die viel umfangreichere Struktur aus elementaren Verknüpfungselementen. Man verwendet dabei das Modell einzelner st-0/st-1-Fehler und prüft bei jedem einzelnen Fehler, welches Eingangsmuster ihn erkennt. Prinzipiell kann man mit diesen Verfahren auch zu Mehrfachfehlern Tests bestimmen, allerdings steigt dabei die Rechenzeit so stark an, daß man in der Praxis davon absieht. Manche der anderen bei der Hochintegration interessierenden Fehlermodelle werden von diesen Verfahren überhaupt nicht verarbeitet.

Dagegen gibt es durchaus Verfahren, um für Module beschränkter Größe oder hoher Regelmäßigkeit des Layouts ein realisierungsbezogenes Fehlermodell und die entsprechenden Tests zu bestimmen ([SiAv81], [BaAb82], [SMF85], [ShFe83a], [Beck85], [Beck85a]). Daher werden diese Modultests hier als gegeben betrachtet.

In Abschnitt 1.3.3 wurden bekannte Verfahren zur modularen Testbestimmung vorgestellt. Insbesondere die hier zu betrachtende Auswirkung eines Fehlers auf mehrere Modulausgänge und die hohe Zahl zu betrachtender Mehrfachfehler werden in keinem der Verfahren bewältigt. Der vorliegenden Arbeit am nächsten benachbart ist die Veröffentlichung [Some85], in der für PLA-Module ein Vorschlag zur modularen Testbestimmung gemacht wird. Das Verfahren ist jedoch vom Ansatz her unvollständig, da nur der eine Sonderfall betrachtet wird, daß ein einziges Testmuster eine vorgegebene Gruppe von Modulfehlern diagnostiziert. Da außerdem bei diesem Verfahren der Rechenaufwand exponentiell zur Anzahl der Moduleingänge ansteigt, sind seiner Anwendung enge Grenzen gesetzt.

Den Schwerpunkt der vorliegenden Arbeit bildet die Lösung der grundlegenden Probleme bei der Testbestimmung für modulare Schaltnetze. Sowohl für die Testbestimmung als auch für die Verbesserung der Testbarkeit wird ein Lösungskonzept vorgeschlagen. Die zur Realiserung dieses Konzepts erforderlichen Verfahren werden entwickelt und bewertet. Verallgemeinerte Boolesche Gleichungen dienen dabei als wesentliches Hilfsmittel. Die Lösungen werden für beliebige Schaltnetz-Module mit n Eingängen und m Ausgängen sowie für daraus aufgebaute Schaltungen angegeben.

Nicht untersucht, wohl aber verwendet, werden hier neben der Bestimmung der Modultests die testspezifischen Heuristiken in Form von Testbarkeitsmaßen und Signalwahrscheinlichkeiten.

Die Erstellung eines kompletten Systems zur Testvorbereitung für hochintegrierte Schaltungen kann als Fernziel der vorliegenden Arbeit angesehen werden.

2 Entwicklung des Testkonzepts

Das hier entwickelte Testkonzept ist gekennzeichnet durch das Modell des Testobjekts
und seiner Fehler, die Vorgehensweise bei der Testerzeugung und (damit verbunden)
die Vorgehensweise bei der Verbesserung der Testbarkeit. Es basiert auf den aus der
Aufgabenstellung abgeleiteten Anforderungen und stützt sich auf Voraussetzungen,
die sich entweder aus der Aufgabenstellung und ihrem Kontext ergeben oder zu ihrer
Präzisierung verwendet werden.

2.1 Anforderungen an das Testkonzept

Aus der Aufgabenstellung ergeben sich eine Reihe von Anforderungen an die gesuchte
Lösung.

Die Modellierung des Testobjekts muß ermöglichen, daß bei der Bestimmung des Gesamttests von den Einzelheiten der Module, wie sie etwa zur Bestimmung der Modultests
verwendet werden, abstrahiert werden kann. Daher soll das Modell der fehlerfreien
Schaltung auch die Funktion der Module enthalten. Damit von den bei realisierungsbezogener Fehlermodellierung zahlreichen Modulfehlern abstrahiert werden kann, ist
ein für alle Module einheitlicher Typ von Fehlermodell vorzusehen, der die Zahl der
modulextern zu betrachtenden Fehler deutlich reduziert.

Zu diesem abstrahierenden Fehlermodell ist ein Verfahren anzugeben, das anhand der
Modulfunktionen aus den Modultests einen Gesamttest aufbauen kann, wobei es nicht
vom jeweiligen Fehlerort, sondern von den Ein- und Ausgängen des zu testenden Moduls
ausgeht. Modultestmuster können in der Regel nicht einfach zu einem Gesamttest
zusammengesetzt werden; dabei sind ähnlich wie bei den strukturorientierten Verfahren das Einstellen der Modultestmuster und das Beobachten der Modultestergebnisse
zu lösen (siehe Bild 2.1). Das Verfahren muß Fehler, die sich auf mehrere Modulausgänge auswirken, ebenso berücksichtigen, wie eine abstrahierende, ggf. implizite
Beschreibung der Fehler. Im Gegensatz zum D-Algorithmus und daraus abgeleiteten
Verfahren, die jeweils 1 Bit vom Fehlerort zu den Primärausgängen transferieren,
ist hier ein mehrere Bit umfassendes Testergebnis bzw. die darin enthaltene Information zu den Primärausgängen zu transportieren.

Ein vollständiger Verzicht auf die aufwendige Fehlersimulation der Gesamtschaltung
ist möglich, wenn sich jeweils ein Abschnitt des Gesamttests nur auf ein Modul
bezieht und sichergestellt wird, daß jeder an den Ausgängen eines Moduls erkennbare
Fehler auch an den Primärausgangen erkennbar ist. Nicht zuletzt wegen der getrennten
Behandlung der einzelnen Module ist darauf zu achten, daß sich die Zahl der Testmuster beim Übergang zum Gesamttest möglichst wenig erhöht.

Zur Vereinfachung und Vervollständigung der Testbestimmung ist eine Methode des
prüfgerechten Entwurfs vorzusehen, die mit einem modularen Verfahren zur Bestimmung
des Gesamttests verträglich ist. Um die Steuerbarkeit bzw. die Beobachtbarkeit
eines Moduls innerhalb eines größeren Schaltnetzes zu verbessern, sind Schieberegister o.ä. zu aufwendig. Daher ist zu untersuchen, ob man statt der Einrichtung

zusätzlicher Test-Datenwege die vorhandenen Datenwege geeignet modifizieren kann. Es soll ein Verfahren entwickelt werden, das die Module bzgl. ihrer Eignung zum Transfer von Testmustern und -ergebnissen beurteilen und Module bei mangelnder Eignung entsprechend modifizieren kann.

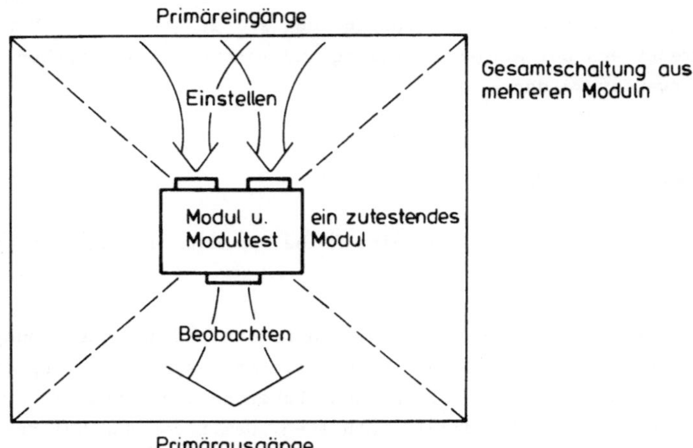

Bild 2.1: Aufbau eines Gesamttests aus Modultests

Für die modulare Testbestimmung sind Module ideal, die Belegungen ihrer Eingänge bijektiv auf Belegungen ihrer Ausgänge abbilden, denn bei Bijektivität der Modulfunktion kann jedes am Modulausgang benötigte Muster eingestellt werden, und alle Testergebnisse können eindeutig transferiert und somit beobachet werden. Realisierungen von arithmetischen Operatoren wie Addition und Multiplikation gehören zu den Modulen, die einen Operanden bei geeigneter konstanter Belegung des anderen bijektiv oder sogar identisch auf die Modulausgänge abbilden. Für solche Sonderfälle ist der Transfer von Testdaten trivial; sie sollen hier nicht weiter betrachtet werden.

2.2 Im Testkonzept verwendete Voraussetzungen

Das Testkonzept stützt sich auf eine Reihe von Voraussetzungen, die sich entweder mittelbar aus der Aufgabenstellung ergeben oder zu ihrer weiteren Präzisierung verwendet werden.

V1 Die fehlerfreie Schaltung kann als Schaltnetz getestet werden.
Diese Voraussetzung resultiert aus der mittlerweile etablierten Vorgehensweise des prüfgerechten Entwurfs, den Schaltwerkstest durch einen einheitlichen Test der Schieberegister und den Test der Schaltnetze zu ersetzen. Mit dieser Voraussetzung wird nicht ausgeschlossen, daß z.B. wie bei der CMOS-Technologie durch Fehler Speicherelemente entstehen können.

V2 Die zu testende Schaltung ist überwiegend durch nichtelementare Module beschrieben.

Es wird vorausgesetzt, daß eine Modulstruktur vorhanden ist und die Module meist komplexer als elementare Verknüpfungselemente (z.B. UND-Gatter mit 2 Eingängen) sind. Die Partitionierung der Schaltung wird hier als gegeben angenommen; eine Annahme, die z.B. bei einer modular arbeitenden Entwurfsmethode erfüllt ist.

V3 Die logischen Funktionen eines Moduls besitzten eine kompakte Darstellung.

Für die Effizienz der hier vorgeschlagenen Verfahren ist es wesentlich, daß die zur Beschreibung der Funktion verwendete Darstellung in ihrem Umfang nicht exponentiell zur Anzahl der Eingangsvariablen wächst. Diese Annahme ist zwar bei einigen Funktionen und Darstellungsformen nicht gegeben (z.B. Paritätsfunktion in zweistufiger Darstellung), doch zeigt die Erfahrung, daß dies Sonderfälle sind und praktisch realisierte Funktionen meist sogar eine zweistufige Darstellung mit sehr wenigen Termen besitzen. Dies gilt insbesondere für Realisierungsformen wie z.B. PLAs, deren Funktion schon zu Entwurfszwecken bestimmt und in eine kompakte Darstellung gebracht wird.
Da Module mit offensichtlicher Bijektivität, wie z.B. ein Teil der arithmetischen Operatoren, hier nicht betrachtet werden, ist für sie diese Voraussetzung nicht relevant.

V4 Die Gesamtschaltung enthält Module, die nicht direkt mit den Primäreingängen und -ausgängen verbunden sind.

Diese Voraussetzung bedeutet, daß die Schaltung auf Modulebene eine gewisse Tiefe aufweist, so daß der Test der Gesamtschaltung mehr erfordert als den unmittelbaren Test der Module. Für die direkt zugänglichen Module ist die Bestimmung des anteiligen Tests der Gesamtschaltung trivial.
V4 ist in der Regel ab einer gewissen Schaltungskomplexität gegeben, wie sie etwa bei Schaltnetz-Anteilen von VLSI-Schaltungen oder Flachbaugruppen, die nicht bausteinweise getestet werden können, vorliegt.

V5 Die Anzahl der Modulstufen der Gesamtschaltung ist deutlich geringer, als die Anzahl der Gatterstufen der Gesamtschaltung.

Die im Entwurf verwendeten Module bestehen aus mindestens zwei Gatter-Stufen; oft sogar aus mehreren. Daher ist diese Voraussetzung erfüllt.

V6 Die Testbestimmung beschränkt sich auf Fehler, die die logische Funktion der Module verändern.

Damit werden parametrische Fehler, die nur elektrische Werte (z.B. Leistungsaufnahme, Leckstrom) verändern, von der hier betrachteten Testbestimmung ausgeklammert. Diese Aufteilung ist üblich, da es für parametrische Fehler standardisierte Testprozeduren gibt, die nur von der Technologie und der Konfiguration der Schaltungsanschlüsse abhängen. Diese Voraussetzung bedeutet gleichzeitig, daß alle hier betrachteten Modulfehler an den Modulausgängen erkennbar sind.

V7 Jeweils nur ein Modul ist fehlerhaft.

Diese Voraussetzung ersetzt die st-0/st-1-Einzelfehler-Annahme und verhindert, daß sich Fehler verschiedener Module maskieren können. Innerhalb eines Moduls sind (z.B. als Elemente eines realisierungsbezogenen Fehlermodells) auch Mehrfachfehler zugelassen.

V8 Zu jedem Modul ist ein Modultest mit vollständiger realer Fehlerüberdeckung vorhanden.

Diese Voraussetzung ist in Anbetracht der für Module verfügbaren bzw.
automatisch bestimmbaren realisierungsbezogenen Fehlermodelle und der Verfahren zur Bestimmung eines Modultests sowie der Möglichkeiten des prüfgerechten Layout-Entwurfs mit nur geringen Abstrichen gerechtfertigt [SMF85]. Mit diesen Hilfsmitteln läßt sich eine annähhernd vollständige reale Fehlerüberdeckung erreichen, wobei die Abstriche u.a. durch gewisse Vereinfachungen bei der Fehlermodellierung bedingt sind. Voraussetzung V8 kann auch als Obergrenze für die Modulgröße interpretiert werden. Sie ist die Grundlage für eine nachweisbar hohe reale Fehlerüberdeckung des Gesamttests.

2.3 Testkonzept

Es wird ein Verfahren zur modularen Testbestimmung vorgeschlagen, das unter Verwendung von realisierungsbezogenen Modultests die Testmuster für die Gesamtschaltung bestimmt (siehe Bild 2.2).

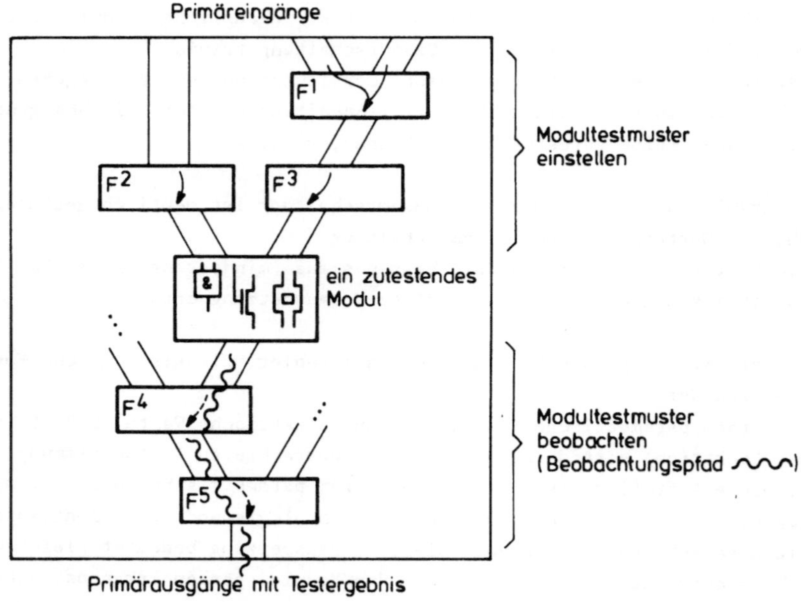

Bild 2.2: Konzept der modularen Testbestimmung

Das Verfahren ist modular in dem Sinn, daß es getrennt für jedes Modul der Gesamtschaltung einen Teil des Tests für die Gesamtschaltung bestimmt. Dieses Verfahren
verwendet als Beschreibung der Schaltung die Verbindungsstruktur auf Modulebene und
die logische Funktion der Module zusammen mit einem von den einzelnen Fehlern der
Module abstrahierenden Fehlermodell. Leitgedanke für die Lösung ist, unter Ausnutzung der in den Bündeln der Modulfunktionen vorhandenen partiellen Injektivität,
einen mehrere Bit breiten Beobachtungspfad aufzubauen, womit an den Primärausgängen
simultan für alle interessierenden Ausgänge eines Moduls festgestellt werden kann,
ob ein Modultestergebnis vom Sollwert für das fehlerfreie Modul abweicht.

2.3.1 Modell und Beschreibung des Testobjekts

Ein <u>Modul</u> ist im folgenden ein abgegrenzter Teil eines Schaltnetzes, der den Voraussetzungen V2, V3, V5 und V8 genügt. Modelliert werden seine Anschlüsse als Variablen, seine Funktion als Bündel von Schaltfunktionen. Zur Einbindung in das Modell
der Gesamtschaltung dient ein Graph, dessen Kantenprogression mit den Anschlüssen
des Moduls als Knoten einen Zyklus bildet. Ebenfalls formal gefaßt werden hier der
Modultest, das abstrahierendes Fehlermodell und das Modell der Gesamtschaltung.

Definition 2.1 (Modulmodell)

Das **Modell eines Moduls** ist das Viertupel M=(E,A,F,G). Dabei ist:

$$E = (e_1, \ldots, e_n), \text{ das Tupel der Moduleingänge,}$$
$$A = (a_1, \ldots, a_m), \text{ das Tupel der Modulausgänge,}$$
$$F = (f_1, \ldots, f_m), \text{ das Tupel der Modulfunktionen,}$$
$$G = (V, E_M), \quad \text{der Modulgraph ein Zyklus mit den Knoten}$$
$$V = (e_1, \ldots, e_n, a_1, \ldots, a_m),$$
$$\text{und den Kanten}$$
$$E_M = \{(e_1, e_2), (e_2, e_3), \ldots (e_n, a_1),$$
$$(a_1, a_2), \ldots (a_{m-1}, a_m), (a_m, e_1)\}$$

Ein Modul hat keine internen Zustände. Die Ein- und Ausgänge des Moduls dienen
bei der Interpretation der Schaltung nicht nur als Bezeichner für die Modulanschlüsse, sondern auch als $\{0,1\}$-wertige Variablen der Modulfunktionen. Jede
Modulfunktion ist dem Modulausgang mit gleichem Index zugeordnet. Die Komponenten
der Tupel E, A, F, werden ohne besondere Definition gelegentlich auch als Mengen-
elemente verwendet. F wird auch als Funktionenbündel bezeichnet.
Sollen mehrere Module unterschieden werden, werden die Bezeichner ihrer Bestand-
teile durch Voranstellen der Modulbezeichnung erweitert.
Bsp.: $M_5 a_7$ bezeichnet den Ausgang 7 des Moduls M_5.

<u>Definition 2.2 (Modulfunktion)</u>

Eine **Modulfunktion** $f_i(E)$ i=1,..,m, ist eine vollständig spezifizierte, von einer Teilmenge E' der Moduleingangsvariablen E abhängige Schaltfunktion, deren Ergebnis der Modulausgangsvariablen a_i zugeordnet ist. Mit B={0,1} ordnet sie jedem Element $b \in B^n$ eindeutig ein Element aus B zu:

$$f_i : \begin{cases} B^n \rightarrow B \\ E'=(e_{j(1)}, \ldots, e_{j(k)}) \rightarrow a_i = f_i(E) \end{cases}$$

Jede Belegung der Moduleingänge impliziert mittels f eindeutig eine Belegung des f zugeordneten Ausgangs a. Durch das Funktionenbündel F wird eine eindeutige Abbildung von B^n nach B^m definiert.

<u>Definition 2.3 (Modultest)</u>

Ein **Modultest** T=(TD,TO) besteht aus der Menge

TD={(tm,te) | tm $\in$ TM, te $\in$ TE}

und einer Halbordnung in TM, die durch TO $\subset$ (TM x TM) definiert ist. Jedes Element td $\in$ TD besteht aus dem Modultestmuster tm $\in$ TM und dem durch die Modulfunktionen definierten Testergebnis te = F(tm) $\in$ TE des fehlerfreien Moduls. Die Menge TM enthält mindestens die nach Voraussetzung 8 vorhandene Menge von Testmustern, die eine nahezu vollständige reale Fehlerüberdeckung gewährleistet.
TO definiert die Reihenfolge, in der die Testmuster für ein Modul anzuwenden sind. Ist TO leer, so ist die Reihenfolge beliebig.

<u>Definition 2.4 (abstrahierendes Modulfehlermodell)</u>

Das **abstrahierende Modulfehlermodell** AF enthält alle als Zweitupel (tm, tf_z) mit der Testantwort im Fehlerfall tf modellierbaren Fehler z des Moduls mit der folgenden Eigenschaft:

$(tm, tf_z) \in AF \Leftrightarrow tm \in TM \wedge \exists\, te \neq tf_z : (tm, te) \in TD$

Damit umfaßt das Modulfehlermodell alle Fehler des Moduls, die für mindestens ein Testmuster tm ein vom Testergebnis te des fehlerfreien Moduls abweichendes Testergebnis tf_z liefern.

<u>Bemerkung zum abstrahierenden Modulfehlermodell</u>

Das abstrahierende Modulfehlermodell geht vom vollständigen Test des Moduls (Def. 2.3) aus. Es definiert in Abhängigkeit von diesem Test alle Fehler, die damit bei einem Test des Moduls allein erkannt werden. Genau die gleiche Menge soll nach dem Testkonzept auch dann erkannt werden, wenn das Modul Bestandteil einer größeren Gesamtschaltung ist. Da der verwendete Modultest eine nahezu vollständige reale Fehlerüberdeckung hat, ist dieses Fehlermodell weitgehend test-unabhängig.

Eine modulare Schaltung (Gesamtschaltung) ist eine Schaltung, die durch Verbindung von Modulen aufgebaut ist. In Anlehnung an [CaTr84] wird dies genauer definiert:

Definition 2.5 (Modell einer Gesamtschaltung)

Ein **Modell einer Gesamtschaltung** ist ein eindeutiger, gerichteter Graph GS=(GV, GE). Dabei ist

GV=GA $\cup$ GN die endliche Menge der Knoten, bestehend aus der Menge GA=GPE$\cup$GPA$\cup$E$\cup$A mit den Primäreingängen GPE, den Primärausgängen GPA, den Moduleingängen E und den Modulausgängen A und der Menge GN der Verbindungsnetze (kurz: Verbindungen) der Gesamtschaltung.

GE=$E_M \cup E_{VB}$ die endliche Menge der Kanten, bestehend aus den Mengen der Modulkanten E_M und der Menge der Verbindungskanten E_{VB}, d.h.
E_M wie in Def 2.1 und E_{VB}= {(x,y) | x$\in$V $\wedge$ y$\in$GN $\vee$ y$\in$V $\wedge$ x$\in$GN}.

Bild 2.3 zeigt als einfaches Beispiel das Modell einer Gesamtschaltung, die aus den zwei Modulen M_1 und M_2 besteht. Dabei sind alle Modulanschlüsse unmittelbar mit Primäreingängen und -ausgängen verbunden.

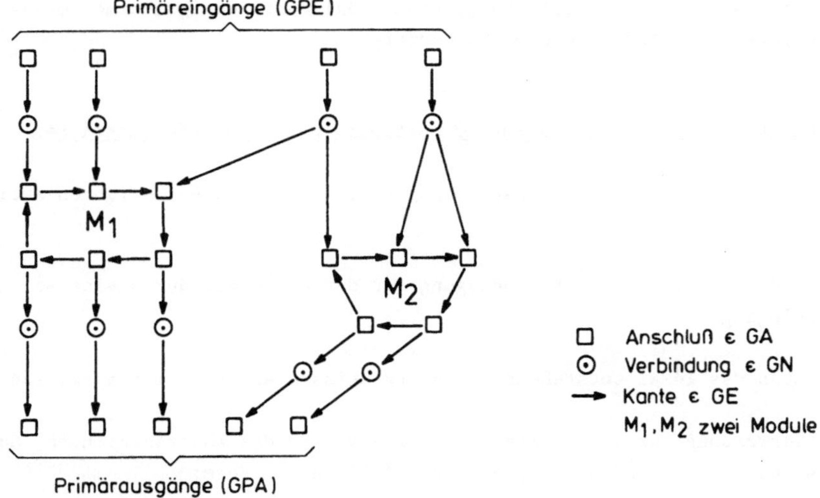

<u>Bild 2.3:</u> Beispiel für ein Modell der Gesamtschaltung

Definition 2.6 (konsistente Gesamtschaltung)

Eine **Gesamtschaltung** GS=(GV,GE) ist **konsistent**, wenn gilt:

1. GV $\cap$ GE = $\emptyset$

2. GV und GE sind endliche Mengen.

3. Jedes Verbindungsnetz $\in$ GN ist genau an einem Modulausgang a oder einem Eingang gpe der Gesamtschaltung angeschlossen.

4. Jedes Verbindungsnetz $\in$ GN ist an mindestens einem Moduleingang e oder mindestens einem Primärausgang gpa der Gesamtschaltung angeschlossen.

5. Jeder Anschluß der Gesamtschaltung und der Module ist an genau einem Verbindungsnetz ∈ GN angeschlossen.

Diese Modelle bilden die Grundlage für eine <u>Beschreibung des Testobjekts</u>. Die Struktur der fehlerfreien Schaltung wird hier in STRUDEL beschrieben, einer formalen
Sprache zur Spezifikation und Beschreibung von Schaltungsstrukturen, die von Camposano und Treff entwickelt wurde [CaTr84]. In STRUDEL kann eine Schaltung aufgrund
des obigen Modells beschrieben werden; die Beschreibung kann durch den STRUDEL-Über-
setzer auf syntaktische und semantische Fehler überprüft werden.
Ergänzend dazu wird der Modultest als eine Liste von Testmustern und Testergebnissen
beschrieben werden, womit implizit auch die Menge der abstrakten Modulfehler beschrieben ist.
Für die Beschreibung der Modulfunktion wird hier die zweistufige, disjunktive Form
(DF) verwendet. Sie entspricht manchen Modulrealisierungsformen (PLA,PAL) direkt
und ist in diesen Fällen aus dem Entwurf schon vorhanden. Sie kann auch effizient
aus der Strukturbeschreibung eines Moduls gewonnen werden [Lepo85]. Die DF der
Modulfunktion sollte aus Effizienzgründen möglichst wenig Terme umfassen; eine
minimale Darstellung wird jedoch nicht benötigt.

2.3.2 Anwendung von Modultests aufgrund partiell injektiver Pfadfunktionen

Auch die modulare Testbestimmung hat analog zu den klassischen Verfahren zwei Grund-
aufgaben zu lösen:

a) Einstellen einer geeigneten Belegung für den Fehlerort durch eine Belegung der
Primäreingänge

b) Beobachten des lokal entstehenden Testergebnisses an den Primärausgängen

Durch die Verwendung der vorbereiteten Modultests und des abstrahierenden Modulfehlermodells stellen sich beide Aufgaben in modifizierter Form:

a') Einstellen eines Modultestmusters durch eine Belegung der Primäreingänge

b') Beobachten des Modultestergebnisses an den Primärausgängen

Die Aufgabe, eine Belegung der Primäreingänge zu bestimmen, so daß für eine Menge
interner Punkte vorgegebene Werte eingestellt werden, ist bei allen deterministischen Testbestimmungsverfahren zu lösen. Am klassischen Schaltungsmodell wurden
dafür zahlreiche Algorithmen und Heuristiken entwickelt, die weitgehend auf das
hier verwendete Schaltungsmodell übertragbar sind. Die Beobachtungsaufgabe verlangt,
das Modultestergebnis so auf die Primärausgänge abzubilden, daß zumindest entschieden werden kann, ob das zu einem Testmuster tm gehörende Testergebnis te vorliegt.
Soll darüberhinaus der Fehler auch innerhalb des Moduls lokalisiert werden, muß
durch die Beobachtung sogar feststellbar sein, welches von te abweichende Testergebnis tf vorliegt. Beides sind neue Aufgaben, die nicht durch Übertragung klassischer

Verfahren gelöst werden können. Diese Einstell- und Beobachtungsaufgaben werden in der vorliegenden Arbeit zunächst für einzelne durch ihre Funktionen beschriebene Module gelöst. Mit den dafür angegebenen Operationen wird dann u.a. ein modulares Testbestimmungsverfahren angegeben.

Da die für modulare Testerzeugung ideale Bijektivität nur in Ausnahmefällen vorliegt, wird hier vorgeschlagen, die partielle Injektivität der Modulfunktionen auszunutzen. Insbesondere wird die partielle Injektivität von <u>Pfadfunktionen</u> untersucht. Eine Pfadfunktion ist ein Bündel von Schaltfunktionen, die aus den Modulfunktionen durch konstante Belegung der nicht von Testergebnissen belegten Moduleingänge entstehen. Die durch den Beobachtungspfad bewirkte Abbildung der Ausgangsmuster des gerade getesteten Moduls auf die Primärausgänge entspricht der schrittweisen Ausführung der eingestellten Pfadfunktionen, falls dafür keine widersprüchlichen Belegungen gefordert werden.

Das Testkonzept verwendet zwei Formen partieller Injektivität von Pfadfunktionen:

- **Injektivität der Pfadfunktion für Teilmengen ihrer Eingangsvariablen**
  Betrachtet werden Pfadfunktionen, die alle Belegungen einer Teilmenge ihrer Pfadeingangsvariablen injektiv auf Belegungen ihrer Ausgangsvariablen abbilden, wobei die Belegung ihrer anderen Pfadeingänge beliebig ist. Ist die Anzahl der relevanten Pfadeingänge gleich der Zahl der Pfadausgänge, dann ist eine injektive Pfadfunktion sogar bijektiv. Diese Form der partiellen Injektivität wird in Kapitel 4 als **Transparenz** formalisiert und wird außer zum Einstellen von Testmustern und Beobachten von Testergebnissen als Hilfsmittel des prüfgerechten Entwurfs entwickelt werden.

- **Injektivität der Pfadfunktion für Teile der Urbildmenge**
  Für die Zwecke der Fehlererkennung ist es ausreichend, wenn am Modulausgang beobachtet werden kann, ob ein an den Moduleingängen anliegendes Testergebnis vom Sollwert abweicht oder nicht. Daher sind auch Pfadfunktionen nützlich, die den Sollwert auf ein Ausgangsmuster abbilden, auf das kein vom Sollwert abweichendes Eingangsmuster abgebildet wird. Diese Eigenschaft wird später als **Relativtransparenz** formalisiert und primär zur Lösung der Beobachtungsaufgabe eingesetzt.

Durch die Analyse der Transparenz können die Beobachtungspfade bestimmt werden, die sich zur simultanen Beobachtung von mehreren Modulausgängen eignen und, falls notwendig, auch "verbreitert" werden. Diese Pfade sind unabhängig von den zu transferierenden Mustern; durch die einmalige Berechnung dieser Pfade wird das Beobachtungsproblem für einen Teil der Modulausgänge gelöst. Im Vergleich dazu kann man über die Pfade der Relativtransparenz ein vollständiges Modultestergebnis beobachten, muß allerdings in der Regel für jedes Element (tm,te) des Modultests die Pfade neu berechnen. In beiden Fällen reduziert sich die Häufigkeit, mit der in der Testbestimmung die Gesamtschaltung zu betrachten ist, auf einen Bruchteil der Fälle, die für die klassische, fehlerorientierte Vorgehensweise erforderlich wären. Unabhängig von den Details der einzelnen Module können alle Operationen der Testerzeugung auf relativ abstrakter Ebene anhand der Modulfunktionen durchgeführt werden.

Dieses Testkonzept ermöglicht die Anwendung von nach speziellen realisierungsbezogenen Fehlermodellen erstellten Modultests. Ein Verzicht auf die aufwendige Fehlersimulation der Gesamtschaltung ist möglich, da die einzelnen Module bei der Bestimmung des Gesamttests getrennt betrachtet werden und man erreichen kann, daß Fehler, die an den Modulausgängen erkennbar sind, auch an den Primärausgängen erkennbar sind. Daher kann man von der Fehlerüberdeckung der Modultests direkt auf die Mindest-Fehlerüberdeckung der Gesamtschaltung schließen. Durch die getrennte Betrachtung der einzelnen Module wird der Test der Gesamtschaltung mindestens soviel Testmuster umfassen wie die Gesamtheit der Modultests. Dies ist ein Nachteil, der z.T. dadurch kompensiert wird, daß die Modultests mit relativ wenig Testmustern oder sogar mit minimalem Umfang bestimmt werden können, falls das Modul relativ klein ist oder eine einfache Struktur (ähnlich den 'iterative logic arrays') aufweist.

Die <u>Anwendungen</u> liegen in der Fehlerdiagnose modular beschriebener Schaltungen. Dazu gehören die Testbestimmung für die Gesamtschaltung ebenso wie die Berechnung von Pfaden zum Einstellen von Testmustern und zum Beobachten von Testergebnissen sowie die Verbesserung der Transfereigenschaften solcher Pfade. Die Berechnung und Verbesserung von k-Bit-Pfaden ermöglicht sowohl die vollständige Testbestimmung für die Gesamtschaltung als auch die Planung des Einsatzes von Testmustergeneratoren und Testergebnisauswertern.

3 Mathematische Grundlagen und Hilfsmittel

Die in der Arbeit verwendeten Begriffe und Schreibweisen für Schaltfunktionen und ihre Darstellung sowie für logische Gleichungen sind hier zusammengestellt. Die Begriffsbildung orientiert sich an [BoPo81], z.T. auch an [Beis80]. Beide Bücher enthalten eine ausführliche Darstellung dieser Grundlagen.

3.1 Grundbegriffe

Definition 3.1 (Merkmale von Abbildungen)

Seien D, E zwei Mengen und φ eine Abbildung von D nach E. Dann heißt:

D   **Urbildmenge**,

E   **Bildmenge** und

$\varphi(D) \subset E$ **Wertebereich** von φ.

Die Abbildung φ heißt
- **eindeutig**, wenn gilt $\forall\ x,x' \in D: x=x' \Rightarrow \varphi(x)=\varphi(x')$;
- **surjektiv**, wenn gilt $\varphi(D)=E \Longleftrightarrow \forall\ y \in E: \exists\ x \in D: \varphi(x)=y$;
- **injektiv**, wenn gilt $\forall\ x,x' \in D: \varphi(x)=\varphi(x') \Rightarrow x=x'$.

Definition 3.2 (Boolesche Algebra)

Als **Boolesche Algebra** wird ein System $\langle B, \cup, \cdot, ', 0, 1 \rangle$ bezeichnet, wobei **B** eine Menge ist, $\cup: B \times B \rightarrow B$ und $\cdot: B \times B \rightarrow B$ zwei zweistellige Operationen in **B**, Disjunktion bzw. Konjunktion genannt, $': B \rightarrow B$ eine einstellige Operation in **B**, Negation genannt, während 0 und 1 zwei Elemente von **B** sind, mit $0 \neq 1$, so daß die folgenden Identitäten erfüllt sind (x·y abgekürzt durch xy). Für jedes $x,y,z \in B$:

(1) $x \cup y = y \cup x$	$xy = yx$
(2) $(x \cup y) \cup z = x \cup (y \cup z)$	$(xy)z = x(yz)$
(3) $x \cup xy = x$	$x(x \cup y) = x$
(4) $x \cup yz = (x \cup y)(x \cup z)$	$x(y \cup z) = xy \cup xz$
(5) $x \cup 1 = 1$	$x \cdot 0 = 0$
(6) $x \cup x' = 1$	$xx' = 0$

Disjunktion und Konjunktion sind kommutativ (1), assoziativ (2), und erfüllen die Absorptionsgesetze (3); d.h. $\langle B, \cup, \cdot \rangle$ ist ein Verband. Dieser Verband ist distributiv (4), und hat ein Nullelement und ein Einselement (5). Zusätzlich ist dieser Verband komplementär (6). Eine Boolesche Algebra ist also ein komplementärer, distributiver Verband.

Beispiel 3.1:

Die einfachste Boolesche Algebra ist die zweielementige Boolsche Algebra mit $B_2 = B = \{0,1\}$. Die drei Operationen, die mit $\vee$ (für $\cup$), $\wedge$ (für $\cdot$) und $\neg$ bzw. Überstrich $^-$ (für $'$) bezeichnet werden, sind wie folgt definiert:

+	0 1		&	0 1		x	0 1
0	0 1		0	0 0		$\neg x$	1 0
1	1 1		1	0 1			

Beispiel 3.2:

Die Menge B^k, die Menge der k-stelligen Binärvektoren bildet mit Operationen, die durch die komponentenweise Anwendung der Operationen $\vee$, $\wedge$, $\neg$ der zweielementigen Booleschen Algebra definiert sind und den k-stelligen Vektoren $(0, \ldots, 0)$ und $(1, \ldots, 1)$ als Null- und Einselement eine Boolesche Algebra.

Definition 3.3 (weitere Operationen)

In $B=\{0,1\}$ (und über komponentenweise Anwendung auch in B^k) werden zusätzlich folgende zweistellige Operationen für $x,y \in B$ vereinbart:

$\leftarrow/\rightarrow$ (**Antivalenz**), definiert durch $x \leftarrow/\rightarrow y := x \wedge \neg y \vee \neg x \wedge y$,

$\leftrightarrow$ (**Äquivalenz**), definiert durch $x \leftrightarrow y := x \wedge y \vee \neg x \wedge \neg y$,

$\Rightarrow$ (**Implikation**), definiert durch $x \Rightarrow y := \neg x \vee y$,

$\#$ (**Relativkomplement**), definiert durch $x \# y := x \wedge \neg y$.

Das Relativkomplement wird in der Literatur auch Kreuzoperation genannt.

Bemerkungen:

B^k bildet mit $\wedge$ als Ringmultiplikation und $\leftarrow/\rightarrow$ als Ringaddition einen Ring; B^k ist mit $\leftarrow/\rightarrow$ eine abelsche Gruppe.

Durch $0 \leq 0$, $0 \leq 1$ und $1 \leq 1$ wird in B eine Ordnungsrelation definiert. Durch komponentenweise Anwendung dieser Relation ist in B^k eine Halbordnung definiert. Interpretiert man die Komponenten eines Vektors aus B^k als Stellen einer Dualzahl, dann kann man die Ordnungsrelation der natürlichen Zahlen auf B^k übertragen.

3.2 Schaltfunktionen

Definition 3.4 (Boolesche Funktion, Schaltfunktion, Funktionenbündel)

Eine **Boolesche Funktion** ist eine eindeutige Abbildung
$f: B^k \rightarrow B$.
Eine **Schaltfunktion** ist eine Boolesche Funktion mit $B=B=\{0,1\}$.
Ein **Funktionenbündel** ist eine eindeutige Abbildung
$F: B^k \rightarrow B^m$, notiert als Vektor von m Schaltfunktionen, $F=(f_1, \ldots, f_m)$.

Durch eine Schaltfunktion wird jedem Binärvektor aus B^k einer der beiden Werte 0 oder 1 zugeordnet. Analog ordnet ein Funktionenbündel jedem Element von B^n genau ein Element von B^m zu.

Bemerkungen:

Da in B^k eine Ordnung erklärt werden kann, läßt sich jede Schaltfunktion als Binärvektor ihrer Funktionswerte darstellen. Mit dieser Zuordnung erhält man die wichtige Aussage, daß die Menge aller Schaltfunktionen über B^k der Menge B^{fk} mit $fk=2^k$ entspricht und damit alle Eigenschaften einer solchen Menge auch für die Schaltfunktionen erhalten bleiben. Insbesondere bildet die Menge der Schaltfunktionen über B^k mit den obigen Operationen eine Boolsche Algebra.

Andere Bezeichnungen für Schaltfunktionen sind Boolesche Funktion bzw. binäre Funktion [BoPo81], 'switching function' (z.B. [Diet78]) oder 'truth function' [Rude74].

Unvollständig spezifizierte Schaltfunktionen, die nicht allen Elementen ihrer Urbildmenge B^k ein Element der Bildmenge zuordnen, können als Äquivalenzklasse vollständig spezifizierter Funktionen definiert werden. Die Menge der in der Äquivalenzklasse vorhandenen Funktionen bildet einen Verband; für das Infimum haben alle unspezifizierten Elemente den Funktionswert 0 und für das Supremum den Wert 1 [BoPo81].

<u>Definition 3.5 (charakteristische Funktion)</u>

Sei $D \subseteq B^k$ eine Menge. Die eindeutige Abbildung $c_D : B^k \to B$ heißt **charakteristische Funktion** zur Menge $D \subseteq B^k$, wenn gilt: $c_D(x) = 1 \Longleftrightarrow x \in D$

<u>Definition 3.6 (Monotonie, Linearität)</u>

Eine Schaltfunktion f über B^k heißt

- **in der Variablen x_i monoton wachsend**, wenn
  $\forall\, b,\, b' \in B^k : b_i \leq b_i' \Rightarrow f(b) \leq f(b')$;

- **in der Variablen x_i monoton fallend**, wenn
  $\forall\, b,\, b' \in B^k : b_i \leq b_i' \Rightarrow f(b) \geq f(b')$;

- **monoton wachsend**, wenn f in allen Variablen monoton wachsend ist;

- **monoton fallend**, wenn f in allen Variablen monoton fallend ist;

- **unitär**, wenn f in jeder Variablen entweder monoton wachsend oder monoton fallend ist;

- **in der Variablen x_i linear**, wenn f dargestellt werden kann als
  $f(x_1, \ldots, x_k) = (c \leftarrow/\to x_i) \leftarrow/\to g(x_1, \ldots, x_{i-1}, x_{i+1}, \ldots, x_k)$ mit $c \in \{0,1\}$;

- **linear**, falls f dargestellt werden kann als
  $f(x_1, \ldots, x_k) = c_0 \leftarrow/\to c_1 x_1 \leftarrow/\to \ldots \leftarrow/\to c_k x_k$
  mit $c_i \in \{0,1\}$, $i = 0, \ldots, k$.

<u>Definition 3.7 (Erfüllungsgrad)</u>

Sei f eine Schaltfunktion über B^k. Der **Erfüllungsgrad** $E(f)$ bezeichnet den Anteil der Elemente von B^k, für die f erfüllt ist:

$$E(f) := |\{x \in B^k : f(x) = 1\}| \,/\, 2^k$$

Definition 3.8 (Quantoren als Operatoren auf Schaltfunktionen)

Sei f eine Schaltfunktion über B^k, die von den Variablen $X=(x_1,\ldots,x_i)$ und $Y=(x_{i+1},\ldots,x_k)$ abhängt. Die **Quantoren** $\exists$ und $\forall$ sind durch

$$
\exists\ X: \left\{
\begin{array}{l}
(B^k \to B) \quad \to \quad (B^{k-i} \to B) \\[2em]
f(X,Y) \to \exists\ X{:}f(X,Y) \quad := \quad \bigvee_{x=0}^{2^i-1} f(x,Y)
\end{array}
\right.
$$

und

.bpage 5;

$$
\forall\ X: \left\{
\begin{array}{l}
(B^k \to B) \quad \to \quad (B^{k-i} \to B) \\[2em]
f(X,Y) \to \forall\ X{:}f(X,Y) \quad := \quad \bigwedge_{x=0}^{2^i-1} f(x,Y)
\end{array}
\right.
$$

auch als Operatoren auf Schaltfunktionen erklärt.

Aus Schaltfunktionen entstehen also durch Anwendung der Quantoren $\exists$ und $\forall$ wieder Schaltfunktionen, die von den durch die Quantoren gebundenen Variablen (X in Def. 3.8) unabhängig sind.
Im Zusammenhang mit Schaltfunktionen wird der Existenzquantor $\exists$ auch als Maximum- und der Allquantor $\forall$ als Minimum-Operator bezeichnet [BoPo81].

Wie schon angegeben, kann man eine Funktion als Vektor ihrer Funktionswerte darstellen. Von größerer praktischer Bedeutung ist jedoch die analytische Darstellung.

Definition 3.9 (Eins-, Nullstelle, Block)

Sei f: $B^k \to B$ eine Schaltfunktion. Eine **Einsstelle** ist ein Element von B^k, dem f den Wert 1 zuordnet. Die **Einsmenge** ist die Menge aller Einsstellen von f. **Nullstelle** und **Nullmenge** sind analog definiert.

Ein **Block** repräsentiert die Menge aller Elemente von B^k, die in den Werten einer bestimmten Teilmenge ihrer Komponenten übereinstimmen. Komponenten mit vorgeschriebenen Werten heißen gebunden, die übrigen frei. Ein Block wird als Ternärvektor notiert, in dem vorgeschriebene Werte mit 0 bzw. 1 und freie Komponenten mit '-' angegeben sind. Ein **Einsblock** enthält ausschließlich Einsstellen, ein **Nullblock** enthält ausschließlich Nullstellen von f. Ein **Primeinsblock** von f ist ein Einsblock, der in keinem anderen Einsblock von f enhalten ist (maximaler Einsblock).

Bild 3.1 zeigt im Symmetriediagramm (nach [Lipp69]) Beispiele für Eins- und Nullblöcke als Zusammenfasung von Eins- und Nullstellen.

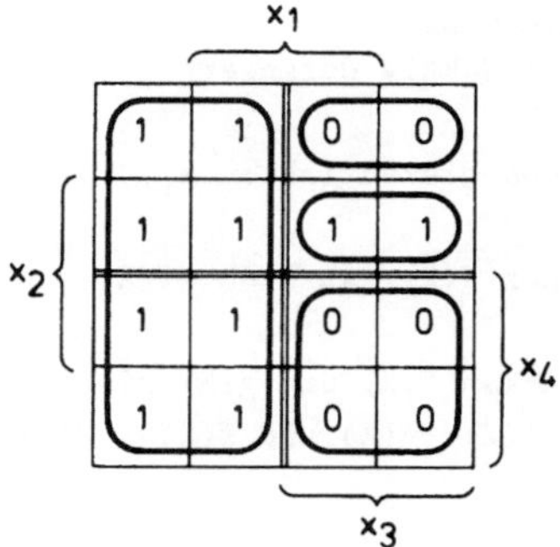

Bild 3.1: Beispiele für Eins- und Nullblöcke im Symmetrie-Diagramm

Definition 3.10 (Minterm, Maxterm, Normalformen)

Sei f eine Schaltfunktion über B^k und $z=(z_1,\ldots,z_k)$ ein Element aus B^k.
Ein **Minterm** ist eine Konjunktion der Form

$$\bigwedge_{j=1}^{k} x^{z_j} \qquad \text{mit den Literalen } x^{z_j} = \begin{cases} x_j, & \text{falls } z_j=1, \\ \neg x_j & \text{falls } z_j=0, \end{cases}$$

ein **Maxterm** ist x^{z_j} eine Disjunktion der Form

$$\bigvee_{j=1}^{k} x^{z_j} \qquad \text{mit den Literalen } x^{z_j} = \begin{cases} x_j, & \text{falls } z_j=1, \\ \neg x_j & \text{falls } z_j=0, \end{cases}$$

Die Disjunktion aller Minterme zu den Einsstellen von f heißt **disjunktive Normalform (DNF)** und die Konjunktion aller Maxterme zu den Nullstellen von f heißt **konjunktive Normalform (KNF)**.

In der Literatur werden DNF und KNF auch als kanonische Normalformen bezeichnet.

Definition 3.11 (disjunktive und konjunktive Form)

Zu den Variablen $x_1,\ldots,x_k$ und ihren Literalen x_i bzw. $\neg x_i$ heißt eine nichtleere Konjunktion von Literalen, an der jede Variable mit höchstens einem Literal beteiligt ist, **Implikant**. Jede nichtleere Disjunktion, an der jede Variable höchstens mit einem Literal vertreten ist, heißt **Implikat**.
Eine Disjunktion von Implikanten heißt **disjunktive Form** (DF). Eine Darstellung einer Schaltfunktion f in disjunktiver Form wird mit $[f]_{DF}$ bezeichnet. Eine Konjunktion von Implikaten heißt **konjunktive Form (KF)**.

<u>Definition 3.12 (logischer Ausdruck)</u>

Ein **logischer Ausdruck** ist induktiv definiert durch:

a) Die Konstanten 0 und 1 und die Variablen x_1, ..., x_k sind logische Ausdrücke.

b) Mit dem logischen Ausdruck $f(X)$ ist auch $\neg f(X)$ ein logischer Ausdruck.

c) Mit den logischen Ausdrücken $f(X)$ und $g(X)$ sind auch $f(X)\wedge g(X)$, $f(X)\vee g(X)$, $f(X)\leftarrow/\rightarrow g(X)$, $f(X)\leftrightarrow g(X)$ und $f(X)\#g(X)$ logische Ausdrücke.

d) Mit dem logischen Ausdruck $f(X,Y)$ sind auch $\exists X:f(X,Y)$ und $\forall X:f(X,Y)$ logische Ausdrücke.

e) Beliebige logische Ausdrücke müssen in endlich vielen Schritten mit Hilfe der Regeln a) bis d) konstruierbar sein.

Zur Festlegung der Reihenfolge beim Aufbau logischer Ausdrücke können auch Klammern oder Bindungsvereinbarungen in bekannter Weise verwendet werden; das Konjunktionszeichen wird oft der Einfachheit halber weggelassen.

Jeder logische Ausdruck f mit k Variablen definiert genau eine Schaltfunktion über B^k. Umgekehrt kann eine Schaltfunktion über B^k durch beliebig viele logische Ausdrücke dargestellt werden.

Zu einer Funktion f erhält man eine Darstellung $[f]_{DF}$, wenn man zu einer Menge von Einsblöcken, die die Einsstellen von f vollständig überdecken, die charakteristischen Funktionen in Form von Implikanten bestimmt. Umgekehrt entspricht jede Darstellung von f in DF einer Überdeckung der Einsmenge von f. Duale Aussagen gelten für die KF.

Es gibt für Schaltfunktionen eine Vielzahl anderer Darstellungsformen, die jedoch hier nicht betrachtet werden. Dazu gehört die Darstellung als binärer Entscheidungsbaum [More82] bzw. Entscheidungsdiagramm [Aker78] und als Graph mit definierter Normalform [Brya85]. In der vorliegenden Arbeit werden logische Ausdrücke, speziell die DF, verwendet, da Operationen auf Schaltfunktionen in dieser Darstellung wohl am besten untersucht sind [Semi85]. Diese Darstellung erlaubt eine kompakte Beschreibung der hier entwickelten Verfahren und die Implementierung kann sich weitgehend auf bekannte Algorithmen und Heuristiken für das Rechnen mit Schaltfunktionen stützen.

<u>Definition 3.13 (Eigenschaften einer disjunktiven Form)</u>

Sei f eine Schaltfunktion über B^k mit einer Darstellung

$$[f]_{DF} = \bigvee_{j=1}^{r} I_j, \text{ mit Implikanten } I_j = l_{j1}\ldots l_{jk(j)} \text{ aus den Literalen } l_{ji}.$$

Für diese Darstellung in DF werden folgende Maßzahlen definiert:

$$L([f]_{DF}) := \sum_{j=1}^{r} k(j) \text{ ist die } \textbf{Länge der DF, } \text{auch Literalanzahl genannt}$$

$$T([f]_{DF}) := r \text{ ist die } \textbf{Termanzahl oder Implikantenanzahl der DF;}$$

$$M_I([f]_{DF}) := (1/r) \cdot \sum_{j=1}^{r} 2^{(k-k(j))} \text{ ist die } \textbf{mittlere Mächtigkeit}$$
der Implikanten einer DF.

Man nennt eine DF in der Variablen x_i monoton wachsend, wenn das Literal $\neg x_i$ nicht in der DF vorkommt bzw. in der Variablen x_i monoton fallend, wenn das Literal x_i nicht in der DF vorkommt.
Auch die Begriffe monoton wachsend, monoton fallend und unitär aus Def. 3.6 sind entsprechend für die Darstellung einer Funktion in DF definiert.

Eine DF1 ist kompakter als eine DF2 der gleichen Funktion, wenn gilt:

$$L([f]_{DF1}) < L([f]_{DF2}) \quad \text{oder} \quad T([f]_{DF1}) < T([f]_{DF2}).$$

Die letzte Definition legt nicht fest, welche Ungleichung zu erfüllen ist; es wird nur gefordert, daß mindestens eine der beiden Ungleichungen zu erfüllen ist.

<u>Definition 3.14 (Kofaktor einer Funktion)</u>
Der **Kofaktor** einer Schaltfunktion f über B^k und eines Blocks $z \subset B^k$ ist die Schaltfunktion f_z mit

$$f_z(x_1, \ldots, x_k) := f(y_1, \ldots, y_k) \text{ mit } y_i = \begin{cases} 1 & \text{für } z_i = 1 \\ 0 & \text{für } z_i = 0 \\ x_i & \text{für } z_i = - \end{cases}$$

Der Kofaktor ist also nur von den Variablen echt abhängig, deren z-Komponente frei ist.
Für Kofaktoren wird noch eine zweite Schreibweise verwendet, in der nur die gebundenen Variablen angegeben werden (z.B. $f(x_3=1)$ statt f_z mit $z=(-,-,1,-,\ldots,-)$).

Mit Hilfe der Kofaktoren können verschiedene (rekursive) Entwicklungen einer Funktion angegeben werden, wie z.B. die folgende zweiteilige:

$$f(x_1, \ldots, x_k) = x_i \wedge f(x_i=1) \vee \neg x_i \wedge f(x_i=0).$$

Dreiteilige Entwicklungen der Form

$$f(x_1, \ldots, x_k) = x_i \wedge f(x_i=1) \vee \neg x_i \wedge f(x_i=0) \vee g(x_1, \ldots, x_{i-1}, x_{i+1}, \ldots, x_k)$$

erhält man durch Zusammenfassen von Teilen der Funktion, die unabhängig von der

Entwicklungsvariable x_i sind, in einer von x_i unabhängigen Funktion g.

Definition 3.15 (Boolesche Differenz)

Die **Boolesche Differenz** zu einer Schaltfunktion f über B^k und einer Variablen x ist eine Schaltfunktion f_x mit

$$f_x(X) := f(x=1) \leftrightarrow f(x=0)$$

f ist von x genau dann unabhängig, wenn $f_x = 0$ gilt.

3.3 Logische Gleichungen

Definition 3.16 (Logische Gleichung)

Seien f und g zwei Schaltfunktionen über B^k. Eine **logische Gleichung** ist ein Ausdruck der Form

$$f(X)=g(X),$$

wobei die x_i die **Unbekannten** der Gleichung sind.

Ein $b \in B^k$ mit $f(b)=g(b)$ heißt **partikuläre Lösung** der Gleichung. Die **vollständige Lösung** besteht aus der Menge aller partikulären Lösungen.

Da $\langle B^k, \leftrightarrow \rangle$ eine abelsche Gruppe ist, kann jede logische Gleichung in die homogene **Form**

$$f(x) \leftrightarrow g(x)=0$$

überführt werden. Darüberhinaus kann auch ein System von logischen Gleichungen in diese Form überführt werden:

$$(f_1(X) \leftrightarrow g_1(X)) \vee \ldots \vee (f_n(X) \leftrightarrow g_n(X))=0.$$

Damit kann man sich bei der Lösung logischer Gleichungen auf die Form

$$a(X)=0 \quad \text{bzw.} \quad \neg a(X)=1,$$

beschränken, wobei a ein logischer Ausdruck einer Schaltfunktion über B^k ist. Daher läßt sich die Lösung eines logischen Gleichungssystems durch Umformen des entsprechenden logischen Ausdrucks in eine geeignete Darstellung der Lösungsmenge (z.B. DF) gewinnen. Dies ist eine Anwendung des vom Autor entwickelten Programmsystems CUBICALC, das im Anhang A beschrieben ist.

Wird ein Modul M getestet, dessen Ausgänge nicht direkt mit den Primärausgängen der Gesamtschaltung verbunden sind, dann müssen seine Testergebnisse mittelbar beobachtet werden (siehe Bild 4.1). Von den Ausgängen von M sollen sie auf einem Beobachtungspfad durch die nachfolgenden Module M_p (im Bild: p = 1, 2) so transferiert werden, daß an den Primärausgängen entscheidbar ist, ob M fehlerhaft ist (modulweise Fehlererkennung) bzw. welcher Fehler in M vorliegt (modulweise Fehlerlokalisierung).

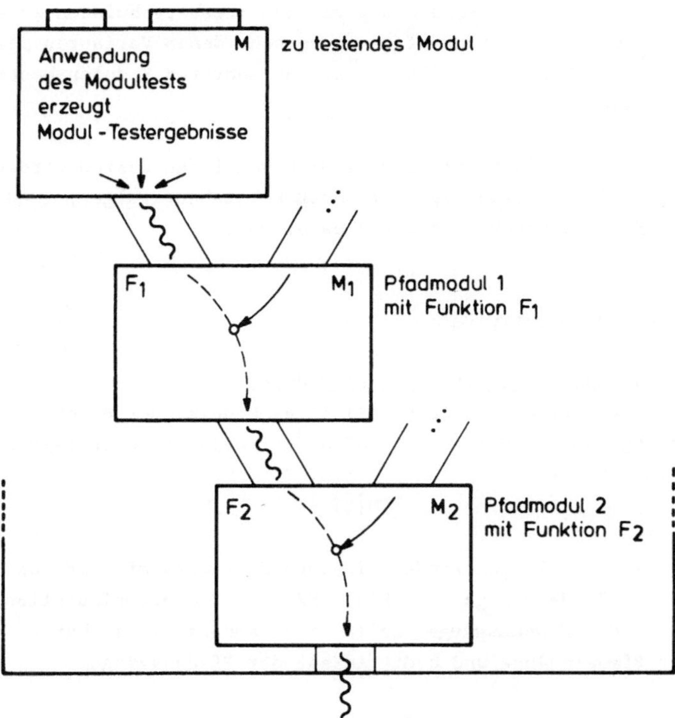

<u>Bild 4.1:</u> Beobachtung von Modultestergebnissen

Das analoge Problem für Schaltungen, die als Struktur aus elementaren Verknüpfungselementen (Gattern) beschrieben sind, ist bei dem st-0/st-1-Fehlermodell mit Einzelfehler-Annahme mehrfach gelöst worden (vgl. Bestandsaufnahme Testbestimmung, spez. Abschnitt 1.3.2).

Neu ist die Betrachtung von beliebigen Schaltnetzmodulen mit mehreren Ausgängen als Strukturbausteine im Zusammenhang mit dem im Testkonzept definierten abstrahierenden Modulfehlermodell. Dieses Fehlermodell enthält implizit (durch den Modultest) beschrieben alle Fehler eines Moduls, die beim Test des Moduls allein diagnostizierbar sind. Ist das Modul als Bestandteil einer größeren Schaltung zu testen, müssen seine Testantworten auf einem geeigneten Beobachtungspfad so an die Primärausgänge der Schaltung übermittelt werden, daß alle seine Fehler diagnostizierbar bleiben. Ähnliche Aufgabenstellungen sind im Zusammenhang mit Hardware-Beschreibungssprachen bearbeitet worden (z.B. [Lai81]). Allerdings wird bei solchen Ansätzen von einem festen Modulvorrat ausgegangen und die Beobachtungsaufgabe wird individuell für jedes Modul gelöst.

Die hier vorgestellte Lösung ist unter gewissen Voraussetzungen (vgl. 2.2) einheitlich für alle Module anwendbar. Sie basiert auf der Ausnutzung von zwei Formen der partiellen Injektivität der Modulfunktion. Aus der Literatur ist dem Autor nur eine Arbeit bekannt [Some85], die einen ähnlichen Ansatz vorschlägt. Diese Veröffentlichung wird in den wenigen relevanten Einzelpunkten mit der vorliegenden Arbeit verglichen werden.

In diesem Kapitel wird die Beobachtung von Modultestergebnissen zunächst für die einzelnen Module M_p des Beobachtungspfads in verschiedenen Varianten gelöst. Darauf aufbauend werden Verfahren zum Aufbau eines aus mehreren Modulen bestehenden Beobachtungspfads angegeben.

Vereinbarung: Zur Unterscheidung einer Variablen von ihren Werten werden im folgenden Variablen bevorzugt mit Großbuchstaben(-folgen) und ihre Werte mit Kleinbuchstaben(-folgen) bezeichnet.

4.1 Pfadfunktionen und Injektivität

<u>Definition 4.1 (Pfad und Pfadfunktion eines Moduls)</u>

Sei M ein Modul. Ein **Pfad** P ist der Teil eines Moduls, der durch eine Teilmenge ET⊂E der Eingänge und eine Teilmenge AT⊂A der Ausgänge festgelegt wird. Ein Pfad wird notiert in der Form:

$$M \mid ET \rightarrow AT$$

Die Menge der nicht zu ET gehörenden Eingänge E-ET wird mit EP bezeichnet. Die ETα $\in$ ET sind die **Pfadeingänge**, die ETα $\in$ EP sind die **pfadeinstellenden Eingänge**, die at $\in$ AT sind die **Pfadausgänge**. Falls nicht anders vereinbart, bezeichnet p die Anzahl der Pfadeingänge und q die Anzahl der Pfadausgänge.

<u>Definition 4.2 (Einzelpfad, Mehrfachpfad, Teilpfad)</u>

Der Pfad P=M$\mid$ET$\rightarrow$AT ist

- ein **Einzelpfad**, falls p=q=1;

- ein **Mehrfachpfad**, falls p>1 und q>1.

Der Pfad P'=M$\mid$ET'$\rightarrow$AT' ist ein **Teilpfad** des Pfads P, wenn gilt:

$$ET' \subset ET \wedge AT' \subset AT$$

(Das später folgende Bild 4.5 veranschaulicht auch die beiden Begriffe Einzelpfad und Mehrfachpfad.)

Für Pfade mit p>1, q=1 (mehrere Eingänge, ein Ausgang) und Pfade mit p=1, q>1 (ein Eingang, mehrere Ausgänge) wird keine besondere Bezeichnung vereinbart, da sie in dem hier entwickelten Konzept keine Sonderstellung einnehmen. Sie sind aber überall dort, wo beliebige Pfade betrachtet werden (spez. in 4.3) bei der Betrachtung mit eingeschlossen.

Definition 4.3 (Disjunktheit, Vereinigung von Pfaden)

Sei $\{P\alpha: \alpha \in$ Indexmenge $I\}$ eine Menge von Pfaden.
Die **Pfade** $P\alpha = M | ET\alpha \rightarrow AT\alpha$ sind **disjunkt**, wenn gilt:

$$\forall\ \alpha \in I:\ \forall\ \alpha' \in I:\ \alpha = \alpha' \vee (ET\alpha \cap ET\alpha' = \emptyset \wedge AT\alpha \cap ATa' = \emptyset)$$

Die **Vereinigung von Pfaden** $P\alpha$ ist der Pfad $M | ET \rightarrow AT$, mit den Eingängen ET und den Ausgängen AT, definiert durch:

$$ET := \bigcup_{\forall \alpha \in I} ET\alpha, \quad AT := \bigcup_{\forall \alpha \in I} AT\alpha$$

Definition 4.4 (Überdeckung eines Pfads)

Zu einem gegebenen Pfad $P = M | ET \rightarrow AT$ ist eine Menge von Pfaden

$$\{\ P\alpha = M\ |\ ET\alpha \rightarrow AT\alpha\ :\ \alpha \in I \text{ und } P\alpha \text{ Teilpfad von } P\},$$

eine **Überdeckung**, falls die Vereinigung der $P\alpha$ nach Def. 4.3 gleich P ist.

Definition 4.5 (Pfadfunktion)

Sei $P = M | ET \rightarrow AT$ ein Pfad des Moduls M. Eine **Pfadfunktion** $FP_k(ET)$ ist das Bündel der den Pfadausgängen zugeordneten Schaltfunktionen, die aus der Modulfunktion $F(E) = F(ET, EP)$ durch die Belegung von EP mit einem Wert k als Restfunktion gebildet werden und daher nur von ET abhängen:

$$FP_k(ET) := (f_{i\,1}(ET,k),\ \ldots,\ f_{i\,q}(ET,k)), \text{ nach umnummerieren o.B.d.A. auch}$$

$$FP_k(ET) = (f_1(ET,k),\ \ldots,\ f_q(ET,k)).$$

Die Bildung der Pfadfunktion entspricht der Restriktion der Modulfunktion auf die Menge der Eingangsbelegungen, die die pfadeinstellenden Variablen EP mit EP=k belegen. Bild 4.2 zeigt als Beispiel eine Pfadfunktion FP_{EP}, die durch Belegung der pfadeinstellenden Eingänge $EP = (d,e,f,g)$ mit $(0,1,1,0)$ aus den Modulfunktionen f_1 und f_2 gebildet wird.

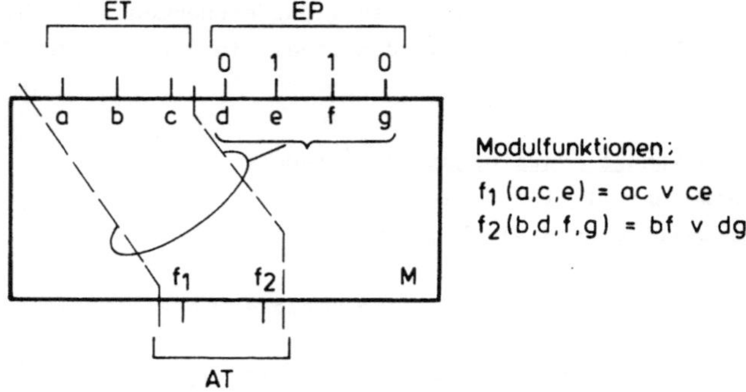

Pfadfunktion :

$$FP_{EP} = (f_1(a,c,1), f_2(b,0,1,0)) = (c,b)$$

__Bild 4.2:__ Beispiel für die Pfadfunktion eines Moduls

__Definition 4.6 (Beobachtungsaufgabe der Fehlererkennung)__

Sei M|ET→AT ein Pfad des Moduls M und s der Sollwert einer an Pfadeingängen ET
anliegenden Testantwort T. Die **Beobachtungsaufgabe der Fehlererkennung** besteht
darin, alle Belegungen bfe für den Vektor EP der pfadeinstellenden Eingänge zu
bestimmen, für die mit der variablen Belegung t und einer konstanten Belegung s
gilt:

$$\forall\ t \neq s:\ FP_{bfe}(t) \neq FP_{bfe}(s) \tag{4.1}$$

Für die Belegungen bfe von EP, die Formel (4.1) erfüllen, kann jede Abweichung von
dem an den Pfadeingängen anliegenden Sollwert s auch an den Pfadausgängen des Moduls
beobachtet werden. Damit ist ein Fehler, der an den Pfadeingängen erkennbar ist,
auch an den Pfadausgängen erkennbar. Im Unterschied zur Booleschen Differenz (Def.
3.15) sind hier (bei p Pfadeingängen) 2^P-1 Belegungen der Pfadeingänge von einem
Sollwert s anhand der Werte eines Funktionenbündels zu unterscheiden.

Geht es um die Fehlerlokalisierung innerhalb des gerade getesteten Moduls, so läßt
sich zum Aufbau des Beobachtungspfads eine ähnliche Aufgabe definieren.

__Definition 4.7 (Beobachtungsaufgabe der Fehlerlokalisierung)__

Sei M|ET→AT ein Pfad des Moduls M und s der Sollwert einer an den Pfadeingängen
ET anliegenden Testantwort T. Die **Beobachtungsaufgabe der Fehlerlokalisierung**
besteht darin, alle Belegungen bfl des Vektors EP zu bestimmen, für die mit den
beiden variablen Belegungen t, t' von T gilt:

$$\forall\ t \neq s:\ FP_{bfl}(t) \neq FP_{bfl}(s)$$
$$\wedge\ \forall\ t:\ \forall\ t':\ t \neq t' \Rightarrow FP_{bfl}(t) \neq FP_{bfl}(t') \tag{4.2}$$

Für die Belegungen bfl von EP, die (4.2) erfüllen, ist nicht nur jede Abweichung
von s an den Pfadausgängen des Moduls beobachtbar; jede von s abweichende Belegung
t wird auch auf eine für sie charakteristische Belegung der Pfadausgänge abgebildet.

Daher kann durch die Beobachtung der Pfadausgänge festgestellt werden, welches von s abweichende Muster t an den Pfadeingängen anliegt. Diese genaue Kenntnis der Testergebnisse ermöglicht eine Fehlerlokalisierung.

Die Lösung der beiden Beobachtungsaufgaben orientiert sich an zwei Formen der partiellen Injektivität der Modul- bzw. Pfadfunktionen, die aus dem Injektivitätsbegriff für Bündel von Schaltfunktionen abgeleitet werden.

Definition 4.8 (Injektivität)

Sei F ein Bündel von Schaltfunktionen,

$$F: \begin{cases} B^n \rightarrow B^m \\ X \rightarrow F(X) = (f_1(X), \ldots, f_m(X)) \end{cases}$$

F ist **injektiv**, wenn eines der folgenden äquivalenten Kriterien erfüllt ist:

a) $\forall\, x \in B^n: \forall\, x' \in B^n: F(x) = F(x') \Rightarrow x = x'$ $\hspace{2cm}$ (4.3)

b) $\forall\, x \in B^n: \forall\, x' \in B^n: x \neq x' \Rightarrow F(x) \neq F(x')$ $\hspace{2cm}$ (4.3')

c) $|\{F(x): x \in B^n\}| = |B^n| = 2^n$ $\hspace{3cm}$ (4.4)

Die Injektivitätsdefinition in der Form a) bzw. ihrer Variante b) und Einschränkungen davon für den Fall der partiellen Injektivität werden in der vorliegenden Arbeit verwendet. Aus der Form c) ergibt sich ein Zusammenhang mit der Bijektivität (s.u.). Injektivität eines Funktionenbündels ist entweder vorhanden oder nicht (zweiwertige Eigenschaft). Die später eingeführten Arten partieller Injektivität leiten durch Hinzunahme von Parametern daraus mehrwertige, quantisierbare Eigenschaften ab.

Satz 4.1

Sei F ein injektives Bündel von Schaltfunktionen,

$$F: \begin{cases} B^n \rightarrow B^m \\ X \rightarrow F(X) = (f_1(X), \ldots, f_m(X)) \end{cases}$$

Ist n=m, dann ist F auch surjektiv und damit bijektiv.

Beweis:

Ist F injektiv, gilt nach Def 4.8 c):

$$|\{\, y \mid \exists\, x \in B^n: F(x) = y\}| = 2^n$$

d.h. alle $2^m = 2^n$ Elemente der Bildmenge haben ein Urbild. Das ist gleichbedeutend mit der Surjektivität von F. $\hspace{4cm}$ (q.e.d.)

Wie schon angedeutet, wäre die Injektivität der Pfadfunktion ideal zur Lösung der Beobachtungsaufgaben. Jedoch ist nur ein geringer Bruchteil aller Bündel von Schaltfunktionen injektiv. So gilt für n=m [BoPo81]: Es gibt $(2^{2^n})^n$ Funktionenbündel F, aber davon sind entsprechend der Zahl der Permutationen der Urbildmenge nur $2^n!$ bijektiv. Ihr relativer Anteil beträgt:

n	Anteil bijektiver Funktionenbündel
1	50%
2	6,25%
3	0,24%

<u>Beispiel 4.1</u>

Für n=m=3 ist das aus den drei Funktionen

a b c	f_1	f_2	f_3
0 0 0	0	0	1
0 0 1	1	0	0
0 1 0	1	1	0
0 1 1	0	0	0
1 0 0	1	1	1
1 0 1	0	1	0
1 1 0	1	0	1
1 1 1	0	1	1

$$f_1 = a\bar{c} \vee \bar{a}\bar{b}c \vee b\bar{c},$$

$$f_2 = a\bar{b} \vee ac \vee \bar{a}b\bar{c} \text{ und}$$

$$f_3 = ab \vee \bar{b}\bar{c}$$

gebildete Funktionenbündel injektiv, was man bei diesem Beispiel noch leicht anhand der Wertetabelle nachprüfen kann.

Während die Wahrscheinlichkeit, daß ein gegebenes Bündel von Schaltfunktionen injektiv ist, i.a. bei steigender Zahl von Eingängen bzw. Funktionen rasch abnimmt, gibt es absolut gezählt doch viele bijektive Funktionenbündel (z.B. bei n=3: $2^3!=40320$ Bijektionen). Diese Tatsache wird später bei der Verbesserung der Testbarkeit verwendet werden.

Es wird also relativ selten der Fall sein, daß ein Pfad bei beliebiger Belegung der pfadeinstellenden Eingänge des Moduls eine injektive Pfadfunktion hat. Daher werden zwei Formen der partiellen Injektivität formalisiert, die zwar weniger strenge Anforderungen an das Modul und seine Funktionen stellen, aber trotzdem zur Lösung der Beobachtungsaufgaben nützlich sind.

4.2 Transparente Pfade

<u>Definition 4.9 (Transparenz eines Pfads)</u>

Der **Pfad** M|ET→AT des Moduls M ist **transparent**, wenn gilt:

$$\exists\, b \in B^{n-p}: FP_b(ET) \text{ ist injektiv.} \tag{4.5}$$

d.h. es gibt für die pfadeinstellenden Eingänge EP des Moduls zumindest eine Belegung b, bei der die resultierende Pfadfunktion FP_b injektiv ist.

Bemerkung: Ein Pfad kann nur dann transparent sein, wenn er mindestens so viele Ausgänge wie Eingänge hat, d.h. wenn q≥p.

<u>Definition 4.10 (Transparenzbedingung eines Pfads)</u>

Die **Transparenzbedingung** eines Pfads $M|ET{\rightarrow}AT$ mit $|EP|{=}n{-}p$ ist die eindeutige Abbildung von B^{n-p} nach B, die durch

$$TB(ep) := \begin{cases} 1, & \text{falls } FP_{ep} \text{ injektiv ist,} \\ 0 & \text{sonst.} \end{cases}$$

definiert ist.

<u>Satz 4.2</u>

Für den Pfad $M|ET{\rightarrow}AT$ des Moduls M ist die Beobachtungsaufgabe der Fehlerlokalisierung genau dann lösbar, wenn der Pfad transparent ist.

<u>Beweis:</u>

a) Sei der Pfad transparent. Dann gibt es nach Def. 4.5 eine Belegung b der pfadeinstellenden Eingänge EP, so daß die resultierende Pfadfunktion FP_b injektiv ist. Für diese Pfadfunktion ist die Bedingung (4.2) erfüllt; also gibt es mindestens eine Lösung der Beobachtungsaufgabe.

b) Sei die Beobachtungsaufgabe lösbar, d.h. es gibt mindestens eine Belegung bfl der pfadeinstellenden Eingänge EP, so daß für die Pfadfunktion FP_{bfl} die Bedingung (4.2) erfüllt ist, was für jeden Wert Sollwert s der Testantwort gleichbedeutend mit der Injektivität der Pfadfunktion ist. (q.e.d.)

Daraus folgt direkt:

<u>Satz 4.3</u>

Für den Pfad $M|ET{\rightarrow}AT$ und das Modul M wird die Beobachtungsaufgabe der Fehlerlokalisierung durch alle $bfl \in B^{n-p}$ gelöst, für die gilt:

$$TB(bfl){=}1$$

Aus diesem Satz ergibt sich, daß der Anteil der Belegungen bfl von EP, die diese Beobachtungsaufgabe lösen, dem Anteil der injektiven Pfadfunktionen des Pfads $M|ET{\rightarrow}AT$ entspricht.

<u>Definition 4.11 (teilweise Transparenz eines Pfads)</u>

Ein <u>Pfad</u> P ist **teilweise transparent**, wenn es einen transparenten Teilpfad $P' \subset P$ gibt.

<u>Definition 4.12 (sequentiell transparenter Pfad)</u>

Der Pfad $P{=}M|ET{\rightarrow}AT$ ist **sequentiell transparent**, wenn es für ihn eine Überdeckung transparenter Teilpfade $P\alpha{=}M|ET\alpha{\rightarrow}AT\alpha$, $\alpha \in I$, gibt.

Bild 4.3 zeigt als Beispiel einen sequentiell transparenten Pfad, der von den zwei Teilpfaden $M|ET_1{\rightarrow}AT_1$ und $M|ET_2{\rightarrow}AT_2$ überdeckt wird. Aus zeichentechnischen Gründen sind die pfadeinstellenden Eingänge des zweiten Teilpfads in EP_{2a} und EP_{2b} aufgeteilt.

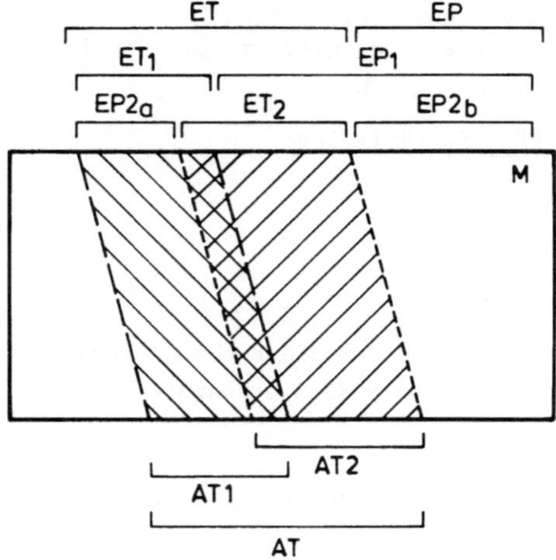

<u>Bild 4.3:</u> Beispiel eines sequentiell transparenten Pfads

Eine Überdeckung durch transparente Teilpfade $P\alpha$ darf i.a. nicht gleichgesetzt werden mit der Transparenz des Pfads P, da die pfadeinstellenden Eingänge $EP\alpha$ der Teilpfade weder als verschieden von den Pfadeingängen $ET\alpha'$ anderer Teilpfade $P\alpha'$ noch als verschieden von den Eingängen ET des Pfads P vorausgesetzt sind. Dagegen sind die $P\alpha$ in beliebiger Reihenfolge sequentiell als transparente Pfade nutzbar. Unter Voraussetzungen, die noch zu klären sind, kann mit Hilfe der $P\alpha$ die Beobachtungsaufgabe durch eine Folge von Beobachtungen gelöst werden.

<u>Definition 4.13 (parallel transparente Pfade)</u>

Die transparenten Pfade $M|ET\alpha{\rightarrow}AT\alpha$, $\alpha \in I$, sind **parallel transparent**, wenn gilt:

1. $\forall\,\alpha \in I:\ \forall\,\alpha' \in I:\ ET\alpha \cap ET\alpha' = \varnothing$

2. $\forall\,\alpha \in I:\ \forall\,\alpha' \in I:\ AT\alpha \cap AT\alpha' = \varnothing$

3. Es gibt eine Belegung bt für die gemeinsamen pfadeinstellenden Eingänge

$$EP := \bigcap_{\forall\alpha\in I} EP\alpha = E - \bigcup_{\forall\alpha\in I} ET\alpha,$$

so daß die Pfadfunktionen aller Pfade $P\alpha$ injektiv sind.

Bild 4.4 zeigt als Beispiel die zwei parallel transparenten Pfade $M|ET_1{\rightarrow}AT_1$ und $M|ET_2{\rightarrow}AT_2$. Die durch Schnittbildung der Mengen der pfadeinstellenden Eingänge EP_1 und EP_2 bestimmten <u>gemeinsamen</u> pfadeinstellenden Eingänge entsprechen hier den zu EP_{2b} gehörenden Eingängen.

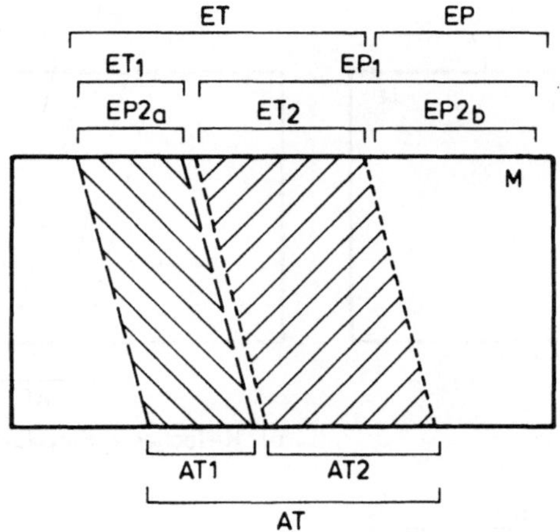

Bild 4.4: Beispiel zweier parallel transparenten Pfade

Anders als bei einem sequentiell transparenten Pfad sind hier die transparenten Teilpfade disjunkt; jedoch ist es i.a. nicht gesichert, daß die Vereinigung parallel transparenter Teilpfade einen transparenten Pfad bildet (vgl. dazu Beispiel 4.2 im noch folgenden Abschnitt 4.2.2).

Das Hauptziel in diesem Teil der Arbeit ist es, (hinreichende) Bedingungen dafür anzugeben, daß die Vereinigung von mehreren transparenten Teilpfaden wiederum einen transparenten Pfad bildet. Dies wird speziell bei transparenten Einzelpfaden untersucht. Es soll geklärt werden, wieweit sich die zum Beobachten benötigten "breiten" Pfade aus (einmal zuvor berechneten) Einzelpfaden zusammensetzen lassen. Anwendungen dafür gibt es sowohl in der Testerzeugung (Senkung des Rechenaufwands) als auch bei der Verbesserung der partiellen Injektivität (Erweiterung vorhandener partiell injektiver Pfade um hinzugefügte (Einzel-)Pfade).

Dazu werden verschiedene Sonderformen transparenter Pfade eingeführt. Die Allgemeinheit nimmt dabei von a) nach c) zu. Sie unterscheiden sich insbesondere im Aufwand für die explizite Bestimmung der Transparenzbedingung.

Definition 4.14 (Sonderformen transparenter Pfade)
Ein transparenter Pfad $M|ET \rightarrow AT$ ist

a) ein **t-Einzelpfad**, wenn $p=q=1$;

b) ein **K-facher t-Einzelpfad**, falls er aus der Vereinigung von K parallelen t-Einzelpfaden $M|ET_i \rightarrow AT_i$, $i=1..K$ besteht (es ist also $p=q=K$), er wird notiert in der Form: $M|(ET_1 \rightarrow AT_1, \ldots, ET_K \rightarrow AT_K)$;

c) ein **K-facher t-Mehrfachpfad**, wenn $p=K$, er wird notiert in der Form $M|ET\text{-}K \rightarrow AT$.

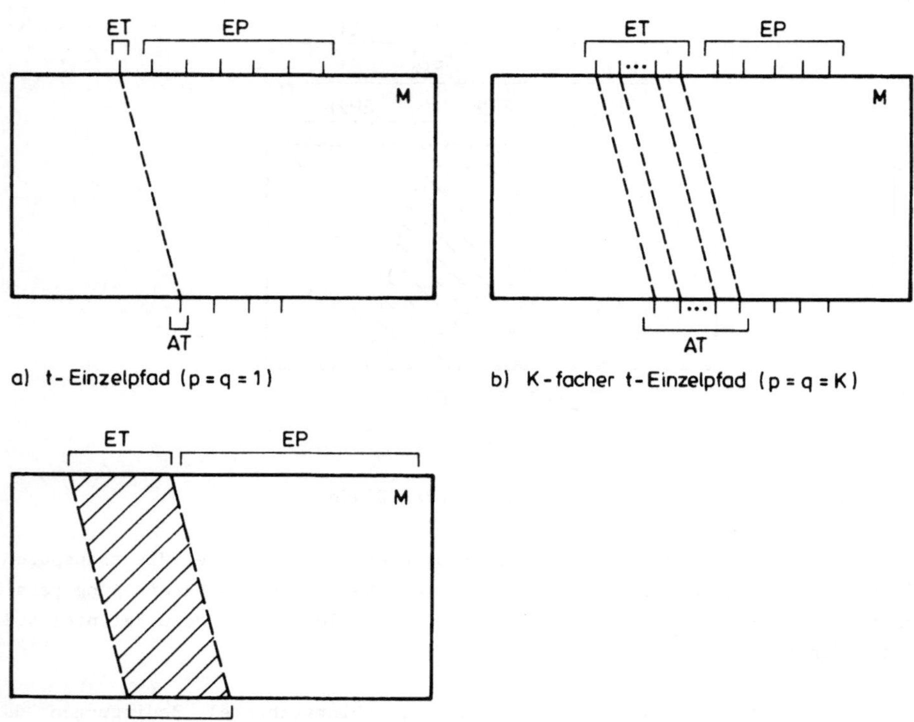

<u>Bild 4.5:</u> Sonderformen transparenter Pfade

Bild 4.5 illustriert die drei Sonderformen transparenter Pfade. Entsprechend Def. 4.14 ist jeder t-Einzelpfad ein Spezialfall des K-fachen t-Einzelpfads (mit K=1). Jeder K-fache t-Einzelpfad ist wiederum ein Spezialfall des K-fachen t-Mehrfachpfads (mit Zuordnung der einzelnen Pfadeingänge zu den einzelnen Pfadausgängen).

Die obigen Definitionen geben die Transparenzbedingung TB nur implizit an. Es fehlt bisher die konstruktive Bestimmung dieser Bedingung. TB entspricht als Abbildung einer Schaltfunktion. Benötigt wird eine Darstellung der Funktion, anhand der mit möglichst geringem Aufwand entschieden werden kann, ob TB erfüllbar ist und ob für eine gegebene Wertebelegung b die Funktion erfüllt ist, d.h. TB(b)=1 gilt. Für die spätere Verwendung in der Testvorbereitung soll die Darstellung auch einen relativ geringen Speicherbedarf haben. Unter diesen Anforderungen wird die disjunktive Form (DF) als Darstellung für TB gewählt. Dadurch ist keine eindeutige Darstellung festgelegt; Darstellungen mit relativ wenigen, kurzen Implikanten sind für die beabsichtigte Anwendung günstig, eine minimale DF wird jedoch nicht benötigt.

4.2.1 Transparenzbestimmung für einen t-Einzelpfad

Ein t-Einzelpfad entspricht dem bekannten Konzept des kritischen Signalwegs (auch sensibilisierter Pfad, 'sensitized path' genannt) [Goer73]. Dies gilt unabhängig davon, ob der kritische Signalweg Rekonvergenzen aufweist oder nicht. Entsprechend kann die Transparenzbedingung als Boolesche Differenz der den Pfadausgängen zugeordneten Modulfunktion berechnet werden.

Satz 4.4

Für den t-Einzelpfad $M|ET{\to}AT$ gilt:

$$TB(EP) = FP_{EP}(1){\leftarrow}/{\to}FP_{EP}(0)$$

$$(4.6)$$

Beweis:

Auf der rechten Seite steht nach Def. 4.1 und 4.9 der Ausdruck $f1(1,EP){\leftarrow}/{\to}f1(0,EP)$, was der Booleschen Differenz $f1_{ET}$ der Modulfunktion $f1(E)$ nach ET entspricht. Nach Definition der Antivalenz unterscheiden sich die Bilder von $ET{=}1$ und $ET{=}0$ unter der Pfadfunktion FP_{EP} genau dann, wenn diese Boolesche Differenz den Wert 1 hat. Also ist genau unter dieser Bedingung die Pfadfunktion injektiv, d.h. $TB(EP){=}1$; d.h. die beiden Seiten in (4.6) sind gleich. (q.e.d.)

Bemerkung zur praktischen Berechnung der Booleschen Differenz:

Sei $f(E_1, .., E_N)$: $B^n{\to}B$ eine Schaltfunktion, zu der die Boolesche Differenz nach E_i, f_{Ei}, bestimmt werden soll ($i \in \{1, .., N\}$). Als Schaltfunktion kann f nach der Variablen E_i entwickelt werden; man erhält mit den Kofaktoren $f_{i0}(E){:=}f(E_i{=}0)$ und $f_{i1}(E){:=}f(E_i{=}1)$ eine Darstellung der Form:

$$f(E){=}E_i{\wedge}f_{i1}(E) \vee \neg E_i{\wedge}f_{i0}(E)$$

Ist f in disjunktiver Form $[f]_{DF}$ gegeben, so können beide Kofaktoren aus den Implikanten von f mit linearem Aufwand bestimmt werden. Faßt man dabei Implikanten von f, die von der Variablen E_i unabhängig sind, zu einer dritten Teilfunktion f_{i2} zusammen, so entsteht eine dreiteilige Darstellung der Form:

$$f(E){=}E_i{\wedge}f_{i1}(E) \vee \neg E_i{\wedge}f_{i0}(E) \vee f_{i2}(E).$$

Alle drei Funktionen $f_{ij}(E)$, $j{=}0,1,2$, sind unabhängig von E_i. Mit dieser Darstellung gilt für die Berechnung der Booleschen Differenz:

$$f_{Ei}(E) = \neg f_{i2}(E){\wedge}(f_{i1}(E){\leftarrow}/{\to}f_{i0}(E)) \qquad (*)$$

$${=}(f_{i0}(E) \vee f_{i1}(E))\#(f_{i0}(E) \wedge f_{i1}(E) \vee f_{i2}(E))$$

wobei der Operator '#' das Relativkomplement bezeichnet (Def. 3.3).

Man kann die Boolesche Differenz auch implikantenweise berechnen. Sei I_{i0} bzw. I_{i1} ein Implikant von $f_{i0}(E)$ bzw. $f_{i1}(E)$. Da nach (*) und der Definition der Antivalenz die beiden Implikationen

$$(I_{i0}(E) \land \neg f_{i1}(E) \land \neg f_{i2}(E))=1 \Rightarrow f_{Ei}(E)=1,$$

$$\text{und } (I_{i1}(E) \land \neg f_{i0}(E) \land \neg f_{i2}(E))=1 \Rightarrow f_{Ei}(E)=1,$$

gelten, kann daraus implikantenweise die anteilige Boolesche Differenz berechnet werden. Sei b_I die Belegung für die an einem Implikanten beteiligten Variablen, für die $I(b_I)=1$ ist. Dann kann etwa die anteilige Boolesche Differenz zu Implikanten I_{i0} vereinfacht durch

$$I_{i0}(E) \ \# \ (f_{i1}(b_{Ii0}) \lor f_{i2}(_{Ii0}))$$

berechnet werden. Diese Formeln machen deutlich, daß nur diejenigen Implikanten I von f zur Booleschen Differenz f_{Ei} beitragen können, deren I_{i1}- bzw. I_{i0}-Anteil (I_i ohne E_i bzw. ohne $\neg E_i$) erfüllbar ist. Sind bei der Berechnung der Booleschen Differenz Randbedingungen für die Wertebelegungen von E einzuhalten, was bei der modularen Testerzeugung der Fall sein kann, dann kann die Berechnung dadurch vereinfacht werden, daß man die nicht erfüllbaren f_{i0}- bzw. f_{i1}-Implikanten a priori streicht.

4.2.2 Heuristische Transparenzbestimmung für einen K-fachen t-Einzelpfad

Ein K-facher t-Einzelpfad ist nach Def. 4.14 ein transparenter Pfad, gebildet aus einer Vereinigung von K parallelen t-Einzelpfaden P_i, zu denen es für die allen Pfaden gemeinsamen pfadeinstellenden Eingänge EP mindestens eine Belegung gibt, so daß die Pfadfunktion jedes Pfads P_i injektiv ist. Sowohl für die Testerzeugung als auch für die Verbesserung der partiellen Injektivität werden hier Verfahren untersucht, aus t-Einzelpfaden breitere transparente Pfade zusammenzusetzen; im ersten Fall in der Absicht, nach einmaliger Berechnung aller Transparenzbedingungen zu t-Einzelpfaden die Tranparenzbedingung für breitere Pfade mit relativ geringem Rechenaufwand abzuleiten und im zweiten Fall in der Absicht, im Modul vorhandene, aber zu schmale Pfade durch zusätzlich geschaffene Einzelpfade zu verbreitern. Man geht dabei von der Injektivität der einzelnen Pfadfunktionen aus und sucht hinreichende Bedingungen dafür, daß unter gewissen Umständen dann auch die Pfadfunktion des K-fachen Pfads injektiv ist. Problematisch dabei ist, daß manche Moduleingänge E sowohl als Eingang ETi eines Einzelpfads als auch als einer der pfadeinstellenden Eingänge EP_j eines anderen Pfads benötigt werden.
Man kann diesen Abschnitt auch als Bindeglied sehen zwischen der Theorie sensibilisierter Pfade, wie sie z.B. mit den Booleschen Differenzen entwickelt wurde, und der Betrachtung mehrere Bit breiter Pfade mit injektiver Pfadfunktion. Aufgrund der erhaltenen Ergebnisse hat allerdings dieser Abschnitt für das später vorgeschlagene Verfahren zur modularen Testbestimmung eine geringere Bedeutung als die folgenden über die Transparenz des K-fachen Mehrfachpfads und die Relativtransparenz.

Üblicherweise wird bei der Fehlerdiagnose nach der Methode der Booleschen Differenzen angenommen, daß alle nicht zum Pfad gehörenden Eingänge EP des Moduls konstant belegt sind (siehe etwa [Goer73]), obwohl die Boolesche Differenz auch schon für eine teilweise Belegung von EP erfüllt sein kann. Im letzteren Fall können die freien EP-Eingänge beliebige Werte annehmen, ohne die Injektivität der Pfadfunktion des t-Einzelpfads zu beeinträchtigen. Allerdings kann dabei die Pfadfunktion zwischen identischer Abbildung und Komplementbildung wechseln. Daher ist für einen K-fachen t-Einzelpfad zwar die Berechnung der Transparenzbedingung aufgrund der Booleschen Differenzen zu jedem der t-Einzelpfade möglich, es müssen aber gewisse Randbedingungen eingehalten werden, damit von der Transparenz der Einzelpfade auf die Transparenz des K-fachen Pfads geschlossen werden kann. Bild 4.6 zeigt als Beispiel einen t-Einzelpfad, der mit $(c,d,e) = (0,1,0)$ bei beliebiger Belegung des pfadeinstellenden Eingangs b eine injektive Pfadfunktion hat (und damit auch ein sensibilisierter Pfad ist). Die Pfadfunktion selbst ist allerdings von der Belegung von d abhängig.

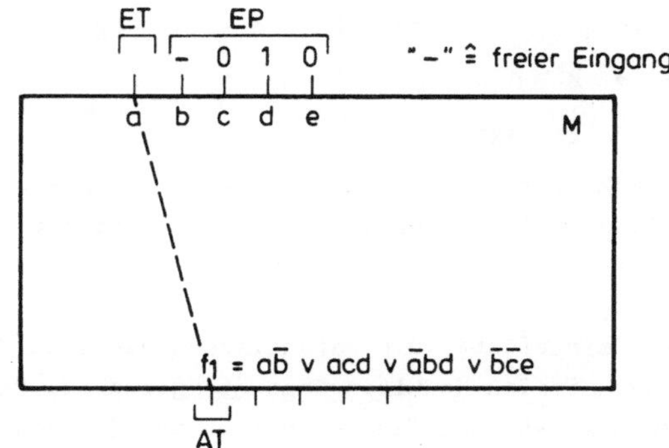

<u>Bild 4.6:</u> Beispiel eines t-Einzelpfads bzw. sensibilisierten Pfads bei teilweise freien Moduleingängen

<u>Beispiel 4.2:</u>

Im Modul M mit $E=(a,b,c,d)$, $A=F=(f1,f2)$ wird nun ein 2-facher Pfad betrachtet. Die Modulfunktionen sind:

$$f1 = (a\leftarrow/\rightarrow b)\wedge(bc\vee\bar{c}d) = \bar{a}bc \vee a\bar{b}\bar{c}d \vee \bar{a}bd \quad \text{und}$$

$$f2 = (a\leftarrow/\rightarrow b)\wedge(ac\vee d) = a\bar{b}c \vee a\bar{b}d \vee \bar{a}bd.$$

Für die zwei t-Einzelpfade $P1: M|a\rightarrow f1$ und $P2: M|b\rightarrow f2$ erhält man nach Satz 4.4 die Transparenzbedingungen TB1 und TB2 durch die Berechnung der entsprechenden Booleschen Differenzen:

$$TB1(b,c,d)=bc \vee \bar{c}d,$$

$$TB2(a,c,d)=ac \vee d.$$

Aus $TB1(b,c,d) \wedge TB2(a,c,d) = abc \vee bd \vee \bar{c}d$

ist ablesbar, daß jeder einzelne Pfad für $(c,d):=(0,1)$ und jede Belegung des anderen Pfadeingangs eine injektive Pfadfunktion hat; also sind es parallel transparente Pfade. Allerdings ist bei dem 2-fachen t-Einzelpfad

$$M|(a{\to}f1, \; b{\to}f2)$$

mit $EP{=}(c,d){=}(0,1)$ die ganze Pfadfunktion <u>nicht</u> injektiv, denn fp_1 und fp_2 sind gleich:

$$fp_1(a,b) \; = \; fp_2(a,b) \; = \; a \; \leftarrow/\rightarrow \; b.$$

Aus der Injektivität der Pfadfunktionen seiner t-Einzelpfade kann also <u>nicht</u> auf die Injektivität der Pfadfunktion des K-fachen t-Einzelpfads geschlossen werden. (Es gilt sogar allgemein für Funktionen, daß aus der Injektivität der Restriktionen auf Teilmengen des Definitionsbereichs nicht auf die Injektivität der Restriktion auf die Vereinigung der Teilmengen geschlossen werden kann; Gegenbeispiel:

$$f: \begin{cases} R & \to & R^+ \\ x & \to & f(x){=}x^2 \end{cases}$$

Die Funktion f ist eingeschränkt auf die negativen Zahlen ebenso injektiv, wie eingeschränkt auf die positiven Zahlen; aber die Funktion insgesamt ist nicht injektiv.)

Es werden nun Bedingungen eingeführt, die garantieren, daß sich die Pfadfunktion bei beliebiger Belegung der freien Moduleingänge <u>nicht</u> ändert (Def. 4.15). Damit können die Wechselwirkungen der t-Einzelpfade erfaßt werden (Satz 4.5). Für mehrere Fälle werden hinreichende Bedingungen dafür abgeleitet, daß ein aus transparenten Pfaden zusammengesetzter Pfad wieder transparent ist und es wird angegeben, wie zumindest ein Teil seiner Transparenzbedingung zu berechnen ist.

<u>Definition 4.15 (Bedingung für gerichtete Transparenz)</u>

Für einen t-Einzelpfad $M|ET{\to}AT$ mit der Pfadfunktion $FP_{EP}(ET)$ gemäß Def. 4.5 werden durch

$$TB^+(EP) \; := \; FP_{EP}(1) \, \wedge \, \neg FP_{EP}(0) \quad \text{und}$$

$$TB^-(EP) \; := \; FP_{EP}(0) \, \wedge \, \neg FP_{EP}(1)$$

die **Bedingungen TB^+ für die positiv gerichtete und TB^- für die negativ gerichtete Transparenz** definiert. Abkürzend wird auch von gerichteter, positiver bzw. negativer Transparenz gesprochen.

<u>Lemma 4.1</u>

Sei $P{=}M|ET{\to}AT$ ein t-Einzelpfad mit den Bedingungen $TB^+(EP)$ bzw. $TB^-(EP)$ für die positiv bzw. negativ gerichtete Transparenz. Dann gelten für Belegungen ep von EP die beiden Implikationen:

a) $TB^+(ep){=}1 \; \Rightarrow \; TB(ep){=}1$ und die Pfadfunktion ist **unabhängig von der Belegung der bei Erfüllung von $TB^+(ep)$ freien Moduleingänge** die identische Abbildung, $FP_{ep}(ET) = ET$;

b) $TB^-(ep)=1 \Rightarrow TB(ep)=1$ und die Pfadfunktion ist **unabhängig von der Belegung der bei Erfüllung von $TB^-(ep)$ freien Moduleingänge** die Negation, $FP_{ep}(ET) = \neg ET$.

<u>Beweis:</u>
Nach Satz 4.4 und Def. 4.15 ist

$$TB(EP) = FP_{EP}(1) \leftarrow/\rightarrow FP_{EP}(0)$$
$$= FP_{EP}(1) \wedge \neg FP_{EP}(0) \vee FP_{EP}(1) \wedge \neg FP_{EP}(0)$$
$$= TB^+(EP) \vee TB^-(EP).$$

Daraus folgt: $TB^+(EP) \le TB(EP)$ bzw. $TB^+(EP)=1 \Rightarrow TB(EP)=1$,
$TB^-(EP) \le TB(EP)$ bzw. $TB^-(EP)=1 \Rightarrow TB(EP)=1$.

Die Pfadfunktion kann als Schaltfunktion zweiteilig entwickelt werden:

$$FP_{EP}(ET) = ET \wedge FP_{EP}(1) \vee \neg ET \wedge FP_{EP}(0)$$

Damit $\quad TB^+(EP) = FP_{EP}(1) \wedge \neg FP_{EP}(0) = 1$
$$\Longleftrightarrow FP_{EP}(1) = 1 \text{ und } FP_{EP}(0) = 0 \Longleftrightarrow FP_{EP}(ET) = ET.$$

Für TB^- erhält man analog $TB^-(EP) = 1 \Longleftrightarrow FP_{EP}(ET) = \neg ET$ $\hfill$ (q.e.d.)

<u>Satz 4.5</u>
Seien die $P_i = M|ET_i \to AT_i$, $i=1,..,K$, disjunkte t-Einzelpfade, mit $EP_i = E\text{-}ET_i$ und Bedingungen $TB_i(EP_i)$ bzw. $TB_i^R(EP_i)$, $R \in \{+,-\}$, für ihre Transparenz bzw. ihre gerichtete Transparenz. Seien ferner x und x' variable Belegungen für $ET=(ET_1, .., ET_K)$, c eine konstante Belegung für E-EP mit den daraus resultierenden Belegungen x_i, x'_i für ET_i und x^i, x'^i für EP_i. Unter diesen Randbedingungen gilt:

$$\forall x: \forall x': x=x'$$

$$\vee \exists P_i: (x_i = x'_i \wedge (TB^+(x^i) \wedge TB^-(x'^i) \vee TB^-(x^i) \wedge TB^+(x'^i)))$$
$$\vee (x_i \ne x'_i \wedge (TB^+(x^i) \wedge TB^+(x'^i) \vee TB^-(x^i) \wedge TB^-(x'^i)))$$

$\Rightarrow$ Die Vereinigung der P_i bildet bei der Belegung c für EP=E-ET einen K-fachen Mehrfachpfad $M|(ET_1, .., ET_K)\text{-}K \to (AT_1, .., AT_K)$, dessen Pfadfunktion bei der Belegung c für EP=E-ET injektiv ist.

Bild 4.7 zeigt ein Beispiel für die Anwendung des Satzes 4.5. Falls die drei eingezeichneten t-Einzelpfade $M|ET_1 \to AT_1$, $M|ET_2 \to AT_2$ und $M|ET_3 \to AT_3$ die Voraussetzungen des Satzes erfüllen, bildet ihre Vereinigung einen 3-fachen t-Einzelpfad $M|ET \to AT$ mit den Moduleingängen (c_1, c_2) als die pfadeinstellenden Eingänge EP.

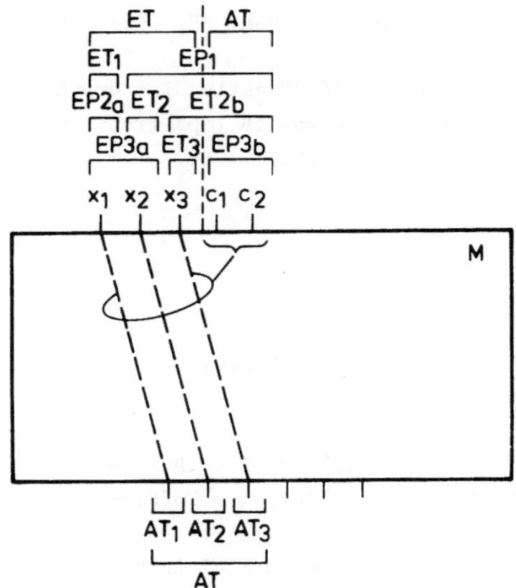

Bild 4.7: Beispiel zu Satz 4.5

Sind die Voraussetzungen des Satzes erfüllt, bilden die P_i insbesondere einen K-fachen t-Einzelpfad. Der Satz nennt die minimalen Forderungen an die t-Einzelpfade, damit ihre Vereinigung immer eine injektive Pfadfunktion hat. Er verlangt, daß es für jedes Paar x, x' von Wertebelegungen mindestens einen sensibilisierten Pfad P_i gibt, der beim Wechsel der Belegung des Gesamtpfads zwischen x und x' entweder bei konstanter Belegung seines Eingangs ET_i seine Pfadfunktion wechselt oder bei wechselnder Belegung von ET_i seine Pfadfunktion beibehält.

Beweis:
Aus Lemma 1 folgt, daß für jedes Paar x,x' mit x≠x' die Transparenzbedingung $TB(EP_i)$ eines Pfads P_i erfüllt ist. Daher ist bei dem die Bedingung des Satzes erfüllenden Pfad P_i die Pfadfunktion für x und x' injektiv. Zwei Fälle sind dabei zu unterscheiden:

$x_i \neq x'_i$: In diesem Fall stellen beide Belegungen die gleiche Pfadfunktion für P_i ein. Daher gilt für P_i mit den Abkürzungen $ep:=(x^i,c)$ und $ep':=(x'^i,c)$:
$$x \neq x' \Rightarrow FP_{ep}(x) \neq FP_{ep'}(x')$$
d.h. x und x' bewirken verschiedene Belegungen des Pfadausgangs.

$x_i = x'_i$: Beide Belegungen stimmen am Eingang ET_i des Pfads P_i überein, aber sie stellen verschiedene Pfadfunktionen ein. Auch in diesem Fall gilt daher:
$$x \neq x' \Rightarrow FP_{ep}(x) \neq FP_{ep'}(x')$$
d.h. x und x' bewirken verschiedene Belegungen der Pfadausgänge.

Daraus folgt, daß $x \neq x' \Rightarrow FP_{ep}(x) \neq FP_{ep'}(x')$ für alle Paare x, x'. Damit ist die Pfadfunktion von P unabhängig von der Belegung der EP_i bei EP=c injektiv und P ein

K-facher Mehrfachpfad. (q.e.d)

Wegen des zweifachen All-Quantors wird die hinreichende Bedingung des Satzes 4.5 i.a. aufwendig zu prüfen sein. Es folgen daher einige Sätze, mit denen unter stärkeren Voraussetzungen einfacher festgestellt werden kann, unter welcher Bedingung K transparente Einzelpfade einen transparenten K-fachen t-Einzelpfad P bilden. Die Voraussetzungen sind so angelegt, daß die Transparenzbedingung von P zwar nur unvollständig, dafür aber relativ einfach aus den (gerichteten) Transparenzbedingungen der Einzelpfade berechnet werden können. Damit kann zum einen gegenüber dem allgemeinen Fall (siehe 4.2.3) Rechenaufwand eingespart werden; zum anderen können Transparenzpfade aus Teilpfaden zusammengesetzt werden, was eine der Grundlagen für die Verbesserung der Transparenz ist (siehe Kap. 5).

Definition 4.16 (von X unabhängige Teilfunktion)

Sei $f(X,Y)$ eine Schaltfunktion mit den unabhängigen Variablen $X=(X_1, .., X_K)$ bzw. $Y=(Y_1, .., Y_L)$. Der Teil der Funktion, bei dem es allein von der Belegung von Y abhängt, ob die Funktion erfüllt wird, ist die **unabhängig von X erfüllte Teilfunktion** $f(X,Y)/X$; formal definiert durch

$$f(X,Y)/X := \bigwedge_{x=0}^{2^K-1} f(x,Y) \tag{4.7}$$

Analog wird die **unabhängig von X nicht erfüllte Teilfunktion** $(\neg f(X,Y))/X$ formal definiert durch:

$$(\neg f(X,Y))/X := \bigvee_{x=0}^{2^K-1} f(x,Y) \tag{4.8}$$

Betrachtet man K disjunkte t-Einzelpfade, so können pfadeinstellende Eingänge EP_i eines Pfads P_i identisch sein mit den Pfadeingängen ET_j anderer Pfade. Daher darf es bei der Kombination der Pfade i.a. nicht von den wechselnden Belegungen der Pfadeingänge ET_j abhängen, ob der Pfad P_i transparent ist.

Definition 4.17 (anteilige Transparenzbedingung)

Sei $P_i=M|ET_i \rightarrow AT_i$ ein t-Einzelpfad mit der Transparenzbedingung $TB_i(EP_i)$ und sei P_i ein Teilpfad von $P=M|ET \rightarrow AT$, d.h. $EP \subset EP_i$. Die **anteilige Transparenzbedingung von** P_i **in P,** $ATB_i(EP)$, ist definiert durch:

$$ATB_i(EP) := TB_i(EP_i)/(EP_i - EP).$$

Sie ist analog für die Bedingungen der gerichteten Transparenz definiert und wird dann mit ATB_i^R, $R \in \{+,-\}$, bezeichnet.

Bild 4.8 illustriert z.B. die anteilige Transparenzbedingung ATB_1 zum Teilpfad $P_1 = M|ET_1 \rightarrow AT_1$. Da der für P_1 pfadeinstellende Eingang c im Pfad $P = M|ET \rightarrow AT$ einer der Pfadeingänge ist, darf die anteilige Transparenzbedingung von P_1 in P nicht von c abhängen.

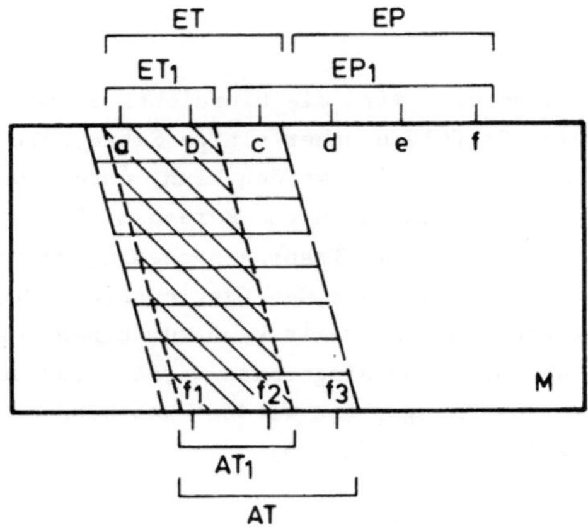

$$ATB_1(d,e,f) = TB_1(c,d,e,f)/c$$

<u>Bild 4.8:</u> Zur anteiligen Transparenzbedingung ATB

Die anteilige Transparenzbedingung wird gerade von den Teilbelegungen von EP_i erfüllt, die nur Eingänge aus EP belegen und für die die Pfadfunktion von P_i injektiv
ist.

<u>Satz 4.6</u>

Seien die t-Einzelpfade $P_i = M|ET_i \rightarrow AT_i$, i=1..K, disjunkte Teilpfade, deren Vereini-
gung den Pfad $P = M|ET \rightarrow AT$, p=q=K, bildet, mit den anteiligen Bedingungen für die
gerichtete Transparenz $ATB_i^{Ri}(EP)$. Dann gilt mit Werten $r \in \{+,-\}^K$ für R und

$$ATB^R(EP) := \bigwedge_{i=1}^{K} ATB_i^{Ri}(EP) \text{ die folgende Implikation:}$$

$$\exists\ r=(r1, .., rK):\ ATB^r(EP) \neq 0 \Rightarrow P \text{ ist K-facher t-Einzelpfad und } TB(EP) \geq ATB^r(EP)$$

<u>Beweis:</u>

Zu zeigen ist, daß die Erfüllung einer ATB^R hinreichend ist für die Erfüllung der
Transparenzbedingung von P.

Gibt es eine Kombination von Richtungen r=(r1, ..., rK), ri $\in \{+,-\}$, so daß die
UND-Verknüpfung der anteiligen Bedingungen für die gerichtete Transparenz erfüllbar
ist, dann folgt für alle Belegungen ep von EP, die $ATB^r(EP)$ erfüllen, daß auch TB^{ri}
der beteiligten t-Einzelpfade P_i erfüllt ist. Alle Einzelpfade haben nach Lemma 4.1
eine von der Belegung der freien EP_i-Eingänge unabhängige, nicht wechselnde Pfadfunktion und bilden daher die Belegungen der Pfadeingänge unabhängig voneinander
injektiv auf die Pfadausgänge ab. Die Injektivität geht auch nicht verloren, wenn
sich innerhalb von $ATB^r(EP)=1$ gleichzeitig mit der Belegung der ET auch die der EP_i
ändert. Daher ist P nach Def. 4.14, 4.13 ein K-facher t-Einzelpfad, der für $ATB^r(ep)$
=1 eine nicht wechselnde Pfadfunktion hat, und nach Def. 4.10 der Transparenzbedingung gilt $ATB^r \leq TB(EP)$. (q.e.d.)

<u>Bemerkung zur Ermittlung von r=(r1, ..., rK)</u>
Der obige Satz läßt offen, wie unter den 2^K möglichen Kombinationen der ATB_i^{ri} diejenigen ermittelt werden, für die der Satz anwendbar ist, d.h. für die $ATB^r(EP)$ $\neq$ 0 ist. Statt der Berechnung der 2^K Kombinationen wird folgendes Verfahren vorgeschlagen, dessen Aufwand bei der Darstellung der Funktionen und Bedingungen als DF im wesentlichen von der Länge der Formeln, nicht aber von der Zahl der 2^K Kombinationen abhängt.

1. Ordne die $ATB_i(EP)$ so, daß für $|..|$, die Anzahl der erfüllenden Belegungen, ggf. nach Umnumerierung für i=1,..,K-1 gilt: $|ATB_i(EP)| \leq |ATB_{i+1}(EP)|$

2. Berechne alle $ATB^{r1}(EP)$, also $ATB^+(EP)$ und $ATB^-(EP)$.

3. Für alle $ATB^{(r1, \cdots, ri)}(EP) \neq 0$ berechne durch UND-Verknüpfung mit $ATB_{i+1}^+(EP)$ und $ATB_{i+1}^-(EP)$ die $ATB^{(r1, \cdots, r(i+1))}(EP)$. i=1, .., K-1

Dadurch werden die nicht erfüllbaren Kombinationen frühzeitig ausgeschieden, was den Rechenaufwand erniedrigt.

Im folgenden Satz 4.7 geht es um den Fall, daß ein Pfad abhängig von der Belegung eines anderen Pfads seine Pfadfunktion wechselt. Unter gewissen Voraussetzungen kann trotzdem die Injektivität des Gesamtpfads nachgewiesen werden. Ein Beispiel soll diesen Fall illustrieren.

<u>Beispiel 4.3:</u>
Seien zu einem Modul M mit E=(a,b,c,d) und F=(f,g) die beiden Modulfunktionen

$$f(a,b,c,d)=a\bar{c} \lor \bar{a}c \lor \bar{a}\bar{b} \lor \bar{d} \quad \text{und} \quad g(a,b,c,d)=\bar{c} \lor \bar{d}$$

gegeben. Es soll untersucht werden, ob die Pfade $P_1=M|a{\to}f$ und $P_2=M|c{\to}g$ einen 2-fachen t-Einzelpfad bilden. Die Berechnung der Transparenzbedingungen für die Einzelpfade ergibt zunächst:

$$TB_1(b,c,d)=bd \lor cd \qquad TB_1^+(b,c,d)=b\bar{c}d, \quad TB_1^-(b,c,d)=cd$$

$$TB_2(a,b,d)=d, \qquad\qquad TB_2^+(a,b,d) = 0, \quad TB_2^-(a,b,d)=d.$$

Wegen $TB_1(EP) \land TB_2(EP) \neq 0$ handelt es sich um parallele Pfade, aber es ist unklar, ob sie einen 2-fachen t-Einzelpfad bilden, denn mit der Belegung des P_2-Pfadeingangs c wechselt auch die Pfadfunktion von P_1.
Da aber umgekehrt die Pfadfunktion von P_2 nicht vom P_1-Pfadeingang a, sondern nur von d abhängt, wird für (b,d)=(1,1) jeder Wechsel der Belegungen der Pfadeingänge am Ausgang erkannt. Die Vereinigung der beiden Pfade P_1 und P_2 bildet daher einen 2-fachen t-Einzelpfad $P=M|(a{\to}f,c{\to}g)$, dessen Pfadfunktion für (b,d)=(1,1) injektiv ist, also $TB(b,d) \geq bd$.
Der Implikant bd ist gerade der consensus-Implikant von TB_1^+ und TB_1^-, wobei die Variable c frei wird. Dieser Schluß wird im folgenden Satz verallgemeinert.

Satz 4.7

Seien $P1=M|(ET1_1 \rightarrow AT1_1, .., ET1_K \rightarrow AT1_K)$ ein K-facher Einzelpfad und $TB1^R$ sowie $TB1^{R'}$ zwei seiner (teilweise) gerichteten Transparenzbedingungen mit R, R' $\in$ $\{+,-, \}^K$. Sei ferner $P2=M|ET2 \rightarrow AT2$ ein t-Einzelpfad mit $ET2 \in EP1=E-ET1$ und einer Bedingung für gerichtete Transparenz des zweiten Pfads $TB2^r(EP2)$, die von ET1 unabhängig ist, d.h. $TB2^r(EP2)/ET1 = TB2^r(EP2)$.

Die Vereinigung $P=P1 \cup P2$ ist ein (K+1)-facher t-Einzelpfad, wenn mit

$EP:=EP1-ET2=EP2$ und
$BT(EP):=(TB1^R(EP1)/ET2 \lor TB1^{R'}(EP1)/ET2$
$\qquad \lor (TB1^R(EP1) \lor TB1^{R'}(EP1))/ET2) \land TB2^{r2}(EP)$ gilt $BT(EP) \neq 0$;

dabei gilt für die Transparenzbedingung von P: $TB(EP) \geq BT(EP)$.

Bild 4.9 zeigt ein Beispiel für die Anwendung des Satzes 4.7. Der K-fache t-Einzelpfad $M|ET_1 \rightarrow AT_1$ und der t-Einzelpfad $M|ET_2 \rightarrow AT_2$ können, falls die Voraussetzungen des Satzes erfüllt sind, zu einem (K+1)-fachen t-Einzelpfad $M|ET \rightarrow AT$ vereinigt werden.

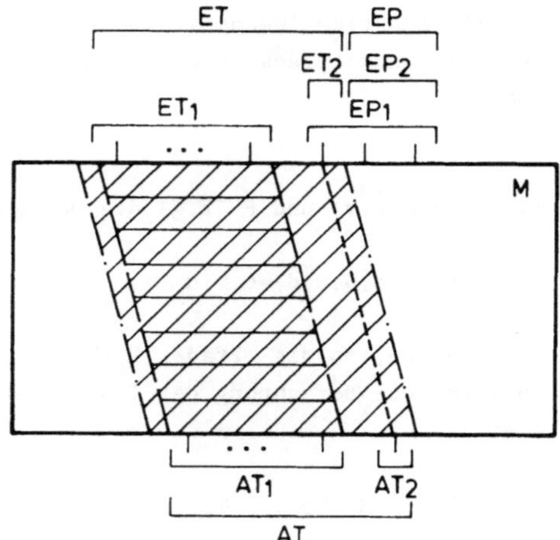

Bild 4.9: Situation bei Anwendung des Satzes 4.7

Beweis zu Satz 4.7:
Da P1 sowohl für $TB^R(EP1)=1$ als auch $TB^{R'}(EP1)=1$ eine injektive Pfadfunktion besitzt mit Einzel-Pfadfunktionen, die hinreichend wenig von EP-Änderungen anbhängig sind (hinreichend für die Injektivität des gesamten P1), und eine Änderung in der EP-Komponente, die E2 entspricht, über P2 an den Ausgang gemeldet wird, ist auch der k+1-fache Pfad hinreichend unabhängig von den ep injektiv. (q.e.d.)

Die Sätze dieses Abschnitts erlauben, unter gewissen Voraussetzungen von der Transparenz von Teilpfaden auf die Transparenz des daraus zusammengesetzten Gesamtpfads zu schließen. Sie geben z.T. auch konstruktive Verfahren an, mit Hilfe der Transparenzbedingungen der Teilpfade zumindest einen Teil der Transparenzbedingung des Gesamtpfads zu berechnen. Innerhalb der modularen Testerzeugung können sie verwendet werden, um Belegungen für die pfadeinstellenden Eingänge eines "breiten" Pfads zu bestimmen. Die Lösungen des hier behandelten Spezialfalls (K-facher t-Einzelpfad) sind allerdings bezüglich des Aufwands noch zu vergleichen mit der im nächsten Abschnitt vorgestellten Lösung des allgemeineren Falls.

Davon unabhängig bilden diese Verfahren die Grundlagen für die Verfahren zur Verbesserung der Transparenz (siehe Kap. 5).

4.2.3 Transparenzbestimmung für einen K-fachen t-Mehrfachpfad

Ein K-facher t-Mehrfachpfad ist nach Definition 4.14 ein transparenter Pfad mit $p=K$ Eingängen und, wegen der Transparenz (vgl. Bemerkung nach Def. 4.9), $q \geq K$ Ausgängen. Dabei ist im Gegensatz zu den vorhergehenden Abschnitten keine Zuordnung einzelner Pfadeingänge zu einzelnen Pfadausgängen festgelegt. Statt der "bitweisen Injektivität" ist hier von Anfang an die Injektivität eines Funktionenbündels zu untersuchen.

Die Berechnung der Transparenzbedingung für einen K-fachen t-Mehrfachpfad kann daher im allgemeinen Fall nicht auf die Transparenzbedingungen für einzelne Teilpfade zurückgeführt werden, sondern muß von der Pfadfunktion, einem Bündel von Schaltfunktionen, ausgehen. Nach der Definition eines weiteren logischen Operators für Schaltfunktionen und drei Hilfssätzen wird in Satz 4.8 die vollständige Lösung sowie eine Berechnungsvorschrift angegeben werden.

Definition 4.18 (Gleichheits-Operator für Funktionenbündel)

Seien $F(X):B^{n1} \to B^m$, $F(X)=(f_1(X), \ .., \ f_m(X))$ und $G(Y):B^{n2} \to B^m$, $G(Y)=(g_1(Y), \ .., \ g_m(Y))$ zwei Bündel von je m geordneten Schaltfunktionen. Der **Gleichheitsoperator für Bündel von Schaltfunktionen** bildet $F(X)$ und $G(Y)$ auf eine Schaltfunktion über B^{n1+n2} ab, die sowohl von X als auch Y abhängt; sie ist definiert durch:

$$= : \begin{cases} \{B^{n1} \to B\} \times \{B^{n2} \to B\} \ \to \ \{B^{n1+n2} \to B\} \\[2ex] (F(X),G(Y)) \ \to \ (F(X){=}G(Y)) := \bigwedge_{j=1}^{m} (f_j(X) \leftrightarrow g_j(Y)) \end{cases}$$

Analog ist der **Ungleichheitsoperator für Bündel von Schaltfunktionen** definiert durch

$$\neq : \begin{cases} \{B^{n1} \to B\} \times \{B^{n2} \to B\} \ \to \ \{B^{n1+n2} \to B\} \\[2ex] (F(X),G(Y)) \ \to \ (F(X){\neq}G(Y)) := \bigvee_{j=1}^{m} (f_j(X) \leftrightarrow/\to g_j(Y)) \end{cases}$$

Beide Operatoren haben als Ergebnis eine Schaltfunktion, die genau für die Belegungen von X, Y erfüllt ist, die auch das entsprechende Prädikat der Funktionenbündel erfüllen.

Es folgen im Zusammenhang mit der Def. 4.16 (von X unabhängige Teilfunktion) drei Hilfssätze, die sich auf die Anwendung der Quantoren $\exists$ und $\forall$ auf eine DF beziehen. Zunächst wird ein Zusammenhang zu den in Def. 4.16 eingeführten Operatoren hergestellt.

<u>Lemma 4.2</u>

Sei $f(X,Y)$ eine Schaltfunktion mit unabhängigen Variablen $X=(X_1, .., X_K)$ und $Y=(Y_1, .., Y_L)$. Dann gilt:

a) $\{y \in B^L : (\forall x \in B^K: f(x,y)=1)\} = \{y \in B^L : f(X,y)/X = 1\}$

b) $\{y \in B^L : (\exists x \in B^K: f(x,y)=1)\} = \{y \in B^L : (\neg f(X,y))/X = 1\}$

<u>Beweis:</u>

Ein Vergleich von Def. 4.16 mit Definition 3.8 (Quantoren als Operatoren auf Schaltfunktionen) liefert direkt die Gleichheit der Funktionen:

$$\exists X: f(X,Y) = f(X,Y)/X \quad \text{und} \quad \forall X: f(X,Y) = (\neg f(X,Y))/X$$

Daher sind in a) und b) die Mengen gleich. (q.e.d.)

Dieser Lemma stellt die Beziehung her zwischen zwei Interpretationen der beiden identischen Operatoren. Es erinnert auch daran, daß bei Anwendung der Quantoren $\exists$ und $\forall$ auf Schaltfunktionen wieder Schaltfunktionen entstehen.

<u>Lemma 4.3</u>

Sei $f(X,Y)$ eine Schaltfunktion mit unabhängigen Variablen $X=(X_1, .., X_K)$ und $Y=(Y_1, .., Y_L)$ und einer Darstellung in disjunktiver Form. Für die Anwendung der Quantoren auf $[f(X,Y)]_{DF}$ gilt:

a) $[\exists X: [f(X,Y)]_{DF}]_{DF}=[f(X=d.c.,Y)]_{DF}$

b) $[\forall X: [f(X,Y)]_{DF}]_{DF}=[\neg[\neg f(X=d.c.,Y)]_{DF}]_{DF}$

Dabei bedeutet "X=d.c.", daß in den Implikanten der entsprechenden disjunktiven Form alle aus X-Variablen gebildeten Literale X_i, $\neg X_i$ gestrichen werden (Ein Implikant, der bei Streichen alle Literale verloren hat, stellt die Tautologie dar).

<u>Beispiel 4.4:</u>

Sei $f(a,b,c,d) = abc \vee bcd$. Nach Lemma 4.3 ist

$$[\exists (a,b): f(a,b,c,d)]_{DF} = c \vee cd = c$$
und
$$[\forall (a,b): f(a,b,c,d)]_{DF} = \neg((\bar{b} \vee \bar{c} \vee \bar{a}\bar{d}) \text{ ohne Literale von } a,b)$$

$$= [\neg(1 \vee \bar{c} \vee \bar{d})]_{DF} = 0.$$

<u>Beweis zum Lemma 4.3</u>:

a) Nach Lemma 4.2 und mit Def. 4.16 ist

$$\exists\,X\!:\!f(X,Y)=\bigvee_{x=0}^{2^K-1} f(x,Y),$$

wobei der rechts stehende Ausdruck schon eine DF bildet.

Sei $[f]_{DF}=I_1 \vee \ldots \vee I_r$ mit den Implikanten I_j die gegebene disjunktive Form von f und bezeichne

IX_j den Teil eines Implikanten I_j, der nur aus X-Literalen $X_i,\neg X_i$ besteht,

IY_j den Teil eines Implikanten I_j, der nur aus Y-Literalen Y_i, $\neg Y_i$ besteht,

so daß $I_j=IX_j \vee IY_j$. (Besteht I_j nur aus IX_j bzw. IY_j, so entspricht dies den Teilimplikanten $IY_j = 1$ bzw. $IX_j = 1$).

Bezeichne x eine Belegung für X. Für I_j, $j=1,..,r$ gilt:

$$I_j(x)=\begin{cases} IY_j, & \text{falls } IX_j(x)=1, \\ 0 & \text{sonst} \end{cases}$$

Da es zu jedem IX_j mindestens eine Belegung x gibt, so daß $IX_j(x)=1$ wird, ist mit dieser Belegung auch $I_j(x)=IY_j$. Deswegen erscheint in der DF

$$\bigvee_{x=0}^{2^K-1} f(x,Y)$$

jeder Term IY_j mindestens einmal und alle anderen Terme verschwinden. Zusammenfassen identischer Implikanten und Anordnung gemäß ihrer Indizes ergibt

$$\exists X\!:\!f(X,Y)=IY_1 \vee \ldots \vee IY_r=[f(X=d.c.,Y)]_{DF}$$

b) Es gilt nach Regeln der Prädikatenlogik: $\forall X\!:\!f(X,Y) = \neg(\exists\!:\!\neg f(X,Y))$ (*)

Aus Def. 4.16 ergibt sich für $\neg f$:

$$\exists X\!:\!\neg f(X,Y)=\bigvee_{x=0}^{2^K-1}\neg f(x,Y)$$

und unter Verwendung von Lemmas 4.3a): $[\exists X\!:\!\neg f(X,Y)]_{DF}=[\neg f(X=d.c.,Y)]_{DF}$

Einsetzen dieses Ergebnisses in (*) und nochmalige Komplementbildung mit der Darstellung des Ergebnisses in DF ergibt:

$$[\forall X\!:\![f(X,Y)]_{DF}]_{DF}=[\neg[\neg f(X=d.c.,Y)]_{DF}]_{DF}$$

        (q.e.d.)

Bemerkung: Gibt es in $[f]_{DF}$ mindestens einen Implikanten, der nur aus X-Literalen X_i, $\neg X_i$ besteht, dann ergibt sich aus dem Beweis zu Teil a) auch, daß $\exists X\!:\!f(X,Y)\equiv 1$ ist.

Das Lemma 4.3 erlaubt bei der Anwendung der Quantoren eine ggf. erhebliche Senkung des Rechenaufwands, insbesondere für größere Werte von K. Statt der UND- bzw. ODER-Verknüpfung von 2^K Teilfunktionen kann der Existenzquantor in linearer Rechenzeit auf eine DF angewandt werden; der Aufwand für den Allquantor entspricht dem für zwei Negationen und ist i.a. von Merkmalen der Darstellung in DF (z.B. Anzahl und Umfang der Implikanten) abhängig (vgl. Anhang: Rechnen mit Schaltfunktionen im

System CUBICALC).

Der Allquantor kann auch auf eine K-fache UND-Verknüpfung zurückgeführt werden.

Lemma 4.4

Sei $f(X,Y)$ eine Schaltfunktion mit unabhängigen Variablen $X=(X_1, \ldots, X_K)$ und $Y=(X_{K+1}, \ldots, X_N)$. Mit den Bezeichnungen $X^i=(X_1, \ldots, X_i)$ und $Y^i=(X_{i+1}, \ldots, X_N)$ kann $\forall X{:}f(X,Y)=\forall X^K{:}f(X,Y)$ auch durch folgende Rekursion berechnet werden:

$$K{=}1{:} \quad \forall X^K{:}f(X^K,Y^K)=f(0,Y^1) \wedge f(1,Y^1),$$

$$K{>}1{:} \quad \forall X^K{:}f(X^K,Y^K)= \quad (\forall X^{K-1}{:}f(X^{K-1},0,Y^K)) \wedge (\forall X^{K-1}{:}f(X^{K-1},1,Y^K)).$$

Beispiel 4.5:

Sei $f(a,b,c,d) = ac\bar{d} \vee b\bar{c}\bar{d} \vee a\bar{c}d \vee bcd$. Nach Lemma 4.4 gilt: $\forall(c,d){:}f(a,b,c,d)$ kann wie folgt berechnet werden:

$$K{=}1{:} \quad z1(a,b,d) = f(a,b,0,d) \wedge f(a,b,1,d)$$

$$= (b\bar{d} \vee ad) \wedge (a\bar{d} \vee bd) = ab\bar{d} \vee abd = ab$$

$$K{=}2{:} \quad \forall\,(c,d){:}\ f(a,b,c,d) = z1(a,b,0) \wedge z1(a,b,1) = z1(a,b) = ab.$$

Beweis zum Lemma 4.4:

Nach Lemma 4.2 und entsprechend der Definition 4.16 gilt:

$$\forall X{:}f(X,Y) = \bigwedge_{x=0}^{2^K-1} f(x,Y),$$

In [BoPo81], S.134/135 wird angegeben, daß der rechts stehende Ausdruck der behaupteten Rekursion genügt, was man so zeigen kann:

$$K{=}1{:} \quad \bigwedge_{x=0}^{1} f(x,Y) = f(0,Y) \wedge f(1,Y)$$

Mit x^i als Wertebelegung von X^i für $i{=}K{-}1,K$ gilt:

$$K{>}1{:} \quad \bigwedge_{x^K=0}^{2^K-1} f(x^K,Y^K) = \bigwedge_{x^{K-1}=0}^{2^{K-1}-1} f(x^{K-1},0,Y^K) \wedge \bigwedge_{x^{K-1}=0}^{2^{K-1}-1} f(x^{K-1},1,Y^K)$$

Also kann man $\forall X{:}f(X,Y)$ auch über die angegebene Rekursion berechnen. (q.e.d.)

Bemerkungen zur praktischen Anwendung von Lemma 4.4:

Implikanten, die nicht von X_K abhängen, können zur Senkung des Rechenaufwands jeweils von der Konjunktion der Kofaktoren ausgenommen werden.

Aufgrund des Lemmas 4.4 kann ein Algorithmus zur Anwendung des Allquantors angegeben werden, dessen Zeitaufwand für einen Rekursionsschritt im schlimmsten Fall quadratisch mit der Zahl der Implikanten der jeweiligen DF steigt. Allerdings kann sich in jedem Schritt auch die Zahl der Implikanten quadrieren, so daß auch hier im schlimmsten Fall der Aufwand exponentiell steigt. Das Verfahren liefert für jede

Reihenfolge von Variablenbelegungen als Ergebnis die gleiche Funktion (Bew. nach [BoPo81], S.135); der Aufwand dafür und die schließlich erhaltene Darstellung des Ergebnisses hängen allerdings stark von der Reihenfolge ab. Als schrittweise den Aufwand minimierende Heuristik soll jeweils als nächstes die Variable gebunden werden, bei der der Rekursionsschritt (Bildung der beiden Kofaktoren und ihre UND-Verknüpfung) die wenigsten Ergebnisterme ergibt.

Der folgende Satz gibt die Transparenzbedingung des K-fachen Mehrfachpfads explizit als Schaltfunktion an und beschreibt ein Verfahren zu ihrer Berechnung.

<u>Satz 4.8</u>

Sei $P=M|ET\rightarrow AT$ ein Pfad des Moduls M mit $p=K$ Pfadeingängen und $q\geq K$ Pfadausgängen. P ist genau dann ein K-facher t-Mehrfachpfad mit

$$TB(EP)=\forall ET:\forall ET':(FP_{EP}(ET)\neq FP_{EP}(ET') \lor ET=ET'), \text{ wenn } TB(EP) \neq 0.$$

$TB(EP)$ ist die Transparenzbedingung von P, die nach folgenden Verfahren berechnet werden kann: (Dabei werden ET und ET' als Hilfsvariablen verwendet, die im zweiten Schritt wieder eliminiert werden.)

1. $[B_{EP}(ET,ET')]_{DF} := [(FP_{EP}(ET)=FP_{EP}(ET')) \land ET\neq ET']_{DF}$

2. $[TB(EP)]_{DF} := [\neg[B_{EP}(ET=d.c.,ET'=d.c.)]_{DF}]_{DF}$

<u>Beweis:</u>

Der für $TB(EP)$ zuerst angegebene Ausdruck entsteht aus dem in Def. 4.8, Teil a), angegebenen Kriterium für die Injektivität eines Bündels von Schaltfunktionen, indem die in einer Booleschen Algebra geltende Äquivalenz

$$(A \Rightarrow B) \iff (\neg A \lor B)$$

für zwei Elemente A, B der Algebra auf den in (4.3) rechts stehenden Ausdruck angewandt wird. Ähnlich der Beweisführung zu Lemma 4.3, Teil b), können dann die beiden All-Quantoren in Existenzquantoren umgeformt werden. Man erhält so

$$TB(EP) = \neg(\exists ET:\exists ET':(FP_{EP}(ET)=FP_{EP}(ET') \land ET\neq ET')) = \neg(\exists ET:\exists ET':B_{EP}(ET,ET'))$$

Die Anwendung des Lemmas 4.3, Teil a) für die unter einem Existenzquantor stehenden Variablen ET und ET' liefert schließlich den zweiten Teil der behaupteten Rechenvorschrift.   (q.e.d)

Mit diesem Satz steht ein Kriterium zur Verfügung, mit dem für einen beliebigen Pfad festgestellt werden kann, für welche Belegungen der pfadeinstellenden Eingänge die Pfadfunktion injektiv ist. Damit ist die Beobachtungsaufgabe der Fehlerlokalisierung für einen Pfad durch das Modul vollständig gelöst.

Die Effizienz der angegebenen Rechenvorschrift hängt wesentlich von der Berechnung des Ausdrucks B_{EP} ab. Auch hier sollte man die Kommutativität der UND-Verknüpfung ausnutzen, um durch eine geeignete Reihenfolge der Operanden den Zeit- und Speicher-Aufwand für die Zwischenergebnisse niedrig zu halten (siehe Anhang A).

Wie schon in Abschnitt 4.4 angegeben, ist es für größere Werte von K bei Gleichverteilung in der Grundmenge aller Funktionen unwahrscheinlich, daß ein Pfad P eine injektive Pfadfunktion besitzt. Benötigt man trotzdem eine injektive Abbildung von den Eingängen auf die Ausgänge von P, dann bieten sich zwei Ansätze an. Zum einen kann man ggf. sequentiell transparente Teilpfade (vgl. Def. 4.12) nutzen. Stellt man für die Teilpfade nacheinander jeweils eine injektive Pfadfunktion ein, kann man in mehreren Beobachtungen ebenfalls ein injektives Bild der Belegung der Pfadeingänge von P gewinnen. Notwendige Voraussetzung dafür ist, daß die Injektivität der Pfadfunktionen der Teilpfade eingestellt werden kann, ohne das an den Eingängen des Gesamtpfads P anliegende Muster endgültig zu überschreiben. Das an P anliegende Muster ist eine Testantwort; daher ist es nicht immer möglich, diese Voraussetzung zu erfüllen. Zum anderen kann man die Transparenz eines Pfads durch Änderung der Pfadfunktion verbessern. In Analogie zum prüfgerechten Entwurf wird die Schaltung so abgeändert, daß sie leichter zu testen ist. Der Freiraum der ursprünglichen Spezifikation (Funktion ist für einen Teil der Eingangsbelegungen nicht spezifiziert) kann zur Verbesserung der Testbarkeit ausgenutzt werden (siehe Kap. 5). Für die eigentliche Testerzeugung wird allerdings eine voll spezifizierte Funktion benötigt, da im Fehlerfall auch solche Belegungen der Eingangsvariablen zu verarbeiten sind, die im normalen Betrieb nicht vorkommen.

4.3 Relativtransparente Pfade

In diesem Abschnitt wird eine andere Form der partiellen Injektivität von Pfadfunktionen, die **Relativtransparenz**, betrachtet. Während bei der Transparenz die Injektivität für Teilpfade und in Abhängigkeit der Belegung der anderen Eingänge eines Moduls untersucht wurde, werden hier Pfade als Ganzes unter anderen Einschränkungen untersucht. Zum einen wird entsprechend der Beobachtungsaufgabe der Fehlererkennung (Def. 4.6) nur jeweils <u>ein</u> Sollwert der Testantworten bei der Bestimmung geeigneter Pfadfunktionen berücksichtigt, zum anderen können auch für die Menge der vom Sollwert abweichenden Testantworten Randbedingungen mit einbezogen werden. Bild 4.10 beschreibt diese Aufgabenstellung.

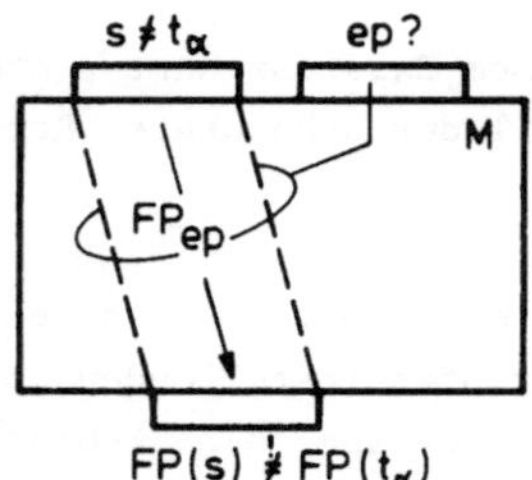

<u>Gegeben:</u>
s : Sollwert, ggf. eine Randbedingung für tα;

<u>Gesucht:</u>
ep : pfadeinstellende Belegungen für eine
     Lösung der Beobachtungsaufgabe
     in möglichst wenig Schritten.

<u>Bild 4.10:</u> Aufgabenstellung bei der Relativtransparenz

Die Relativtransparenz kann auch für Teilpfade bestimmt werden; Teilpfade und ihre

Vereinigung werden jedoch hier nicht behandelt.

Wie die Transparenz ist auch die Relativtransparenz eine Eigenschaft der Modulfunktion, die von der Realisierung der Funktion unabhängig ist. Es wird sich zeigen, daß die Relativtransparenz entsprechend den stärkeren Einschränkungen leichter zu erfüllende Anforderungen an eine Modulfunktion stellt. Trotzdem lösen relativtransparente Pfade die Beobachtungsaufgabe der Fehlererkennung vollständig. Zur Ermittlung aller Lösungen werden sowohl für den Spezialfall, daß eine einzige Beobachtung genügt, als auch für den allgemeinen Fall (mehrere Beobachtungen notwendig) effiziente Verfahren angegeben.

Eine der Relativtransparenz entsprechende Eigenschaft wurde für den Spezialfall, daß eine Beobachtung genügt, auch in [Some85] betrachtet. Für diesen Spezialfall gaben die Autoren ein sehr aufwendiges Lösungsverfahren an, was sie aus Effizienzgründen um die Angabe einer Näherungslösung ergänzten. Ihre Lösung mußte auch deshalb unvollständig bleiben, da sie den Fall mehrerer Beobachtungen nicht betrachteten. Andere Veröffentlichungen zu dieser Thematik sind dem Autor nicht bekannt.

4.3.1 Punktweise Injektivität und Relativtransparenz

Definition 4.19 (punktweise Injektivität)

Sei $F(X):B^n \rightarrow B^m$ ein Bündel von Schaltfunktionen. F ist in x_0 punktweise injektiv, wenn gilt:

$$\forall\ x \in B^n:\ F(x)=F(x_0)\ \Rightarrow\ x=x_0$$

Aus Definition 4.8 folgt, daß ein Bündel F von Schaltfunktionen genau dann injektiv ist, wenn es in allen Belegungen x von X punktweise injektiv ist.

Definition 4.20 (Relativtransparenz eines Pfads)

Der Pfad $M|ET \rightarrow AT$ des Moduls M ist relativtransparent für die Belegung s der Pfadeingänge ET, wenn mit einer Belegung ep der pfadeinstellenden Eingänge EP und der Pfadfunktion FP_{EP} gilt:

$$\exists\ ep:\ FP_{ep}(ET)\ \text{ist punktweise injektiv in s.}$$

Im Gegensatz zur Transparenz, bei der alle Sollwerte s der Testantworten gemeinsam betrachtet wurden, wird hier jeweils nur ein Sollwert s betrachtet.

Definition 4.21 (Relativtransparenz-Bedingung)

Die **Relativtransparenz-Bedingung** eines Pfads $M|ET \rightarrow AT$ für eine Belegung s von ET ist die eindeutige Abbildung $RTB_s(EP)$ von B^{n-p} nach B, definiert durch

$$RTB_s(ep):= \begin{cases} 1, \text{ falls } FP_{ep} \text{ in s punktweise injektiv ist,} \\ 0 \text{ sonst.} \end{cases}$$

RTB_s entspricht der charakteristischen Funktion (Def. 3.5) der Menge der Belegungen ep von EP, für die FP_{ep} punktweise injektiv in s ist.

Satz 4.9

Für den Pfad $M|ET \rightarrow AT$ des Moduls M ist die Beobachtungsaufgabe der Fehlererkennung zum Sollwert s (Def. 4.6) genau dann lösbar, wenn der Pfad für s relativtransparent ist.

Beweis:

a) Sei der Pfad für s relativtransparent. Dann gibt es nach Def. 4.20 mindestens eine Belegung ep für die pfadeinstellenden Eingänge EP, so daß die resultierende Pfadfunktion in s punktweise injektiv ist. Für diese Pfadfunktionen ist die Bedingung (4.1) erfüllt, also existiert eine Lösung der Beobachtungsaufgabe.

b) Existiere eine Lösung der Beobachtungsaufgabe in Form einer Belegung bfe der pfadeinstellenden Eingänge EP, die für s die Bedingung (4.1) erfüllt. Dann ist diese Pfadfunktion auch in s punktweise injektiv und der Pfad somit relativtransparent.   (q.e.d.)

Daraus folgt direkt:

Satz 4.10

Für das Modul M und den Pfad $M|ET \rightarrow AT$ wird die Beobachtungsaufgabe der Fehlererkennung für die Belegung s der Pfadeingänge durch alle $bfe \in B^{n-p}$ gelöst, für die gilt:

$$RTB_s(bfe)=1$$

Aus diesem Satz ergibt sich, daß der Anteil der Belegungen bfe von EP, die diese Beobachtungsaufgabe für eine Belegung s der Pfadeingänge lösen, dem Anteil der in s punktweise injektiven Pfadfunktionen entspricht. Die vollständige, konstruktive und effiziente Bestimmung dieser Belegungen für die pfadeinstellenden Eingänge EP ist das Hauptziel dieses Abschnitts. Effizienz wird hier in dem Sinn verstanden, daß der mittlere Rechenaufwand möglichst niedrig ist.

Bei der Relativtransparenzbestimmung kann aufgrund des nächsten Satzes von der Untersuchung von Einzelpfaden abgesehen werden.

Satz 4.11

Ein Pfad $P=M|ET \rightarrow AT$ mit $p=q=1$ (Einzelpfad) ist genau dann transparent, wenn er für eine Belegung s seines Pfadeingangs ET relativtransparent ist; es gilt:

$$TB(EP)=RTB_s(EP)$$

d.h. Transparenz- und Relativtransparenzbedingung sind für Einzelpfade gleich.

Beweis:

a) Sei der Pfad transparent. Dann gibt es eine injektive Pfadfunktion, was äquivalent ist mit einer Pfadfunktion, die sowohl in $s=0$ als auch in $s=1$ punktweise injektiv ist. Daraus folgt eine Hälfte der Behauptung.

b) Sei der Pfad relativtransparent für eine Belegung s. Dann gibt es eine in s punktweise injektive Pfadfunktion $FP_{ep}(ET)$, für die nach Definition 4.19 gilt:

$$\text{Für } s' = \neg s: \quad FP_{ep}(s) = FP_{ep}(s') \Rightarrow s = s'$$

Dies ist aber im Fall des Einzelpfads gleichbedeutend mit der Injektivität dieser Pfadfunktion und der Transparenz des Pfads. Daraus folgt die zweite Hälfte der Behauptung. $\hfill$ (q.e.d.)

Für den Fall des Einzelpfads, der schon als t-Einzelpfad im Abschnitt 4.2 behandelt wurde, sind also die beiden Eigenschaften Transparenz und Relativtransparenz nicht unterscheidbar. Daher wird hier die Relativtransparenz von Einzelpfaden und einer Kombination von Einzelpfaden nicht betrachtet. Für einen beliebigen Pfad mit $1 < p \leq n$, $1 < q \leq m$ wird die Relativtransparenz bei einer und mehreren Beobachtungen untersucht.

4.3.2 Bestimmung der Relativtransparenz eines Pfads bei einer Beobachtung

Unter der Randbedingung, daß mit <u>einer</u> Beobachtung der Pfadeingänge entschieden werden soll, ob deren Belegung vom Sollwert abweicht, gibt der folgende Satz an, wie die Relativtransparenzbedingung aus den in DF dargestellten Modulfunktionen berechnet wird. Dies ist im Kontext einer Beobachtung gleichwertig mit der Bestimmung aller Belegungen der pfadeinstellenden Eingänge, bei denen die Pfadfunktion für einen gegebenen Sollwert s der Testantwort punktweise injektiv ist.

<u>Satz 4.12</u>

Sei $P = M \mid ET \rightarrow AT$ ein Pfad des Moduls M und s ein Sollwert für die Belegung der Pfadeingänge ET. P ist genau dann ein relativtransparenter Pfad mit

$$RTB_s(EP) = \forall ET: (FP_{EP}(ET) \neq FP_{EP}(s) \ \lor \ ET = s), \tag{4.9}$$

wenn $RTB_s(EP) > 0$.

$RTB_s(EP)$ ist die Relativtransparenzbedingung von P, die nach folgendem Verfahren berechnet werden kann:

1. $[B_{EP,s}(ET)]_{DF} := [FP_{EP}(ET) = FP_{EP}(s) \ \land \ ET \neq s]_{DF}$

2. $[RTB_s(EP)]_{DF} := [\neg [B_{EP,s}(ET = d.c.)]_{DF}]_{DF}$

Bei Anwendung dieses Satzes wird sich ein weiterer Schritt anschließen:
3. Wähle eine (Teil-)belegung von EP, die RTB_s erfüllt (z.B. entsprechend einem Implikanten von RTB_s). Für jede dieser Belegungen ist ein Pfad eingestellt, der die Beobachtungsaufgabe der Fehlererkennung löst.

<u>Beweis:</u>
Der obige Satz kann als Spezialisierung von Satz 4.8 (Berechnung der Transparenzbedingung) gesehen werden, da hier s relativ zu ET konstant ist. Daher ist die Beweisführung ähnlich. Der in Formel (4.9) für RTB_s angegebene Ausdruck ergibt sich aus dem die punktweise Injektivität definierenden Prädikat (siehe Def. 4.19), indem die Äquivalenz

$$(A \Rightarrow B) \iff (\neg A \ \lor \ B)$$

auf den rechts stehenden Teilausdruck von (4.9) angewandt wird. Durch Umformung des Allquantors in einen Existenzquantor erhält man

$$RTB_s(EP) = \neg(\exists ET:(FP_{EP}(ET)=FP_{EP}(s) \wedge ET\neq s)) = \neg(\exists ET:B_{EP,s}(ET))$$

und die Anwendung des Lemmas 4.3 entfernt den Existenzquantor und die Variablen ET, woraus sich das behauptete Berechnungsverfahren ergibt. (q.e.d.)

<u>Bemerkung zum Ausdruck "ET$\neq$s":</u>
Der Ausdruck stellt entsprechend Def. 4.18 eine Schaltfunktion dar. Da ET ein Vektor aus Variablen ist, entspricht der Ausdruck einer Disjunktion von Literalen l_i:

$$(ET\neq s) = \bigvee_{i=1}^{p} l_i \qquad \text{mit } l_i = \begin{cases} ET_i, & \text{falls } s_i = 0, \\ \neg ET_i & \text{sonst.} \end{cases}$$

<u>Bemerkung zur praktischen Berechnung der RTB:</u>
Für die praktische Berechnung der RTB kann der Rechen- und Speicheraufwand durch verschiedene Maßnahmen günstig beeinflußt werden. So kann die Konjunktion der beiden Teilausdrücke von $B_{EP,s}$ mit dem Löschen der ET-Literale zusammengefaßt werden, indem von

$$[GB_{EP,s}(ET)]_{DF} := [FP_{EP}(ET)=FP_{EP}(s)]_{DF} = [\neg[FP_{EP}(ET)\neq FP_{EP}(s)]_{DF}]_{DF}$$

alle Implikanten I^B ausgewählt werden, die nicht von dem durch $I^s:=(ET=s)$ definierten Implikanten subsumiert werden (d.h. für die $I^B \Rightarrow I^s$ nicht gilt). Nach Löschung der ET-Literale aus diesen I^B bildet die Disjunktion der Restimplikanten den Ausdruck $[B_{EP,s}(ET=d.c.)]_{DF}$.

<u>Beispiel 4.6:</u>
Gegeben sei ein Modul M mit E=(a,b,c), F=(f$_1$,f$_2$), f$_1$(a,b)=ab, f$_2$(b,c)=bc. In diesem Modul wird der Pfad P=M|(a,b)→(f$_1$,f$_2$) betrachtet (siehe Bild 4.11). Gesucht wird die Relativtransparenzbedingung für die Belegung s=(0,1) der Pfadeingänge ET.

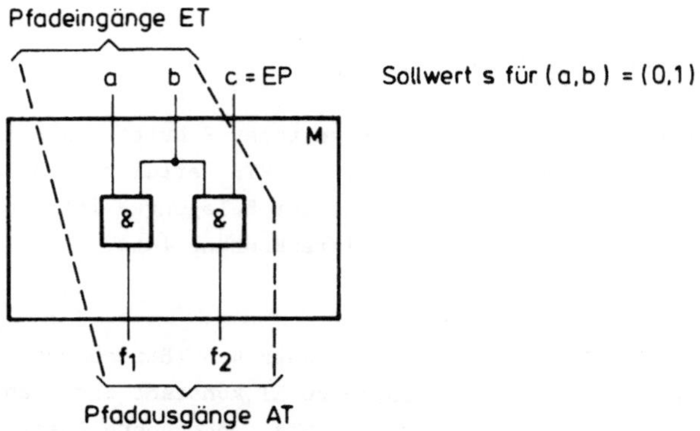

<u>Bild 4.11:</u> Modul mit Pfad zu Beispiel 4.6

Mit s ergeben sich zunächst die folgenden Ausdrücke: $FP1_{EP}(s)=0$, $FP2_{EP}(s)=c$.

Nun wird $[GB_{EP,s}(ET)]_{DF}$ berechnet:

$$[GB_{EP,s}(EP)]_{DF} = (f_1(a,b) \leftrightarrow 0) \wedge (f_2(b,c) \leftrightarrow c)$$

$$= \neg(ab) \wedge (bc \leftrightarrow c) = \bar{a}b \vee a\bar{c} \vee b\bar{c}$$

Durch $I^s = (ET=s) = \bar{a}b$ wird der erste Implikant ausgeschieden; es ergibt sich

$[B_{EP,s}(ET=d.c.)]_{DF} = \bar{c}$ und $RTB_s(EP) = \neg(\bar{c}) = c$ als vollständige Lösung. Für $c=1$ kann also jede Abweichung von $s=(0,1)$ an den Pfadausgängen erkannt werden.

<u>Beispiel 4.7:</u>

Gegeben sei ein Modul M mit $E=(a,b,c,d,e,f)$, $F=(f_1,f_2,f_3)$,

$$f_1(a,b,c,d,e,f) = a\bar{b} \vee abd\bar{e} \vee \bar{a}cd\bar{e}\bar{f}$$

$$f_2(a,b,d,e,f) = abde \vee b\bar{e}\bar{f}$$

$$f_3(a,b,c,d,e,f) = a\bar{b}c \vee abde \vee cde\bar{f} \vee \bar{a}cd\bar{e}\bar{f}$$

Zum Pfad $P=M|(d,e,f)\rightarrow(x,y,z)$ wird die Relativtransparenzbedingung für die Belegung $s=(1,1,0)$ der Pfadeingänge (d,e,f) gesucht (siehe Bild 4.12).

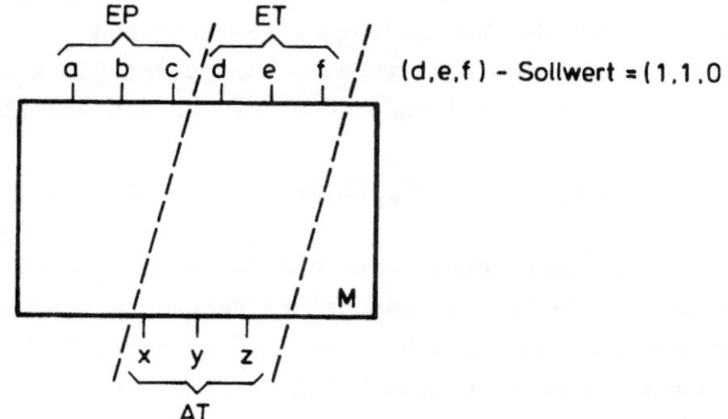

<u>Bild 4.12:</u> Modul und Pfad zu Beispiel 4.7

Mit s ergeben sich die folgenden Ausdrücke:

$FP1_{EP}(s)= a\bar{b}$, $FP2_{EP}(s)= ab$ und $FP3_{EP}(s)= ab \vee c$.

Damit können nun die disjunktiven Formen für die Funktionen $GB_{EP,s}(ET)$ und $RTB_s(EP)$ berechnet werden (Ergebnisse ohne Zwischenrechnungen in vereinfachter, aber nicht minimierter Form):

$$GB_{EP},s(ET)=\bigwedge_{i=1}^{3} (FPi_{EP}(ET) \leftrightarrow FPi_{EP}(s))$$

$$= \mathrm{de\bar{\bar{f}}} \lor \mathrm{\bar{\bar{b}}\bar{c}} \lor \mathrm{a\bar{b}} \lor \mathrm{ade} \lor \mathrm{\bar{\bar{a}}\bar{c}f} \lor \mathrm{\bar{\bar{a}}\bar{c}\bar{d}e}$$

Mit $I_s = (ET=s) = \mathrm{de\bar{\bar{f}}}$ erhält man $[B_{EP,s}(ET=d.c.)]_{DF} = a \lor \bar{c}$.

Negation dieses Ausdrucks ergibt die vollständige Lösung: $RTB_s(P) = \bar{a}\bar{c}$.

Das in den Beispielen für p=q (Anzahl der Pfadeingänge = Anzahl der Pfadausgänge) demonstrierte Verfahren kann ohne Änderung auch auf Pfade mit p≠q angewandt werden.

Um im Einzelfall einen möglichst hohen Erfüllungsgrad der RTB_s zu erreichen, wird nun auch der Fall betrachtet, daß bei der Beobachtung die Abweichung vom Sollwert durch eine Randbedingung eingeschränkt ist. Dieser Fall liegt bei der hier betrachteten modularen Testerzeugung etwa dann vor, wenn aufgrund eines Fehlermodells für ein zu testendes Modul Näheres über die Testantworten im Fehlerfall bekannt ist.

Definition 4.22 (Randbedingung einer Beobachtungsaufgabe)

Sei $P=M|ET\rightarrow AT$ ein Pfad und s der Sollwert einer Beobachtungsaufgabe der Fehlererkennung. Eine Schaltfunktion R_s über B^P ist **Randbedingung der Beobachtungsaufgabe**, wenn genau für alle von s abweichenden Testantworten et, die zu beobachten sind, gilt: $R_s(et)=1$.

Definition 4.23 (eingeschränkte Relativtransparenz)

Sei $P=M|ET\rightarrow AT$ ein Pfad des Moduls M, s der Sollwert für die Belegung der Pfadeingänge ET und $R_s(ET):B^P\rightarrow B$ eine die Randbedingung definierende eindeutige Abbildung. Der **Pfad P** ist **eingeschränkt relativtransparent für s und** R_s, wenn mit einer Belegung ep der pfadeinstellenden Eingänge EP und der Pfadfunktion FP_{EP} gilt:

$$\exists ep: \forall et: (\neg R_s(et) \lor (FP_{EP}(ET)=FP_{EP}(s) \Rightarrow ET = s))$$

Die Randbedingung R_s dient hier dazu, durch $R_s(et)=1$ diejenigen Belegungen der Pfadeingänge ET abzugrenzen, die bei der Lösung der Beobachtungsaufgabe der Fehlererkennung zu betrachten sind. R_s kann sich sowohl aus zusätzlichen Angaben zum Modulfehlermodell als auch aus einem eingeschränkten Bildbereich von vorhergehenden Modulen im Beobachtungspfad ergeben.
Die eingeschränkte Relativtransparenz deckt auch den Fall ab, daß nur für eine Reihe von explizit gegebenen, von s abweichenden Belegungen tf_i (z.B. Testantwort bei Fehler i), i=1, ..,r, die Beobachtungsaufgabe der Fehlererkennung zu lösen ist. Die Randbedingung lautet in diesem Fall:

$$R_s(EP) = I^{tf1} \lor \ldots \lor I^{tfr},$$

wobei für eine Belegung b I^b der Implikant mit $I^b(b)=1$ ist.

Definition 4.24 (Bedingung für eingeschränkte Relativtransparenz)

Sei $P=M|ET\rightarrow AT$ ein Pfad des Moduls M, s der Sollwert für die Belegung der Pfadeingänge ET und $R_s(ET):B^P\rightarrow B$ eine die Randbedingung definierende eindeutige Abbildung. Die **Bedingung für die eingeschränkte Transparenz** des Pfads P für s und R_s

ist die eindeutige Abbildung $ETB_{t_a}(EP)$ von B^{n-p} nach B, die durch

$$ETB_s(ep) := \begin{cases} 1, & \text{falls } FP_{ep} \text{ in s unter der Randbedingung } R_s \\ & \text{punktweise injektiv ist,} \\ 0 & \text{sonst.} \end{cases}$$

definiert ist.

Satz 4.13

Sei $P=M|ET \rightarrow AT$ ein Pfad des Moduls M, s ein Sollwert für die Belegung der Pfadeingänge ET und $R_s(ET)$ eine Randbedingung.

P ist genau dann ein eingeschränkt relativtransparenter Pfad für s und R_s mit

$$ETB_s(EP) = \forall ET: (\neg R_s(ET) \lor FP_{EP}(ET) \neq FP_{EP}(s) \lor ET = s), \tag{4.10}$$

wenn $ETB_s(EP) > 0$.

$ETB_s(EP)$ ist die Bedingung für die eingeschränkte Relativtransparenz von P, die nach folgendem Verfahren berechnet werden kann:

1. $[BR_{EP,s}(ET)]_{DF} := [R_s(ET) \land FP_{EP}(ET) = FP_{EP}(s) \land ET \neq s]_{DF}$,

2. $[ETB_s(EP)]_{DF} := [\neg[BR_{EP,s}(ET = d.c.)]_{DF}]_{DF}$.

Bei der Anwendung dieses Satzes folgt als dritter Schritt die Wahl einer (Teil-) Belegung, die ETB_s erfüllt. Mit jeder dieser Belegungen sind bei $R_s = 1$ alle von s abweichenden Testantworten an den Pfadausgängen beobachtbar.

Beweis:

Der Beweis ergibt sich in Analogie zum dem von Satz 4.12. Durch die Randbedingung kann das Ergebnis nur von denjenigen Belegungen et von ET beeinflußt werden, für die $R_s(et) = 1$ ist. Dies entspricht dem Ausdruck $BR_{EP,s}$, der durch den Übergang von All- zum Existenzquantor nach den schon mehrfach angewandten Regeln gebildet wird. Die behauptete Rechenvorschrift ergibt sich daraus in Abwandlung der Vorschrift zur Berechnung der RTB. (q.e.d.)

Beispiel 4.8

Sei für die Beobachtungsaufgabe von Bsp. 4.7 die Bedingung für eingeschränkte Transparenz mit der Randbedingung

$$R_s(ET) = \bar{d} \lor \bar{e}$$

zu lösen. Dies bedeutet entsprechend Def. 4.22, daß bei der Beobachtung nur solche Belegungen der Pfadeingänge von s zu unterscheiden sind, die d oder e mit 0 belegen. Die Bestimmung der ETB_s ergibt:

$$ETB_s(EP) = RTB_s(EP) \lor ab.$$

Durch Angabe der Randbedingung, daß die von s abweichende Belegung et der Pfadeingänge ET entweder in d oder in e von s abweichen, konnte also die RTB_s um den Term "ab" erweitert werden.

4.3.3 Bestimmung der sequentiellen Relativtransparenz eines Pfads bei mehreren Beobachtungen

Da die Relativtransparenz eine rein funktionale Eigenschaft ist, ist es in Abhängigkeit von den Modulfunktionen möglich, daß die Beobachtungsaufgabe der Fehlererkennung durch eine einzige Beobachtung unlösbar ist. Dann ist für den betrachteten Pfad $P=M|ET\rightarrow AT$ zumindest die nicht eingeschränkte Relativtransparenzbedingung von keiner Belegung der pfadeinstellenden Eingänge erfüllbar, sie ist konstant 0:

$$RTB_s(EP) \equiv 0 \iff \forall\ EP:\ RTB_s = 0,$$

Mit dem Ziel, die Beobachtungsaufgabe in solchen Fällen durch mehrere Beobachtungen zu lösen, wird nun diese Aussage analysiert. Sie kann mit Hilfe von (4.9) umgeformt werden in die äquivalente Aussage:

$$\forall\ EP:\ \exists\ ET:\ (FP_{EP}(ET)=FP_{EP}(s) \wedge ET \neq s) = 1$$

d.h. es gibt für jede Belegung ep der pfadeinstellenden Eingänge EP mindestens eine von s abweichende Belegung et der Pfadeingänge ET, so daß et auf die gleiche Belegung der Pfadausgänge wie s abgebildet wird und daher durch Beobachtung der Pfadausgänge nicht von s unterschieden werden kann. Zwei Fälle sind dabei zu unterscheiden:

Fall I: Eine Belegung et kann bei keiner Belegung ep der pfadeinstellenden Eingänge von s unterschieden werden.

Fall II: Für eine Belegung et gibt es mindestens eine Belegung ep der pfadeinstellenden Eingänge, so daß et von s unterschieden werden kann.

Für eine Belegung entsprechend Fall I ist die Beobachtungsaufgabe funktionsbedingt unlösbar. Nur eine Änderung der Funktion kann dieses Problem lösen (siehe Kap. 5). Anders ist es bei den et aus Fall II. Für diese et kann die Beobachtungsaufgabe dadurch gelöst werden, daß man nacheinander zu jedem et eine derjenigen Belegungen ep anlegt, bei denen et von s unterschieden werden kann (*sequentielle Relativtransparenz*). Dies entspricht einer Menge von Beobachtungen, die in beliebiger Reihenfolge auszuführen sind. Das folgende Bild 4.13 veranschaulicht diese Situation. Das Ziel, bei einer (ggf. um die et aus Fall I verminderten) Grundmenge von Testantworten zu erkennen, ob s oder ein davon abweichendes Muster et an den Pfadeingängen anliegt, wird in mehreren Schritten erreicht. Bei jedem Schritt (jeder Beobachtung) kann am Pfadausgang durch Vergleich mit dem für s erwarteten Wert festgestellt werden, zu welcher von zwei Teilmengen das Eingangsmuster gehört. Sind die Teilmengen, in denen jeweils s enthalten ist, so konstruiert, daß nur der Sollwert s allen gemeinsam ist, ist nach allen Schritten bekannt, ob s oder eine andere Testantwort am Pfadeingang anliegt.

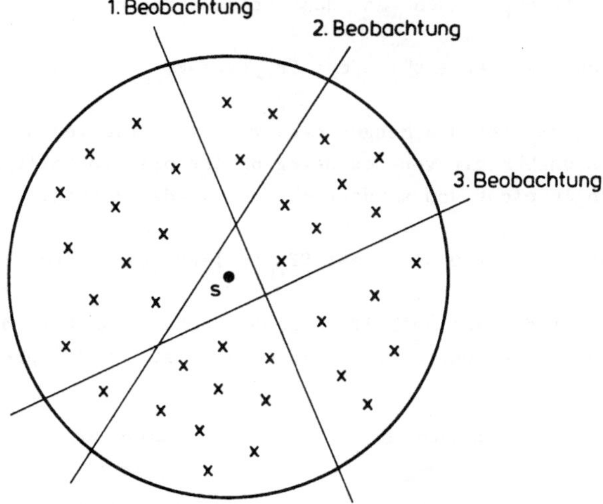

x $\hat{=}$ von s abweichende Testantwort

Bild 4.13: Prinzip der sequentiellen Relativtransparenz

Will man mit möglichst wenig Beobachtungen auskommen, ist zusätzlich das Problem zu lösen, aus den (Teil-)Belegungen für EP eine (minimale) Auswahl zu bestimmen, mit denen alle et aus Fall II von s unterschieden werden können. Dies ist ein typisches Überdeckungsproblem [Beis80], wie es ähnlich auch bei der Vereinfachung oder Mini- mierung von Testmengen vorkommt. Die Lösung von Überdeckungsproblemen wird in der Literatur ausführlich behandelt (siehe etwa [Petr56], [Mich71], [Lutz85]), so daß sich dieser Abschnitt auf die Ermittlung von Bedingungen für die einzelnen Beobach- tungsschritte konzentrieren wird.

Definition 4.25 (Bedingungen der sequentiellen Relativtransparenz)

Sei $P = M | ET \rightarrow AT$ ein Pfad und s ein Sollwert der Belegung von ET. Die eindeutigen Abbildungen $STB_{s,i} : B^{n-p}$, $i=1,..,r$, bilden eine Menge STB_s von **Bedingungen der sequentiellen Relativtransparenz**, wenn gilt:

$$\forall\ et \in B^p:\ \exists\ STB_{s,i}:\ \forall\ ep\ \text{mit}\ STB_{s,i}(ep)=1\ \text{gilt: } FP_{ep}(s)=FP_{ep}(et)\ \Rightarrow\ et=s.$$

Analog zur eingeschränkten Relativtransparenz (Def. 4.23) sind mit einer einheit- lichen Randbedingung R_s auch die **Bedingungen der eingeschränkten sequentiellen Relativtransparenz** definiert:

$$\forall\ et \in B^p:\ \neg R_s(et)\ \lor$$
$$(\exists\ STB_{s,i}:\ \forall\ ep\ \text{mit}\ STB_{s,i}(ep)=1\ \text{gilt: } FP_{ep}(s)=FP_{ep}(et)\ \Rightarrow\ et=s).$$

Definition 4.26 (s-Unterscheidungs- und s-Mischbereich)

Sei s ein Sollwert einer Beobachtungsaufgabe der Fehlererkennung. Der **s-Unter- scheidungsbereich** UB_s ist die Menge von Belegungen der Pfadeingänge, in der von

s verschiedene Elemente auch an den Pfadausgängen als solche erkannt werden
können:

$$UB_s := \{ \, et \in B^P : \exists \, ep: FP_{ep}(et) = FP_{ep}(s) \Rightarrow et = s \},$$

Der **s-Mischbereich** MB_s ist die Menge der von s verschiedenen Belegungen der
Pfadeingänge, die unabhängig von der Belegung der pfadeinstellenden Eingänge EP
an den Pfadausgängen nicht von s unterschieden werden können:

$$MB_s := \{ \, et \in B^P : \forall \, ep: FP_{ep}(et) = FP_{ep}(s) \wedge et \neq s \}.$$

Die beiden Mengen sind nach Definition komplementär. Damit sind die den Fällen I
und II entsprechenden Mengen definiert. Bild 4.14 zeigt ein Beispiel dazu.

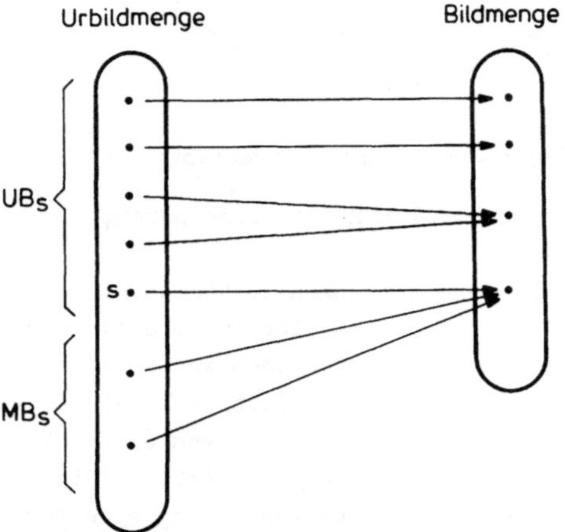

Bild 4.14: Beispiel zum s-Unterscheidungs- und s-Mischbereich

Da in mehreren Beobachtungen verschiedene EP-Belegungen kombiniert werden sollen,
wird der Misch- und Unterscheidungsbereich auch für einzelne EP-Belegungen und
Teilmengen davon betrachtet.

Definition 4.27 (Mischbereich, Unterscheidungsbereich)

Sei s ein Sollwert einer Beobachtungsaufgabe der Fehlererkennung und ep eine
Belegung der pfadeinstellenden Eingänge. $MB_{s,ep}$, der **Mischbereich zu ep**, ist
definiert durch

$$MB_{s,ep} := \{ \, et \in B^P : FP_{ep}(et) = FP_{ep}(s) \wedge et \neq s \} = \{ \, et \in B^P : B_{ep,s}(et) = 1 \}$$

und $UB_{s,ep}$, der **Unterscheidungsbereich zu ep**, ist definiert durch

$$UB_{s,ep} := \{ et \in B^P : FP_{ep}(et) = FP_{ep}(s) \Rightarrow et = s \} = \{ et \in B^P : B_{ep,s}(et) = 0 \}$$

Für PM, eine Menge von Belegungen von EP, ist der Mischbereich bzw. der Unterscheidungsbereich definiert als:

$$MB_{s,PM} := \bigcup_{ep \in PM} MB_{s,ep} \quad bzw. UB_{s,PM} := \bigcap_{ep \in PM} UB_{s,ep}$$

Aus Definition 4.27 folgt direkt: $MB_{s,ep} \neq \emptyset \iff RTP_s(ep)=0$

Definition 4.28 (Einheitlichkeit des Mischbereichs)

Sei s ein Sollwert einer Beobachtungsaufgabe der Fehlererkennung und PM eine Menge von Belegungen von EP. Die Menge PM hat einen **einheitlichen Mischbereich**, wenn

$$\forall \ ep, \ ep' \in PM \ gilt: \ MB_{s,ep} = MB_{s,ep'}$$

Bild 4.15 veranschaulicht die Definition durch ein Beispiel mit einer Menge PM, deren fünf Elemente alle den gleichen Mischbereich haben.

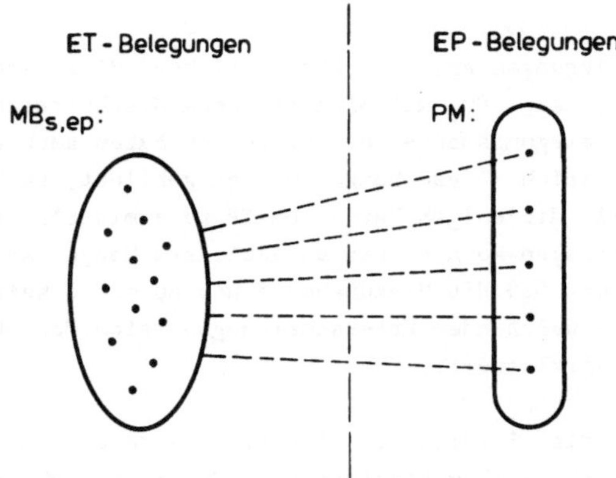

<u>Bild 4.15:</u> Beispiel für den einheitlichen Mischbereich einer Menge PM

Lemma 4.5

Sei s ein Sollwert für et und PM ein Menge von Belegungen von EP. Der Unterscheidungsbereich von PM ist genau dann maximal, wenn der Mischbereich von PM einheitlich ist.

Beweis:

Ist der Mischbereich von PM einheitlich, dann ist auch für alle Elemente $ep \in PM$ der Unterscheidungsbereich gleich. Bei der Schnittbildung gemäß Def. 4.27 ergibt sich der gleiche Unterscheidungsbereich für die ganze Menge PM.
Ist der Mischbereich nicht einheitlich, dann sind auch nicht alle Unterscheidungsbereiche zu $ep \in PM$ gleich; folglich ist der Unterscheidungsbereich von PM echt kleiner als jede der an der Schnittbildung beteiligten Mengen und daher nicht maximal.

(q.e.d)

Mit diesen Definitionen kann die Vorgehensweise bei der Bestimmung der Bedingungen der sequentiellen Relativtransparenz erläutert werden. Die Idee dabei ist, mehrere Unterscheidungsbereiche von EP-Belegungen so zu kombinieren, daß sie alle Testantworten überdecken, die an den Pfadausgängen vom Sollwert s unterscheidbar sind. Anschließend folgt dann die Umsetzung in ein konkretes Verfahren, bei dem aus Effizienzgründen manche Punkte anders gelöst werden.

Die Aufgabe besteht darin, zunächst eine geeignete Menge komplementärer Misch- bzw. Unterscheidungsbereiche zu Teilmengen von EP-Belegungsmengen zu bestimmen. Unter den Unterscheidungsbereichen ist dann durch Lösung des entsprechenden Überdeckungsproblems eine möglichst kleine Teilmenge auszuwählen, die den ganzen s-Unterscheidungsbereich vollständig überdeckt.

Die zwei folgenden Schritte beschreiben ausgehend von einzelnen EP-Belegungen die Bestimmung maximaler Unterscheidungsbereiche. Es werden <u>maximale</u> Unterscheidungsbereiche bestimmt, um zu ermöglichen, bei der Lösung der Beobachtungsaufgabe mit einer minimalen Anzahl von Unterscheidungsbereichen und daher einer minimalen Anzahl von Beobachtungsschritten auszukommen.

1. Zusammenfassung aller Belegungen ep, die den gleichen Mischbereich haben, zu jeweils einer EP-Belegungsmenge PM_i mit einheitlichem Mischbereich.

   Die in einer solchen Belegungsmenge vereinigten ep haben auch alle den gleichen Unterscheidungsbereich. Diese Mengen werden gebildet, um für einen Unterscheidungsbereich all diejenigen Werte von EP zu ermitteln, die zur Beobachtung das gleiche beitragen können. Die so gebildete Menge ist auch maximal in dem Sinn, daß nach Lemma 4.5 die Hinzunahme eines ep mit abweichendem Mischbereich und damit auch abweichendem Unterscheidungsbereich den Unterscheidungsbereich der ep-Menge verkleinert.

Bild 4.16 zeigt die nach Schritt 1 erreichte Situation. Jede der im Schritt 1 gebildeten Mengen PM_i kann durch ihre charakteristische Funktion $fPM_i(EP)$ beschrieben werden. Wird eine Funktion fPM_i in DF dargestellt, dann haben alle Implikanten $IP_{i,j}$ den gleichen, einheitlichen Mischbereich $MB_{s,i}$. Aus der Bildungsvorschrift ergibt sich, daß die PM_i und damit die fPM_i disjunkt sind.

EP-Menge   char. FKtn.   Mischbereich / Unterscheidungsbereich

PM_1 $\triangleq$ $fPM_1(EP)$ ←----------→ (MB$_{s,1}$ /   UB$_{s,1}$)
  .   .   .   .   .
  .   .   .   .   .
  .   .   .   .   .
PM_v $\triangleq$ $fPM_v(EP)$ ←----------→ (MB$_{s,v}$ /   UB$_{s,1}$)

<u>Bild 4.16:</u> Situation nach Schritt 1

2. Streichung aller PM_i, deren Mischbereich $MB_{s,i}$ eine echte Obermenge eines anderen
   Mischbereichs $MB_{s,i'}$ ist.

   Die gestrichenen PM_i haben einen Unterscheidungsbereich, der eine echte Teilmenge des Unterscheidungsbereichs einer anderen Belegungsmenge PM_i ist. Daher
   ist das Überdeckungsproblem auch ohne diese überdeckende Menge (kurz: Deckgröße) lösbar. Mit dieser Verringerung der Anzahl der Deckgrößen vereinfacht
   sich einerseits die Lösung des Überdeckungsproblems. Andererseits werden
   gleichzeitig auch ep-Belegungen ausgeschieden, so daß nicht alle Lösungen des
   Überdeckungsproblems gefunden werden können.

Danach kann das eigentliche Überdeckungsproblem gelöst werden:

3. Bestimmung einer Auswahl der nach Schritt 2 verbleibenden Unterscheidungsbereiche
   $UB_{s,i}$, so daß ihre Vereinigung den ganzen s-Unterscheidungsbereich überdeckt,
   als Lösung eines Überdeckungsproblems mit
   - Unterscheidungsbereichen zu EP-Belegungsmengen als Deckgrößen und
   - dem ganzen s-Unterscheidungsbereich zu s als zu überdeckende Größe.

   Im allgemeinen sind diese Deckgrößen nicht durch Implikanten darstellbar,
   sondern durch char. Funktionen, die mehrere Implikanten umfassen. Trotzdem
   kann nach Definition einer geeigneten Überdeckungsrelation auch dieses verallgemeinerte Überdeckungsproblem nach bekannten Verfahren gelöst werden.

Als mittelbares Ergebnis erhält man eine Menge von Funktionen fPM_i, die jeweils für
eine der Beobachtungen die Menge der zulässigen Belegungen für ep definieren. Im
Bild 4.17 sind für ein kleines Beispiel die drei Schritte zusammen dargestellt. Im
ersten Schritt werden die 5 Belegungen ep_1, .., ep_5 zu drei Belegungsmengen mit
jeweils einheitlichem Mischbereich zusammengefasst. Im zweiten Schritt kann die
Belegungsmenge PM_3 gestrichen werden, da deren Mischbereich einen anderen, kleineren
Mischbereich enthält. Im dritten Schritt wird schließlich aus den Komplementen der
beiden verbleibenden Mischbereiche, d.h. aus den Unterscheidungsbereichen $UB_{s,PM}$
und $UB_{s,PM2}$, die gesuchte Überdeckung der Menge aller ET-Belegungen gebildet. In
diesem Beispiel ist der s-Mischbereich leer; daher wird durch die zwei der Überdeckung entsprechenden Beobachtungen die Beobachtungsaufgabe der Fehlererkennung
vollständig gelöst.

1. Schritt: Bildung der EP-Belegungsmengen mit einheitlichem Mischbereich:

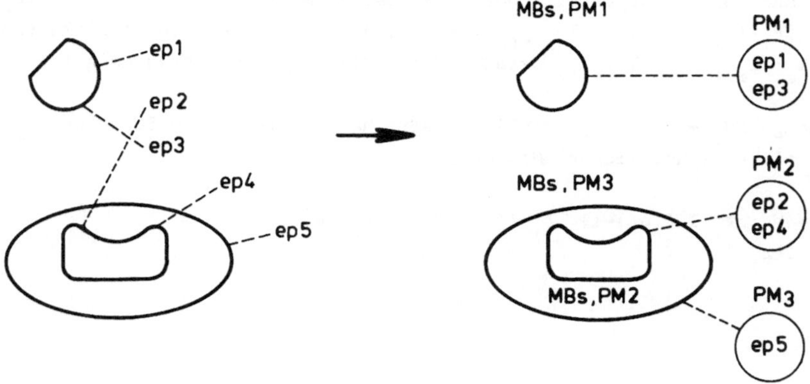

2. Schritt: PM$_3$ wird gestrichen, da MB$_{s,PM2}$ $\subset$ MB$_{s,PM3}$

3. Schritt: Die Unterscheidungsbereiche UB$_{s,PM1}$ und UB$_{s,PM2}$ bilden
die gesuchte Überdeckung ($\hat{=}$ zwei Beobachtungen):

<u>Bild 4.17:</u> Vorgehensweise bei der Bestimmung der Bedingungen
der sequentiellen Relativtransparenz

Die bisherige Beschreibung der Verfahrensschritte diente der Erklärung der Vorgehensweise. Für die praktische Anwendung des Verfahrens werden die ersten beiden
Schritte anders gestaltet, da aus der zuvor versuchsweise durchgeführten Bestimmung
der Relativtransparenzbedingung Zwischenergebnisse bekannt sind, die die aufwendige
Betrachtung einzelner EP-Belegungen überflüssig machen.

Es folgt mit den Sätzen 4.13 und 4.14 die Beschreibung eines Verfahrens, das im
Ergebnis den Schritten 1 und 2 entspricht. Es bildet die EP-Mengen mit einheitlichem
Mischbereich jedoch nicht ausgehend von einzelnen ep-Werten, sondern durch Partitionierung von EP-Mengen mit zunächst uneinheitlichen Mischbereich, die aus der Berechnung der Relativtransparenzbedingung bekannt sind.

<u>Satz 4.14</u>

Sei $[B_{EP,s}]_{DF}$ das aus der Berechnung der Relativtransparenz (Satz 4.12) bekannte
Zwischenergebnis mit einer Darstellung in DF als Disjunktion von Implikanten I$_j$,
j=1,..,v: $[B_{EP,s}]_{DF}$=I$_1$ $\vee$ ... $\vee$ I$_v$ und bezeichne IT$_j$ den Teil eines Implikanten
I$_j$, der nur aus ET-Literalen ET$_i$, $\neg$ET$_i$ besteht, IP$_j$ den Teil eines Implikanten
I$_j$, der nur aus EP-Literalen EP$_i$, $\neg$EP$_i$ besteht, so daß I$_j$=IT$_j$ $\wedge$ IP$_j$. (Zur Verein-
heitlichung der Schreibweise wird bei I$_j$=IP$_j$ IT$_j$=1 und bei I$_j$=IT$_j$ IP$_j$=1 gesetzt.)
Damit kann B$_{EP,s}$ dargestellt werden in der Form IT$_1$ $\wedge$ fP$_1$ $\vee$ ... $\vee$ IT$_v$ $\wedge$ fP$_v$,
wobei fP$_j$=IP$_{j,1}$ $\vee$ ... $\vee$ IP$_{j,k(j)}$ jeweils die P-Anteile aller Implikanten
mit IT$_j$=IT$_{j,1}$=...=IT$_{j,k(j)}$ umfaßt. Unter diesen Voraussetzungen gilt:

Die Menge PM$_j$:=$\{$ep : fP$_j$(ep)=1$\}$ mit der charakteristischen Funktion fP$_j$ hat den
(i.a. nicht einheitlichen) Mischbereich

$$MB_{s,j} = \bigcup_{\delta \in \Delta_j} \{et: IT\delta(et)=1\}, \quad \Delta_j = \{\delta : fP\delta \wedge fP_j \neq 0\}$$

mit der charakteristischen Funktion $cMB_{s,j}(et) = \bigvee\limits_{\delta \in \Delta_j} IT_j(et)$

Insbesondere ist für alle Teilmengen von PM_j durch

$$\forall\ ep \in PM_j:\ \{et\ :\ IT_j(et)=1\} \subseteq MB_{s,ep}$$

eine <u>Mindestmenge für einen einheitlichen Mischbereich</u> gegeben.

<u>Beweis:</u>

Der Satz folgt aus der Definition des Mischbereichs und der Darstellung für $B_{EP,s}$.

Der Satz 4.14 besagt, daß der Mischbereich einer Belegung ep bestimmt ist durch die T-Anteile IT_j aller Implikanten von $B_{EP,s}$, deren P-Anteil IP_j von ep erfüllt wird. Damit haben alle Belegungen ep aus einer der Mengen PM_j, die die gleiche Auswahl von P-Anteilen erfüllen, auch den gleichen, einheitlichen Mischbereich.

<u>Satz 4.15</u>

Seien M_1, .., M_v die in Satz 4.14 definierten EP-Belegungsmengen und $MT_j := \{et: IT_j(et)=1\}$, $j=1..v$, die Mindestmengen ihrer einheitlichen Mischbereiche. Durch das Partitionierungsverfahren

$$j=0:\ PA_0 := \{B^{n-p}\}\quad \text{(alle EP-Belegungen)},$$

$$j \geq 1:\ PA_1 :=\ \{(M - PM_j):\ M \in PA_{j-1}\ \text{und}\ (M - PM_j) \neq \emptyset\}$$
$$\cup\ \{(M \cap PM_j):\ M \in PA_{j-1}\ \text{und}\ (M \cap PM_j) \neq \emptyset\}$$

wobei für die Mengen in PA_1 gilt:

      $M - PM_j$ hat die gleiche Mindestmenge für einen einheitlichen
           Mischbereich wie M und

      $M \cap PM_j$ hat die Mindestmenge von M erweitert um $\{et:\ IT_j(et)=1\}$
           als Mindestmenge für einen einheitlichen Mischbereich,

wird mit PA_v die Menge aller EP-Belegungsmengen mit einheitlichem Mischbereich erzeugt. Der Mischbereich einer Menge $M \in PA_v$ ist gerade die ihr durch das Verfahren zugeordnete Mindestmenge für einen einheitlichen Mischbereich.

Bild 4.18 zeigt für ein Beipiel die ersten zwei Schritte des in Satz 4.15 beschriebenen Partitionierungsverfahrens zur Bestimmung der EP-Belegungsmengen mit einheitlichem Mischbereich. Im Bild sind nur die Mengen der EP-Belegungen, nicht aber die ihnen zugeordneten Mischbereiche eingezeichnet.

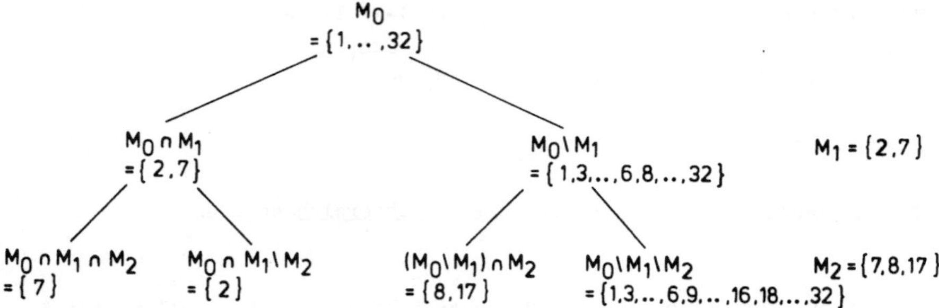

<u>Bild 4.18:</u> Baumförmige Bestimmung der EP-Belegungsmengen mit einheitlichem
Mischbereich gemäß Satz 4.15 (Beispiel)

<u>Beweis:</u>
Nach Satz 4.14 bilden jeweils die Belegungen von EP eine Menge mit einheitlichem
Mischbereich, die der gleichen Kombination von Mengen PM_j angehören. Bei v Mengen
gibt es maximal 2^v Kombinationen, da für jede Menge PM_j, $j=1..v$, festzulegen ist,
ob die betrachteten ep alle innerhalb oder alle außerhalb von PM_j liegen. Durch
vollständige Induktion (nicht ausgeführt) läßt sich zeigen, daß durch das angegebene
Verfahren alle den 2^v maximal möglichen Kombinationen entsprechenden nichtleeren
EP-Mengen erzeugt werden, die nach Konstruktion einen einheitlichen Mischbereich
haben.
Die Aussagen über den Umfang dieser Menge folgen direkt aus Satz 4.14 und der Def.
4.16.   (q.e.d)

Da die Mindestmenge für den Mischbereich von $M\alpha \in PA_j$ mit jeder Schnittbildung M
$\cap PM_k$, $k > j$, zunimmt und ep-Mengen, deren einheitlicher Mischbereich den einer
anderen ep-Menge umfaßt, nicht berücksichtigt werden (vgl. Schritt 2), soll für
jede Menge M der durch Mengendifferenz gebildete Teil zuerst weiterverfolgt werden.
Der dem Verfahren entsprechende Baum ist daher zunächst den Mengendifferenz-Ästen
folgend in die Tiefe zu entwickeln.
Werden die Mengen $M \in PA_v$ in dieser Reihenfolge bestimmt, dann hat nie eine später
bestimmte Menge einen kleineren Mischbereich, als eine vor ihr bestimmte Menge M'.
Es ist ausreichend, für jede neu bestimmte Menge zu prüfen, ob ihr Mischbereich den
Mischbereich einer zuvor bestimmten Menge enthält. Ist dies der Fall, dann wird die
neu bestimmte Menge gemäß Schritt 2 nicht als Deckgröße verwendet. Die umgekehrte
Inklusionsprüfung ist überflüssig; einmal als geeignete Deckgrößen erkannte Mengen
werden durch später bestimmte Mengen nicht ausgeschieden.
Allerdings hat dieses Verfahren den Nachteil, daß man den Baum in allen Ästen soweit
entwickeln muß, bis entweder ein Blattknoten erreicht oder die zugehörige Teilmenge
leer ist. Daher wurde schließlich für die Implementierung ein zwar komplizierteres,
aber weniger aufwendiges Verfahren entwickelt, auf dessen Darstellung hier jedoch
verzichtet wird.

Aus der in den obigen Schritten 1 bis 3 entwickelten Vorgehensweise und aufgrund
der sich aus den Sätzen 4.13 und 4.14 ergebenden Modifikationen ergibt sich insgesamt folgendes Verfahren zur Bestimmung der Bedingung der sequentiellen Relativtransparenz:

1. Versuchsweise Bestimmung der Relativtransparenzbedingung mit Berechnung von $[B_{EP,s}]_{DF}$

Ist RTB(EP) $=$ 0, dann:

2. Aus $[B_{EP}]_{DF}$ werden, wie in Satz 4.14 beschrieben, die ep-Mengen PM_j mit den ihnen zugeordneten Mindestmengen für ihre einheitlichen Mischbereiche berechnet.

3. Wie in Satz 4.15 angegeben, werden die Mengen PM_j in disjunkte Teilmengen $M\alpha$ $\in PA_v$ mit einheitlichen Mischbereichen MBs,α aufgeteilt. Mengen $M\alpha$, deren Mischbereich den einer anderen Menge $M\alpha'$ enthält, werden dabei, wie oben beschrieben, gemäß Schritt 2 gestrichen.

4. Mengen $M\alpha$, zu denen der Mischbereich MBs,α = B^P gehört, werden gestrichen, da für alle ep aus solchen $M\alpha$ der Unterscheidungsbereich $UB_{s,ep}$ leer ist.

5. Der ganze s-Mischbereich, dessen Elemente mit keiner Belegung ep von s unterscheidbar sind, wird als Schnitt aller einheitlichen Mischbereiche der Mengen $M\alpha \in PA_v$ berechnet:

$$MB_s = \bigcap_{\alpha} MBs,\alpha$$

(Der s-Mischbereich kann auch ohne Kenntnis der MBs,α direkt aus dem in Definition 4.26 angegebenen Prädikat durch Lemma 4.3b) berechnet werden.)

6. Es wird festgestellt, ob mit der Randbedingung R(et), definiert durch

$$R(et) = \begin{cases} 1, \text{ falls et} \notin MB_s, \\ 0 \text{ sonst.} \end{cases}$$

der Pfad eingeschränkt relativtransparent ist (vgl. Def. 4.23).

Falls nicht:

7. Mit den Unterscheidungsbereichen UBs,α = B^P - MBs,α als Deckgrößen und dem s-Unterscheidungsbereich

$$UB_s = \{et \in B^P \mid \exists\ ep: FP_{ep}(et)=FP_{ep}(s) \Rightarrow et=s\}$$
$$= \{et \in B^P : (\exists EP: \neg B_{EP,s})(et)=1\},$$

als zu überdeckende Größe wird durch Lösung des damit definierten Überdeckungsproblems eine Auswahl der $M\alpha$ bestimmt, deren char. Funktion $fM\alpha$ jeweils für eine Beobachtung eine Bedingung der sequentiellen Relativtransparenz darstellen.

Im letzten Schritt kann das Überdeckungsproblem exakt (z.B. nach [Petr56]) oder näherungsweise gelöst werden. Aus Aufwandsgründen wird hier vorgeschlagen, ein Näherungsverfahren wie das von Michalski [Mich71] zu verwenden. Dieses Verfahren liefert eine Lösung, bei der die Anzahl der Deckgrößen der Überdeckung nicht unbedingt minimal ist, sondern nur relativ klein. Erfahrungen von [Lutz85] mit dem Verfahren von Michalski zeigen, daß die Näherungslösung oft nahe bei der optimalen Lösung liegt.

Mit diesem Verfahren wird das Beobachtungsproblem der Fehlererkennung in mehreren Beobachtungsschritten vollständig gelöst, soweit dies ohne Änderung der Modulfunktion (siehe Kap. 5) überhaupt möglich ist. Das Verfahren bestimmt bei exakter Lösung des Überdeckungsproblems eine Lösung mit der minimalen Zahl von Beobachtungsschritten.

Es wurde bei der Entwicklung der Verfahren darauf geachtet, den mittleren Rechenaufwand niedrig zu halten. Dabei wird ausgenutzt, daß die Modulfunktionen in einer kompakten Darstellung in DF gegeben sind. Für die Implementierung werden über die dargestellten Verfahren hinaus auch bei der exakten Verfahrensvariante Heuristiken verwendet, um besondere Eigenschaften der beteiligten Schaltfunktionen zur Aufwandsreduzierung auszunutzen. Für eine Reihe von Beispielen sind im Kapitel 7 die damit erzielten Rechenzeiten angegeben.

Mit der Relativtransparenz und der sequentiellen Relativtransparenz stehen zwei Mittel zur Verfügung, für Module Beobachtungspfade zu bestimmen, die das Beobachtungsproblem in möglichst wenigen Schritten vollständig lösen.

4.4 Modulare Beobachtungspfade

In den vorhergehenden Abschnitten wurde das Problem, Modultestergebnisse aus dem Inneren der Gesamtschaltung an ihre Primärausgänge zu transferieren, für _einzelne_ Module M_p des Beobachtungspfads gelöst. Hier soll untersucht werden, wie der Beobachtungspfad aus den transparenten und relativtransparenten Pfaden mehrerer Pfadmodule M_p und ihren Verbindungen zusammengesetzt werden kann. Zum Aufbau des Beobachtungspfads gehört auch die Prüfung der Belegungen der pfadeinstellenden Eingänge auf Konsistenz und Erfüllbarkeit, was als Teil der modularen Testerzeugung in Kapitel 6 behandelt wird.

Wie in 4.2.1 und zu Beginn von 4.3 gezeigt wurde, enthalten sowohl die transparenten als auch die relativtransparenten Pfade den klassischen sensibilisierten Pfad als Spezialfall (p=q=1). Daher übertragen sich die Regeln, die bei der Errichtung eines sensibilisierten Pfads zu beachten sind (vgl. D-Algorithmus) auf die hier betrachteten Beobachtungspfade. Außerdem ergeben sich aus dem Testkonzept für die mehrere Bit breiten Beobachtungspfade einige Besonderheiten. Da das abstrahierende Modulfehlermodell die einzelnen Fehler nur implizit als Abweichung von einem Sollwert s (der Testantwort im fehlerfreien Fall) beschreibt, ist unbekannt, an welchen Anschlüssen eines transparenten bzw. relativtransparenten Pfads sich ein Fehler durch Änderung der Wertebelegung bemerkbar macht. Daher sind für einen vollständigen Beobachtungspfad jeweils alle Pfadausgänge eines Moduls mit Primärausgängen der Gesamtschaltung oder mit Pfadeingängen von folgenden Modulen zu verbinden.

Beobachtungspfade bestehen aus transparenten bzw. relativtransparenten Pfaden durch Module und aus den Teilen der zwischen den Modulen vorhandenen Leitungen (Verbindungen), die die Pfade verbinden. Module, die mit einem Pfad am Beobachtungspfad beteiligt sind, werden hier als _Pfadmodule_ bezeichnet oder auch als Bestandteil des Pfads angesprochen.

Zunächst wird angegeben, wie der Beobachtungspfad in Abhängigkeit von den zwischen den Modulen vorhandenen Verbindungsstrukturen in Richtung der Primärausgänge fortzusetzen ist. Der zweite Teil des Abschnitts diskutiert eine Reihe von Entscheidungen, die beim Aufbau eines Beobachtungspfads über mehrere Module zu treffen sind.

4.4.1 Fortsetzung des Beobachtungspfads in Abhängigkeit vom Verbindungstyp

Ein Modul des Beobachtungspfads kann auf zahlreiche Arten mit dem oder den nachfolgenden Modulen verbunden sein, was Konsequenzen für die Fortsetzung des Beobachtungspfads hat. Statt alle möglichen Verbindungen einzeln zu behandeln, werden hier vier Verbindungstypen eingeführt, aus denen sich alle Verbindungen zusammensetzen lassen. Entsprechend lassen sich die Aussagen über die vier Verbindungstypen verallgemeinern.

Von den zwischen den Modulen liegenden Verbindungsstrukturen werden nur die Teile betrachtet, die zum Beobachtungspfad gehören können; also entweder Verbindungen, die an ein zu testendes Modul angeschlossen sind oder Verbindungen, die an die Ausgänge eines transparenten bzw. relativtransparenten Pfads eines Pfadmoduls angeschlossen sind. Ein Vorgängermodul im Beobachtungspfad wird mit **V-Modul**, sein (relativ-)transparenter Pfad als **V-Pfad** bezeichnet; analog **N-Modul** für ein Nachfolgermodul und **N-Pfad** für seinen Pfad. Beide Formen der partiellen Injektivität werden hier gemeinsam behandelt; bei der Relativtransparenz ist zum Aufbau des Beobachtungspfads zusätzlich der Sollwert der Testantwort für den fehlerfreien Fall zu berücksichtigen.

a) direkte Kopplung zwischen V-Pfad und N-Pfad

Dieser Verbindungstyp ist dadurch gekennzeichnet, daß jeder Ausgang des V-Pfads mit genau einem Eingang des N-Pfades verbunden ist (siehe Bild 4.19). Dabei ist die Reihenfolge der Anschlüsse unerheblich.

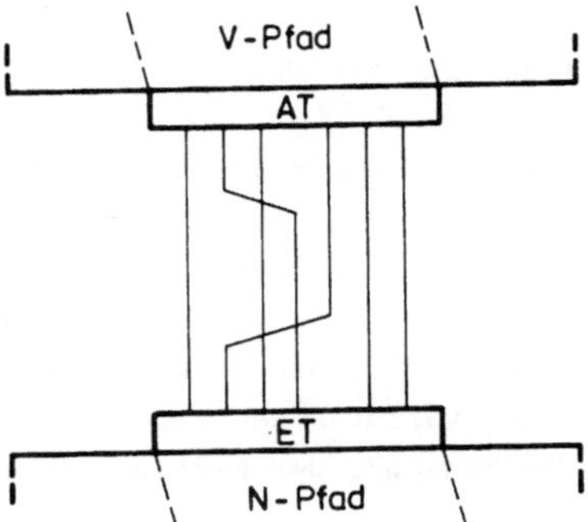

<u>Bild 4.19</u>: Beispiel einer direkte Kopplung zwischen V-Pfad und N-Pfad

Der Sollwert s für den N-Pfad kann (ggf. nach entsprechender Permutation) von den Ausgängen des V-Pfads übernommen werden.

b) Aufteilung eines V-Pfads in mehrere N-Pfade

Die Ausgänge des V-Pfads werden bei diesem Verbindungstyp in mehrere Teilmengen aufgeteilt; alle Ausgänge einer Teilmenge sind jeweils mit den Eingängen eines N-Pfads verbunden (siehe Bild 4.20). Die Anzahl der N-Pfad-Eingänge ist insgesamt gleich der Anzahl der V-Pfad-Ausgänge.

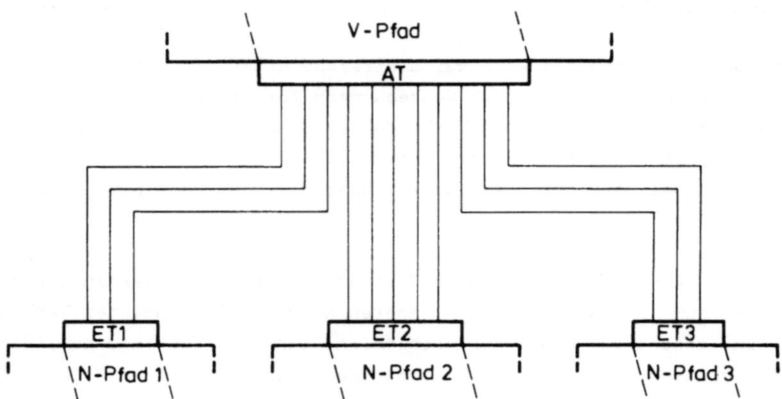

Bild 4.20: Beispiel für die Aufteilung eines V-Pfads in mehrere N-Pfade

Dieser Verbindungstyp kommt bei Schaltungen, deren Elemente nur einen Ausgang haben, nicht vor. Entsprechend dem abstrahierenden Modulfehlermodell ist es für den Aufbau eines vollständigen Beobachtungspfads notwendig, daß alle N-Pfade bis zu den Primärausgängen fortgesetzt werden. Diese Aufgabe entfällt nur dann, wenn der V-Pfad breiter als notwendig war und daher die Eingänge eines N-Pfads von der Testantwort unabhängig sind; dieser N-Pfad ist dann nicht weiter zu betrachten.

c) Verzweigung eines V-Pfads in mehrere N-Pfade

Jeder Ausgang eines V-Pfades wird durch diesen Verbindungstyp mit je einem Eingang aller N-Pfade verbunden (siehe Bild 4.21). Die Zahl der V-Pfad-Ausgänge und die Zahl der Eingänge jedes N-Pfads sind gleich.

Für die **Vollständigkeit** des Beobachtungspfads ist es ähnlich wie beim D-Algorithmus notwendig, nicht nur für je einen Zweig (N-Pfad) zu untersuchen, ob er sich bis zu den Primärausgängen fortsetzen läßt, sondern, falls dies für einen einzelnen Zweig nicht gelingt, auch für alle Kombinationen von Zweigen. Dies gilt nur für den Fall, daß Zweige so rekonvergieren (vgl. d)), daß dabei die Transparenz bzw. Relativtransparenz des Beobachtungspfads verloren geht. Der Sollwert vom Ausgang des V-Pfads wird (ggf. permutiert) für die Eingänge der N-Pfade als Sollwert übernommen.

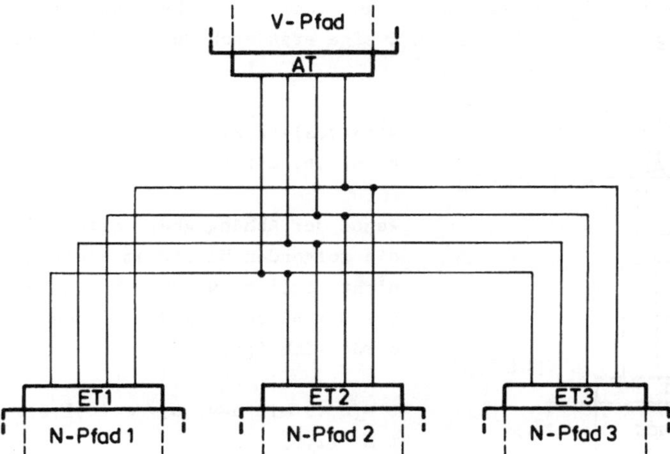

Bild 4.21: Beispiel für die Verzweigung eines V-Pfads in mehrere N-Pfade

d) Vereinigung von mehreren V-Pfaden zu einem N-Pfad

Bei diesem Verbindungstyp wird jeder Ausgang der V-Pfade mit genau einem Eingang des N-Pfads verbunden (siehe Bild 4.22). Die Zahl der N-Pfad-Eingänge ist gleich der Summe der Zahlen der V-Pfad-Ausgänge.

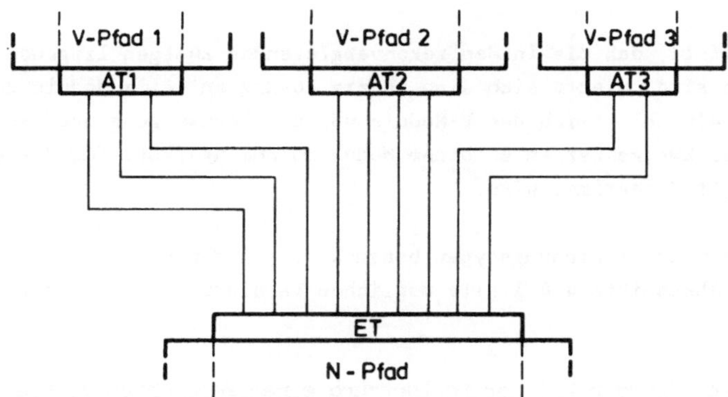

Bild 4.22: Beispiel für die Vereinigung mehrerer V-Pfade zu einem N-Pfad

Der Sollwert des N-Pfads ensteht duch Konkatenation der (ggf. permutierten) Sollwerte der Ausgänge der V-Pfade.

Entsprechend der Voraussetzung, daß nur jeweils ein Modul fehlerhaft ist, hängen alle V-Pfade von dem gleichen fehlerhaften Modul ab. Je nachdem, ob zwei V-Pfade durch Aufteilung bzw. durch Verzweigung aus den Ausgängen des fehlerhaften Moduls entstanden sind, sind ihre Belegungen unabhängig bzw. abhängig voneinander. Dies überträgt sich auf die entsprechenden Teile des N-Pfads, kann jedoch wegen der impliziten Fehlermodellierung nicht zur Vereinfachung der Beobachtungsaufgabe im N-Modul genutzt werden (etwa durch Angabe einer Randbedingung für Relativtranpa-

renz). Bild 4.23 zeigt diesen Effekt an einem einfachen Beispiel; im allgemeinen
Fall rekonvergieren die abhängigen Zweige erst nach Durchlaufen mehrerer Module.

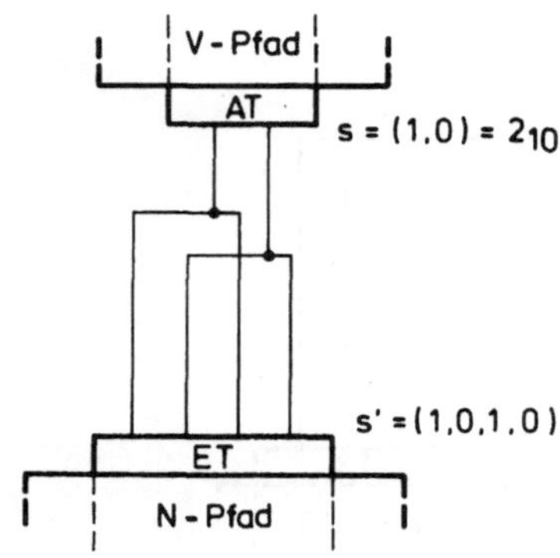

$s' := (s,s) = (2,2)$
$t' := (t,t)$ mit $t \in \{0,1,3\}$

Wegen der Abhängigkeit beider Zweige sind
die folgenden Muster am Eingang des N-Pfads
nicht möglich, werden aber unnötigerweise
bei der Berechnung der Pfadbedingung
berücksichtigt:

$t' = (u,v)$ mit $u \neq v$, $u,v \in \{0,1,2,3\}$,
z.B. (2,3).

Bild 4.23: Beispiel für den Informationsverlust bei Vereinigung (Rekonvergenz)
abhängiger Pfade

Durch die Vereinigung mehrerer Pfade kann es daher unabhängig davon, ob V-Pfade
unabhängig voneinander sind oder nicht, durch die übergroße Breite des notwendigen
N-Pfads geschehen, daß er nicht weiter transparent bzw. relativtransparent fortsetzbar ist. Daher sollte dieser Verbindungstyp nur dann verwendet werden, wenn eine
andere Fortsetzung des Beobachtungspfads nicht mehr möglich ist.

Für den Sonderfall, daß die in den rekonvergierenden Zweigen liegenden Module nicht
zu umfangreich sind, bietet sich eine andere Lösung an. Alle Module der rekonvergierenden Zweige einschließlich des V-Moduls vor der Verzweigung und des N-Moduls nach
Vereinigung der Zweige werden zu einem Modul zusammengefaßt, für das ein (relativ-)
transparenter Pfad bestimmt wird.

Damit sind die vier Verbindungstypen behandelt, aus denen sich nach den Bemerkungen
zu Beginn des Abschnitts 4.4.1 alle möglichen Verbindungen zusammensetzen lassen.

4.4.2 Wahlentscheidungen bei der Fortsetzung eines Beobachtungspfads

Bei Aufbau eines Beobachtungspfads hat man sowohl in den Pfadmodulen als auch bei
ihren Verbindungen gewisse Wahlentscheidungen zu treffen, die hier zusammengestellt
sind. Diese Entscheidungen bedingen sich z.T. gegenseitig. Im Vorgriff auf das in
Kapitel 6 beschriebene Verfahren zur modularen Testerzeugung wird im folgenden
angenommen, daß mit jeder Belegung von pfadeinstellenden Eingängen eines Moduls
auch alle dadurch implizierten Belegungen anderer Moduleingänge vorgenommen werden,
damit zumindest die für den Beobachtungspfad notwendigen Belegungen untereinander
konsistent bleiben. Die diskutierten Wahlentscheidungen sind unter dieser Randbedingung zu betrachten.
Alles weitere zum Einstellen von Belegungen innerhalb der Gesamtschaltung, insbesondere auch die Ablaufsteuerung dafür, wird im sechsten Kapitel behandelt.

a) Transparenter oder relativtransparenter Pfad

Diese Entscheidung hängt primär von der gestellten Aufgabe ab. Soll zu Zwecken der Fehlerlokalisierung von den Testantworten an den Primärausgängen auf die Testantworten an den Ausgängen des fehlerhaften Moduls zurückgeschlossen werden, so sind transparente Pfade notwendig. Relativtransparente Pfade erlauben lediglich den Rückschluß auf die Testantwort im fehlerfreien Fall; sie eignen sich zur Fehlererkennung. Für die Fehlererkennung ist es auch zulässig, transparente und relativtransparente Pfade gemischt zum Aufbau eines Beobachtungspfads zu verwenden. In diesem Fall muß der Sollwert der Testantwort auch für die transparenten Pfade berechnet werden.

Kann in einem Modul ein transparenter Pfad eingestellt werden, so ist ihm der Vorzug zu geben, da er unabhängig vom Sollwert der Testantwort ist und nur einmal für alle Verwendungen des Pfads berechnet werden muß. Zu solchen Modulen gehören auch die anfangs von der Transparenzuntersuchung ausgenommenen Module, wie z.B. Multiplizierer, die einen Operanden bei konstanter Belegung des anderen Operanden injektiv auf die Ausgänge abbilden. Deren transparente Pfade sind schon in der Modulbeschreibung entsprechend zu kennzeichnen. Ist die Bestimmung eines transparenten Pfads nicht möglich, dann kann man für die Fehlererkennung relativtransparente Pfade mit einer oder mehreren Beobachtungen verwenden. Sie stellen geringere Anforderungen an die Modulfunktion, sind aber abhängig vom Sollwert der zu beobachtenden Testantwort. Daher sind sie zu jedem einzelnen Modultestmuster bzw. der zugehörigen Testantwort im fehlerfreien Fall neu zu berechnen. Sie eignen sich jeweils zur Beobachtung aller mit dem Modultestmuster erkennbaren Fehler.

Hat ein Pfad eine leere oder aufgrund der Modulumgebung nicht erfüllbare (Relativ-) Transparenzbedingung, muß zur Verbesserung der partiellen Injektivität die Modulfunktion und damit das Modul selbst geändert werden (vgl. Kap. 5).

b) Festlegung der Pfadausgänge eines Moduls

Durch die Vorgänger (V-Module) im Beobachtungspfad und die zwischen den Modulen verwendeten Verbindungen sind im N-Modul die Eingänge eines zu bestimmenden (relativ-)transparenten Pfads festgelegt. Gibt es mehr Modulausgänge als für den Pfad benötigt, dann sollte man die Pfadausgänge geeignet auswählen. Bei der Transparenz ist dies der Fall, wenn das N-Modul mehr Ausgänge hat, als der Beobachtungspfad Moduleingänge belegt. Um einen relativtransparenten Pfad einzurichten, können sogar weniger Ausgänge als Eingänge reichen; im Prinzip benötigt man mindestens einen Ausgang, erfahrungsgemäß jedoch mehr (vgl. Kap. 7). Die Auswahl der Ausgänge kann nach mehreren Optimierungskriterien erfolgen, z.B.:

- geringe Anzahl von Pfadausgängen,
- Bedingung für die (Relativ-) Transparenz hat hohen Erfüllungsgrad,
- Rechenaufwand für die Auswahl der Ausgänge gering.

Die Anzahl der Pfadausgänge bestimmt die Mindestbreite für die weitere Fortsetzung des Beobachtungspfads. Eine erfolgreiche Fortsetzung bis zu den Primärausgängen ist um so wahrscheinlicher, je schmäler der Beobachtungspfad ist. Der hohe Erfüllungsgrad der (Relativ-) Transparenzbedingung soll das Einstellen einer erfüllenden (Teil-) Belegung begünstigen. Die Rechenzeit ist insofern ein Kriterium, als daß dafür wohl immer Obergrenzen einzuhalten sind.

Gibt es sehr viele Lösungsmöglichkeiten dieses Auswahl-Problems (2^k bei k "überzähligen" Modulausgängen), ist eine heuristische Lösung vorzuziehen, da eine exakte Lösung die Bewertung aller Lösungsmöglichkeiten verlangt.

c) Auswahl einer pfadeinstellenden Belegung

Eine Pfadbedingung (Transparenzbedingung oder Relativtransparenzbedingung) ist in der Regel von mehreren Belegungen der pfadeinstellenden Eingangsvariablen erfüllbar; es können auch schon unvollständige Belegungen, die einige Eingangsvariablen frei lassen, ausreichen. Diese Belegungen können einerseits anhand der Umgebung des Moduls bewertet werden (siehe Kap. 6), andererseits anhand von Kriterien, die sich auf das Modul selbst beziehen. Zu den letzteren gehört das Verhalten der Modulausgänge. Die nicht zu den Pfadausgängen gehörenden Modulausgänge sollten nach Einstellen des Pfads nicht mehr von den Testantworten abhängig sein. (Diejenigen, die von der Testantwort abhängig sind, sind zwar nicht zu beobachten, dürfen im Beobachtungspfad aber nur an freien pfadeinstellenden Eingängen angeschlossen sein.)
Soll die Relativtransparenz genutzt werden, so ist bei Verwendung teilweiser Belegungen darauf zu achten, daß die Belegung der Pfadausgänge im fehlerfreien Fall eindeutig bestimmt ist und nicht von den Werten an den freien pfadeinstellenden Eingängen abhängt und daß diese Belegung die Fortsetzung des Beobachtungspfads in nachfolgenden Modulen erlaubt.
Zu den modulexternen Kriterien, die in Kap. 6 behandelt werden, gehört primär die Erfüllbarkeit der Pfadbedingung.

d) Auswahl von Zweigen nach einer verzweigenden Verbindung

Verzweigt sich ein Beobachtungspfad aufgrund der in der Gesamtschaltung vorhandenen Verbindungen zwischen den Modulen in mehrere Zweige (Verbindungstyp c)), sind für die Vollständigkeit der Beobachtung alle Kombinationen von Zweigen Kandidaten für die Fortsetzung des Beobachtungspfads. Aus Aufwandsgründen ist mit einzelnen Zweigen zu beginnen, die durch (relativ-)transparente Pfade und Verbindungen fortzusetzen sind. Die Einzelzweige und ihre Module können anhand mehrerer Kriterien bzgl. ihrer Eignung als Beobachtungspfad bewertet werden. Dazu gehören:

- beim ersten Modul eines Zweiges:
    * Anzahl der durch andere Pfade belegten Moduleingänge,
    * Anteil der Pfadeingänge an den Moduleingängen,
    * Anzahl der Modulausgänge;

- innerhalb eines Zweiges:
    * Anzahl der Module bis zum Ausgang,
    * Anzahl der Module bis zur möglichen Rekonvergenz mit
      einem anderen Zweig,
    * Anzahl der Modul-Eingänge und -Ausgänge der Module des Zweigs.

Als Entscheidungshilfe bei den genannten Wahlentscheidungen eignen sich hauptsächlich lokal arbeitende Heuristiken, die entweder nur Daten eines Moduls oder auch aus der Umgebung eines Moduls berücksichtigen. Dazu gehört z.B. die Schätzung der Signalwahrscheinlichkeiten. Es sollte für die Weiterentwicklung des hier vorgestellten Testkonzepts geprüft werden, inwieweit sonst Heuristiken, die sich beim D-Algorithmus und seinen Nachfolgern bewährt haben, auf das hier entwickelte Testkonzept übertragbar sind. Bei relativ niedrigen Stückzahlen ist es sinnvoll, die Aufgabe der Testbestimmung durch verstärkte Anwendung der Maßnahmen aus Kap. 5 nicht nur zu ermöglichen, sondern darüber hinaus auch zu erleichtern. Dazu gehört etwa, daß man durch entsprechende Schaltungszusätze die Verwendung rekonvergierender Beobachtungspfade überflüssig macht.

Der Aufbau eines modularen Beobachtungspfads ist mit diesen Abschnitten nur in groben Zügen beschrieben. Es wurde verdeutlicht, daß mit dem Übergang auf einen mehrere Bit breiten Beobachtungspfad bei implizitem Fehlermodell eine Reihe von neuen Teilaufgaben zu lösen sind. Bei der größeren Leistungsfähigkeit dieses Beobachtungspfads im Vergleich zu einem konventionellen sensibilisierten Pfad (z.B. können durch die Berechnung eines Beobachtungspfads alle mit einem Modultestmuster an den Modulausgängen erkennbaren Fehler auch an den Primärausgängen erkannt werden) ist sogar zu erwarten, daß der Aufbau des modularen Beobachtungspfads aufwendiger ist als der eines sensibilisierten Pfads.

5 Entwurfsmaßnahmen zur Verbesserung der partiellen Injektivität

Transparenz und Relativtransparenz eines Pfads sind Eigenschaften, die weder vom Berechnungsverfahren noch von der Form der Schaltungsrealisierung abhängen, sondern allein von den Modulfunktionen, die den Pfadausgängen zugeordnet sind. Daher kann es unabhängig von der Realisierung der Schaltung vorkommen, daß die partielle Injektivität für Testzwecke ungenügend ist. Beispiele dafür sind eine Transparenzbedingung, die innerhalb der modularen Schaltung nicht erfüllbar ist, oder eine nichtleere s-Mischmenge bei der sequentiellen Relativtransparenz, wobei es ET-Belegungen gibt, die mit keiner Belegung der pfadeinstellenden Moduleingänge von dem Sollwert s der Testantwort unterscheidbar sind. Wird ein Pfad mit ungenügender Transparenz bzw. Relativtransparenz zum Aufbau eines Beobachtungspfads benötigt, dann ist es für die vollständige Testbestimmung notwendig, die partielle Injektivität zu verbessern. Da dies nur durch eine Änderung der Modulfunktionen geschehen kann, sind geeignete, die Modulfunktionen verändernde Schaltungsmodifikationen gesucht. Mit diesen Entwurfsmaßnahmen zur Verbesserung der partiellen Injektivität läßt sich ein auf das zugrundeliegende Testkonzept abgestimmter prüfgerechter Entwurf (vgl. Abschnitt 1.4) von Schaltungen verwirklichen. Im Unterschied zu vielen anderen Maßnahmen zur Verbesserung der Testbarkeit werden hier jedoch eine Partitionierung der Schaltung und spezielle Datenwege für Testmuster und -antworten vermieden; vielmehr wird hier das Ziel verfolgt, die vorhandenen Datenwege (ggf. mit Modifikationen) auch zum Transfer der Testdaten zu verwenden. So soll der schaltungstechnische Mehraufwand niedrig gehalten werden und auch eine Testdurchführung bei voller Betriebsgeschwindigkeit der Schaltung ermöglicht werden.

Es werden Verfahren und Schaltungsmodifikationen angegeben, die ein Modul mit ungenügender partieller Injektivität so verändern, daß ein gewünschter (relativ-) transparenter Pfad einstellbar wird, d.h. daß die (Relativ-) Transparenzbedingung unter den vorhandenen Randbedingungen für die pfadeinstellenden Eingänge erfüllt werden kann.

Kann die Änderung nicht auf den für die Modulfunktionen unspezifizierten Teil beschränkt werden, sind hier zwei Betriebsarten, Normalmodus und _Transparenzmodus_ des Moduls, zu unterscheiden. Dazu wird das Signal TRM eingeführt, wobei TRM=0 dem Normalmodus und TRM=1 dem Transparenzmodus entspricht.

Dieses Kapitel basiert z.T. auf den Ergebnissen einer vom Autor betreuten Diplomarbeit [Geng85]. Auf die dort ausführlich behandelten Fragestellungen wird hier nur in knapper Form eingegangen. Die Diplomarbeit enthält insbesondere Beispiele und Anwendungsergebnisse, auf deren Wiedergabe hier verzichtet wird. Andere Veröffentlichungen zu diesem Thema sind dem Autor nicht bekannt.

5.1 Verbesserung der Transparenz eines Moduls

Gegeben sei ein Modul M mit einem Pfad $P = M|ET{\rightarrow}AT$, der nicht transparent ist oder für das eine heuristische Transparenzbestimmung keine Transparenz feststellen konnte, und eine Randbedingung RP(EP) für die pfadeinstellenden Eingänge EP. Gesucht ist durch Modifikation von M ein Modul M' mit dem _transparenten_ Pfad $P' = M'|ET{\rightarrow}AT$, dessen Transparenzbedingung TB(EP) auch unter der Randbedingung RP(EP) erfüllbar ist. Diese Aufgabe soll mit vertretbarem Rechenaufwand und möglichst wenig Schaltungszusätzen gelöst werden.

Es werden hier speziell K-fache Pfade mit $p=q=K$ betrachtet. Hat der Pfad mehr Eingänge als Ausgänge, ist die Aufgabe nach der Bemerkung zu Def. 4.9 unlösbar, wenn man auf zusätzliche Ausgänge verzichtet. Hat er umgekehrt mehr Ausgänge als Eingänge, wird die Lösung leichter, da die Bildmenge dann eine echte Teilmenge aller AT-Belegungen ist. Die im folgenden angegebenen Verfahren sind daher mit geringen Änderungen auf den Fall $p=K$, $q>K$ übertragbar.

Pfade mit $p=q=K$ haben außerdem die Eigenschaft, daß bei Erfüllung ihrer Transparenzbedingung die Pfadfunktion nicht nur injektiv, sondern auch surjektiv ist. Zumindest in diesen Fällen wird durch die Transparenzverbesserung auch die Einstellbarkeit von Belegungen der Modulausgänge verbessert, was ebenfalls die Testbestimmung vereinfachen kann (siehe Kap. 6).

Zur Lösung der Aufgabe bietet es sich an, zunächst die in P vorhandenen transparenten Teilpfade zu bestimmen und aus diesen mit geeigneten Zusätzen den gesuchten Pfad P' aufzubauen. Zur Verbindung eines von K Eingängen mit einem von K Ausgängen gibt es K^2 Möglichkeiten; zur Auswahl einer nichtleeren Teilmenge von K Eingängen gibt es 2^K Möglichkeiten. Entsprechend gibt es in einem K-fachen Pfad mindestens (2^K) Teilpfade, aber nur K^2 Einzelpfade. Zur Vereinfachung der Transparenzbestimmung werden daher nur die vorhandenen t-Einzelpfade ermittelt, in der Absicht, einen K-fachen t-Einzelpfad (siehe Def. 4.14) zu konstruieren. Die dabei fehlenden t-Einzelpfade werden durch geeignete Schaltungszusätze eingerichtet.

Durch die alleinige Verwendung von Einzel-Teilpfaden enthält diese Vorgehensweise heuristische Elemente, so daß der eingesparte Rechenaufwand zu einem höheren schaltungstechnischen Aufwand für die Transparenzverbesserung führen kann.

5.1.1 Bestimmung der Ist-Transparenz

Unter den K^2 Einzelpfaden sind die t-Einzelpfade $P_{i,j} = M|ET_i \rightarrow AT_j$ mit ihren (gerichteten) Transparenzbedingungen zu bestimmen. Dabei ist zwischen ET_i und AT_j nur dann ein t-Einzelpfad möglich, wenn die Modulfunktion f_j von ET_i abhängt, was bei minimierten Funktionen an den Literalen ihrer DF feststellbar ist. Die Berechnung der (gerichteten) Transparenzbedingungen für einfache und mehrfache t-Einzelpfade wurde schon im Abschnitt 4.2.2 beschrieben.

Speziell für die Transparenzverbesserungen bei PLAs wird eine Variante des Transparenzbegriffes eingeführt.

Definition 5.1 (schwache Transparenzbedingung)

Sei $P=M|ET_i \rightarrow AT_j$ ein Einzelpfad des Moduls M mit der AT zugeordneten Modulfunktion f und ihrer Darstellung $[f]_{DF}$. Durch Ausklammern von ET_i und $\neg ET_i$ werden drei Teilfunktionen definiert, die alle von ET_i unabhängig sind:

$$[f]_{DF} = ET_i \wedge [f_1]_{DF} \vee \neg ET_i \wedge [f_2]_{DF} \vee [f_3]_{DF}$$

Damit ist die **schwache Transparenzbedingung** TBS(EP) des Einzelpfads P definiert durch

$$TBS(EP) = f_1(EP) \lor f_2(EP)$$

Bemerkung: Ist für einen Einzelpfad P die schwache Transparenzbedingung TBS(EP) = 0, dann ist für P weder die Transparenzbedingung TB(EP) noch eine gerichtete Transparenzbedingung TB^+(EP) bzw. TB^-(EP) erfüllbar; P ist kein t-Einzelpfad. Dies gilt auch mit allen Funktionen f', die durch Streichen von Implikanten aus f entstehen.

Definition 5.2 (schwach transparenter K-facher Einzelpfad)

Sei $P=M|ET{\rightarrow}AT$ ein K-facher Einzelpfad (p=q=K), bestehend aus K disjunkten Einzelpfaden P_l, l=1,..,K (siehe Def. 4.3)

P ist ein **schwach transparenter K-facher Einzelpfad (K-facher st-Einzelpfad)** mit der schwachen Transparenzbedingung

$$TBS^K(EP) = \bigwedge_{l=1}^{K} TBS_l(EP_l)/(EP_l - EP)$$

(wobei TBS_l die schwache Transparenzbedingung von P_l ist und EP die allen P_l gemeinsamen pfadeinstellenden Eingänge umfaßt), wenn $TBS^K(EP) \neq 0$ ist.

Dieser schwache Transparenzbegriff wird im Zusammenhang mit der PLA-spezifischen Transparenzverbesserung als Heuristik bei der Bildung von mehrfachen t-Einzelpfaden verwendet werden.

5.1.2 Modulexterne Schaltungszusätze

In gängigen Entwurfsmethoden, besonders beim Entwurf kundenspezifischer Schaltungen, werden die Schaltungen überwiegend aus zuvor entworfenen Zellen (z.B. Standardzellen) zusammengesetzt. Die Zellen werden nach einmaligem Entwurf in "Bibliotheken" gespeichert. Soll die Transparenz eines Moduls verbessert werden, das einer solchen Zelle entspricht, so ist es wegen des Entwurfsaufwands wünschenswert, die Zellenschaltung unverändert zu lassen und die geforderte Transparenz allein mit Hilfe modulexterner Schaltungszusätze zu erreichen. Unter dieser Randbedingung werden hier mehrere Lösungen angegeben, einen t-Einzelpfad des Moduls einzurichten. Durch Verwendung mehrerer solcher Zusätze kann nach Bestimmung der Ist-Transparenz die Aufgabe, einen K-fachen t-Einzelpfad einzurichten, gelöst werden. Es wird jedoch bei dieser Variante der Transparenzverbesserung darauf verzichtet, die bei der Kombination von Schaltungszusätzen auftretenden Fragen zu behandeln (siehe dazu [Geng85] und 5.1.3).

Gegeben sei der nicht transparente Einzelpfad $P=M|ET_i{\rightarrow}AT_j$ des Moduls M. Gesucht ist ein modifiziertes Modul M', in dem der Eingang ET_i und der Ausgang AT_j' durch einen transparenten Einzelpfad P' verbunden sind, wobei die Transparenzbedingung auch unter der Randbedingung RP erfüllbar ist. Es wird angenommen, daß für den Normalmodus des Moduls keine Änderung der dem Ausgang AT_j zugeordneten Funktion f zulässig ist; daher sind alle Zusätze so angelegt, daß sie nur im **Transparenzmodus** (Signal

TRM = 1) aktiviert werden. Die Zusätze vereinfachen sich entsprechend, wenn dadurch die Modulfunktion nur für Eingangsbelegungen verändert wird, deren Ausgangswert im Normalmodus unspezifiziert ist.

Zum Einrichten eines t-Einzelpfads, dessen Pfadfunktion für gewisse Belegungen der pfadeinstellenden Eingänge injektiv ist, werden drei Ansätze betrachtet (siehe Bild 5.1):

I   **Umgehen des Moduls**   **III Substitution des Pfadausgangs**

II **Substitution des Pfadeingangs**

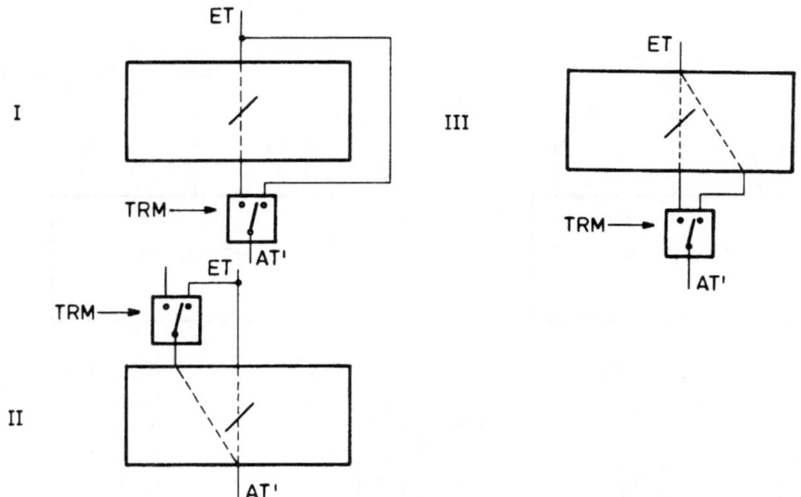

Bild 5.1: Ansätze zum Einrichten eines t-Einzelpfads durch
                modulexterne Zusätze

Diese drei Ansätze haben folgende Eigenschaften und Realisierungsformen:

I Umgehen des Moduls

Durch eine zusätzliche, am Pfadeingang angeschlossene Leitung außerhalb des Moduls wird das Modul umgangen; ein auf der Ausgangsseite des Moduls angordneter (1-aus-2)-Multiplexer schaltet in Abhängigkeit von der Betriebsart zwischen ET_i (TRM=1) und AT_j (TRM=0) um, so daß am Multiplexerausgang im Transparenzmodus das Pfadeingangssignal, sonst aber der Funktionswert des Ausgangs AT_j erscheint. Alle an den Ausgang AT_j anzuschließenden Leitungen werden stattdessen an den Multiplexerausgang angeschlossen (Bild 5.2a). Der Multiplexer kann in einer geeigneten, technologiespezifischen Variante realisiert werden. Damit ergibt sich für P' die einfache Transparenzbedingung

$$TB(EP)=TRM;$$

(TRM wird als zusätzlicher pfadeinstellender Eingang EP_{n-p+1} interpretiert, der das Tupel EP entsprechend erweitert.)

Mit einer einfacheren Zusatzschaltung kommt man aus, wenn es möglich ist, am Ausgang AT_j im Transparenzmodus durch Belegung von Moduleingängen einen konstanten Wert $\in \{0,1\}$ einzustellen (Bild 5.2b zeigt für $AT_j \equiv 1$ eine Zusatzschaltung). Auch wenn der Pfad $M|ET_i \rightarrow AT_j$ nicht transparent ist, ist der konstante AT_j-Wert nicht gesichert, da der Ausgang noch von weiteren ET_i' abhängen kann. Es ergibt sich eine der folgenden Transparenzbedingungen:

$$TB(EP) = TRM \wedge f(EP)/ET_i \quad \text{(für } f \equiv 1) \text{ und}$$
$$TB(EP) = TRM \wedge (\neg f(EP))/ET_i \quad \text{(für } f \equiv 0).$$

Zur Realsisierung der Schaltungszusätze sind (ohne Mehrfachnutzung) je t-Einzelpfad mindestens zwei zusätzliche Gatterfunktionen notwendig.

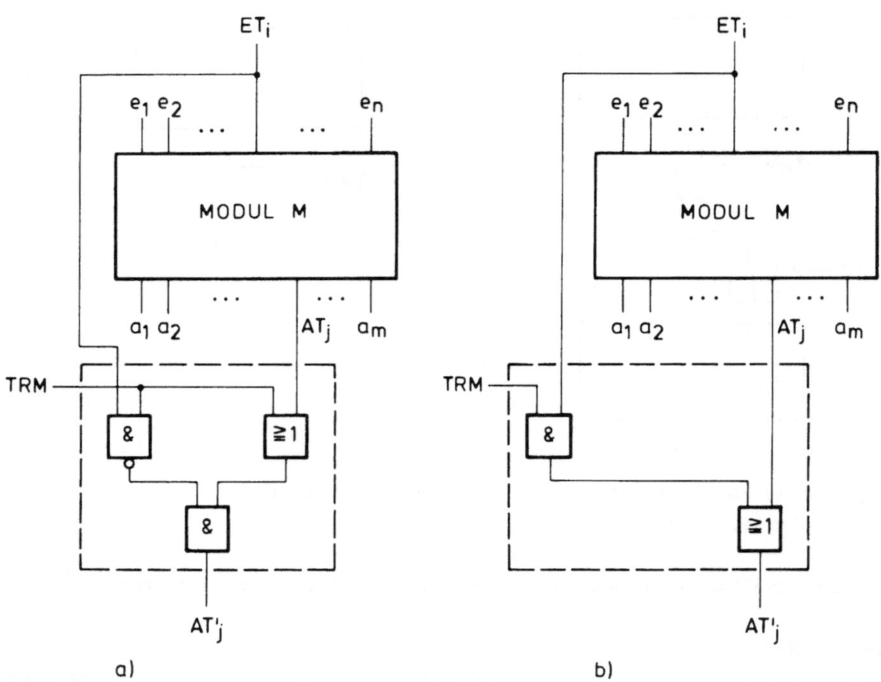

<u>Bild 5.2:</u> Zusatzschaltungen beim Umgehen des Moduls

II Substitution des Pfadeingangs

Hängt die dem Pfadausgang zugeordnete Funktion f nicht nur von dem Pfadeingang ET_i, sondern auch von weiteren Moduleingängen e_j ab, kann ggf. der t-Einzelpfad dadurch eingerichtet werden, daß im Transparenzmodus in der Ausgangsfunktion eine der Eingangsvariablen e_j durch ET_i substituiert wird. Notwendige Voraussetzung dafür ist, daß dieser Eingang e_j sonst weder als Pfadeingang noch als belegter pfadeinstellender Eingang fungiert. Realisiert wird die Substitution durch einen (1-aus2)-Multiplexer, der zwischen ET_i (TRM=1) und e_j (TRM=0) umschaltet; sein Ausgang ist mit dem bisherigen Moduleingang e_j verbunden (Bild 5.3). Als Seiteneffekt der Substitution werden auch alle anderen Modulfunktionen verändert, die von e_j abhängen.

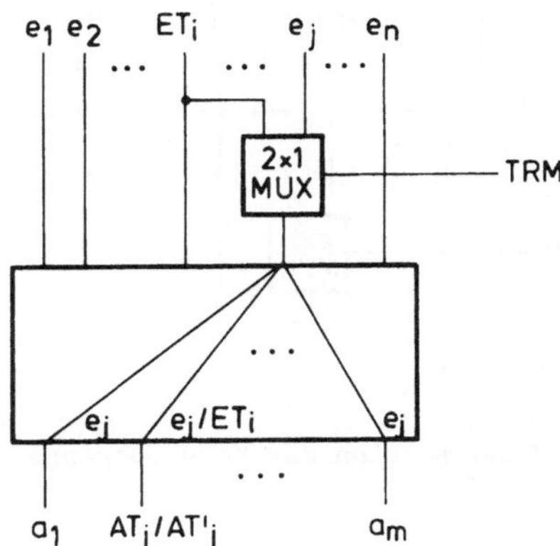

<u>Bild 5.3:</u> Zusatzschaltung bei Substitution des Pfadeingangs

Diese Maßnahme bewirkt, daß sich insbesondere die AT_j zugeordnete Funktion f und damit die Transparenzbedingung von P' ändert. In $[f]_{DF}$, der Darstellung von f in disjunktiver Form, werden alle e_j-Literale durch ET_i-Literale ersetzt, so daß alle e_j-Literale und auch die Implikanten, die neben e_j das nun komplementäre Literal $\neg ET_i$ enthalten, verschwinden. Die Substitution ist erfolgreich, wenn sich mit der modifizierten Funktion f' eine auch unter der Randbedingung RP(EP) erfüllbare Transparenzbedingung ergibt.

III Substitution des Pfadausgangs

Die Idee zu dieser Transparenzverbesserung ist, einen transparenten Pfad von ET_i zu einem Ausgang a_i, der außerhalb des betrachteten K-fachen Pfads liegt, einzurichten und auf der Ausgangsseite des Moduls zwischen AT_j und a_i in Abhängigkeit von TRM umzuschalten (siehe Bild 5.4). Voraussetzung dafür ist, daß das Modul M mehr als K Ausgänge hat und, daß einer der nicht zum K-fachen Einzelpfad gehörenden Einzelpfade $P_{ai}=M|ET_i{\to}a_i$ transparent ist. Mit $TB_{ai}(EP)$, der Transparenzbedingung des t-Einzelpfads P_{ai}, ergibt sich in der modifizierten Schaltung für P' die Transparenzbedingung

$$TB(EP) = TRM \wedge TB_{ai}(EP)$$

Mit diesen drei Ansätzen ist es unabhängig von den gegebenen Modulfunktionen und der Randbedingung RP(EP) möglich, den benötigten zusätzlichen t-Einzelpfad $P'=M|ET_i{\to}AT_j$ einzurichten. Varianten der drei Ansätze wurden in der Diplomarbeit [Geng85] nach Aufwand und Testbarkeit bewertet; dort wurde für diese modulexternen Zusätze auch ein Verfahren entwickelt, um für ein Modul mittels mehrerer zusätzlicher t-Einzelpfade einen K-fachen t-Einzelpfad einzurichten.

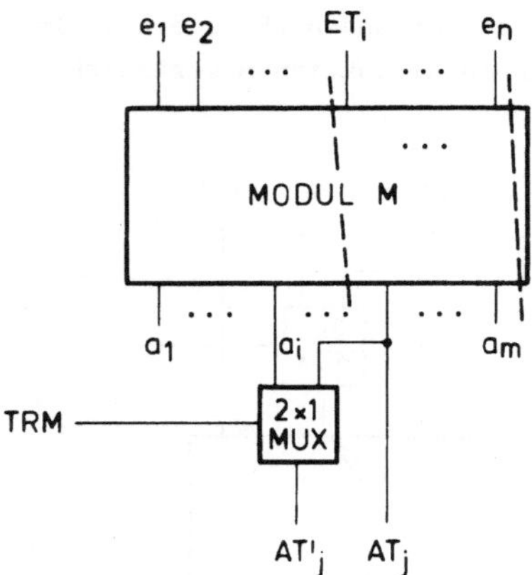

Bild 5.4: Zusatzschaltung bei Substitution des Modulausgangs

5.1.3 PLA-spezifische Maßnahmen

Neben Bibliothekszellen werden im Entwurf integrierter Schaltungen zur Realisierung von Teilschaltungen noch mehrere Sonderformen verwendet, wie z.B. PLA und ROM. Als Beispiel für diese und andere Sonderformen soll hier für das PLA bzw. für Module, die als PLA zu realisieren sind, untersucht werden, wie sich Transparenzverbesserungen in diese Sonderform integrieren lassen. Im Gegensatz zum vorhergehenden Abschnitt soll bei diesen individuell entworfenen bzw. generierten Teilschaltungen versucht werden, die notwendigen Schaltungs-"Zusätze" <u>innerhalb</u> des Moduls unterzubringen. Für das PLA bedeutet dies, die Schaltungszusätze innerhalb des Decoders, der UND- bzw. der ODER-Matrix anzuordnen. Dadurch soll zum einen die Chipfläche gut ausgenutzt werden, zum anderen soll die Automatisierbarkeit der Transparenzverbesserung erleichtert werden.

Entsprechend der zu Beginn des Abschnitts 5.1 beschriebenen Vorgehensweise wird durch Einrichten zusätzlicher t-Einzelpfade der gesuchte K-fache t-Einzelpfad konstruiert. Zusätzliche Einzelpfade, die auch unter der Randbedingung RP(EP) für die pfadeinstellenden Eingänge transparent sind, können in vier PLA-spezifischen Varianten eingerichtet werden.

I Negation eines Literals

Die Idee dabei ist, die Transparenzbedingung eines Pfads $M|ET_i \to AT_j$ dadurch leichter erfüllbar zu machen, daß man in der im PLA realisierten DF der dem Ausgang AT_j zugeordneten Pfadfunktion entweder durch Negation aller Literale ET_i oder durch Negation aller Literale $\neg ET_i$ eine <u>monotone</u> Funktion herstellt. Anhand der dreiteiligen Zerlegung

$$f = ET_i \wedge f_1 \vee \neg ET_i \wedge f_2 \vee f_3 \; ; \; f_1, f_2 \text{ und } f_3 \text{ von } ET_i \text{ unabhängig,}$$

läßt sich leicht zeigen, daß für die Transparenzbedingungen TB vor der Modifikation und TB' nach der Modifikation gilt:

$$TB'(EP) \geq TB(EP).$$

Im PLA wird die geänderte Funktion durch eine kleine Änderung im Decoder für den Eingang ET_i realisiert (siehe Bild 5.5). Diese Maßnahme eignet sich nur für die Fälle, in denen zwar ein t-Einzelpfad vorhanden ist, seine Transparenzbedingung aber bei der Randbedingung RP(EP) nicht erfüllbar ist.

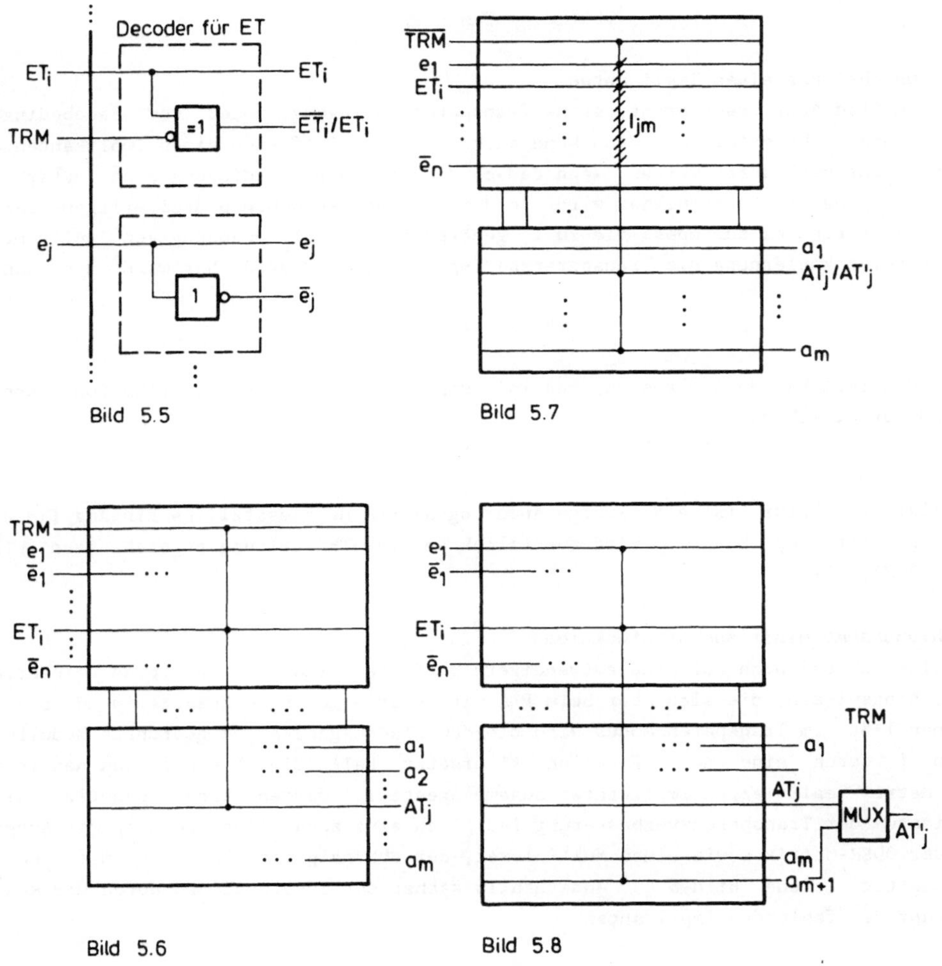

<u>Bilder 5.5 - 5.8:</u> PLA-spezifische Schaltungsmodifikationen zur Transparenzverbesserung von Einzelpfaden

II Hinzunahme eines Implikanten

Fehlt ein transparenter Pfad $M|ET_i \rightarrow AT_j$, weil die AT_j zugeordnete Funktion f nicht von ET_i abhängig ist, kann er dadurch eingerichtet werden, daß man die Funktion geeignet erweitert:

$$f' = f \lor TRM \land ET_i \quad \text{bzw.}$$
$$f' = f \lor TRM \land \neg ET_i \ .$$

Beim PLA entspricht dies einem zusätzlichen Eingang für TRM und einem zusätzlichen Implikanten in der UND-Matrix (siehe Bild 5.6). Für den zusätzlichen t-Einzelpfad ergibt sich daraus die Transparenzbedingung

$$TB'(EP) = TRM \land \neg f(EP),$$

III Ausschaltung eines Implikanten

Ist ein Pfad zwar transparent, seine Transparenzbedingung unter der Randbedingung RP jedoch nicht erfüllbar, dann kann auch durch das Entfernen eines Implikanten die Transparenz verbessert werden, wenn danach die Transparenzbedingung auch unter der Randbedingung RP(EP) erfüllbar wird. In der oben angesprochenen dreiteiligen Zerlegung von f sind es zumindest die zu f_3 gehörenden, von ET_i unabhängigen Implikanten, durch deren Entfernung die Transparenzbedingung leichter erfüllbar wird, d.h. danach gilt:

$$TB'(EP) \geq TB(EP)$$

Für den Implikanten I_{jm} aus der Realisierung von f wird diese Modifikation entsprechend der Gleichung

$$f' = I_1 \lor \ldots \lor (\neg TRM \land I_{jm}) \lor \ldots \lor I_r$$

realisiert. Dafür ist als einzige Änderung am PLA der zusätzliche Eingang TRM notwendig; der Implikant I_{jm} wird zusätzlich an die $\neg$TRM-Leitung angeschlossen (siehe Bild 5.7).

IV Hinzunahme einer Ausgangsfunktion

Schließlich sei noch auf eine aufwendigere Variante, einen t-Einzelpfad einzurichten, hingewiesen, die sich aber beim PLA mit relativ geringem Zusatzaufwand verwirklichen läßt: im Transparenzmodus wird die dem Pfadausgang AT_j zugeordnete Modulfunktion f durch eine neue Funktion f' ersetzt. Falls die DF von f' aus den in der UND-Matrix realisierten Implikanten zusammengestellt werden kann, benötigt diese Variante der Transparenzverbesserung lediglich eine zusätzliche Leitung mit Ausgang in der ODER-Matrix sowie einen Multiplexer, der abhängig von TRM zwischen f und f' umschaltet (siehe Bild 5.8). Andernfalls wächst der Zusatzaufwand durch die Realisierung der fehlenden Implikanten.

Ein Vergleich dieser vier PLA-spezifischen, modulinternen Möglichkeiten zum Einrichten eines t-Einzelpfads mit den im vorhergehenden Abschnitt vorgestellten modulexternen Lösungen ergibt:

- Es gibt weitere, <u>realisierungsspezifische</u> Ansätze für die Transparenzverbesserung.

- Die für die Schaltungszusätze benötigte Chipfläche kann PLA-spezifisch kleiner sein, als bei den modulexternen Lösungen, speziell in der Variante III (Ausschaltung eines Implikanten).

- Die hier vorgestellten PLA-spezifischen Schaltungszusätze II und III erfordern keine Änderung dieser Realsierungsform oder der zu ihrem Entwurf bzw. Generierung verwendeten Werkzeuge. Dies erleichtert die rechnergestützte Umsetzung der Transparenzverbesserung.

Aufgrund dieser Ergebnisse für das Einrichten zusätzlicher transparenter Einzelpfade wird nun ein PLA-spezifisches Verfahren angegeben, mit dem nach Bestimmung der Ist-Transparenz in Form der vorhandenen schwach transparenten Einzelpfade ein K-facher t-Einzelpfad eingerichtet wird. Die notwendigen Transparenzverbesserungen sollen ausschließlich mit den zwei hier besonders geeigneten Varianten II und III durchgeführt werden. Wie der Satz 5.1 zeigt, ist es unter diesen Randbedingungen ausreichend, sowohl für einfache als auch für mehrfache Einzelpfade die Bedingungen für die <u>schwache</u> Transparenz zu berechnen. Zur Vorbereitung des Satzes 5.1 dient die folgende Definition.

Definition 5.3 (Pfadimplikant, exklusiver Pfadimplikant)

Sei $P = M|ET_i \to AT_j$ ein K-facher Einzelpfad, bestehend aus den disjunkten Einzelpfaden $P_l = M|ET_{il} \to AT_{jl}$, $l=1,..,K$. Seien ferner die $[f_l]_{DF}$ disjunktive Formen der den Pfadausgängen zugeordneten Modulfunktionen f_l.

Ein Implikant I aus $[f_l]_{DF}$ ist ein **Pfadimplikant** zum Einzelpfad P_l, wenn er die folgende Bedingung erfüllt:

1. I enthält entweder das Literal ET_{il} oder das Literal $\neg ET_{il}$.

Ein Pfadimplikant zum Einzelpfad P_l in P ist ein **in P exklusiver Pfadimplikant**, wenn er auch die folgende 2. Bedingung erfüllt:

2. I enthält keine Literale von anderen Pfadeingangsvariablen $ET_{il'}$ des Pfads P.

<u>Bemerkung:</u> Da die Einzelpfade P_l in P disjunkt sind und in exklusiven Pfadimplikanten genau eine Eingangsvariable von P vorkommt, ist ein exklusiver Pfadimplikant in der disjunktiven Form genau einer den Pfadausgängen von P zugeordneten Funktion enthalten.

Satz 5.1

Sei $P = M|ET_i \to AT_j$ ein K-facher Einzelpfad, bestehend aus den K disjunkten Einzelpfaden $P_l = M|ET_{il} \to AT_{jl}$, $l=1,..,K$ und seien die $[f_l]_{DF}$ die disjunktiven Formen der den Pfadausgängen zugeordneten Modulfunktionen, wie sie in einem PLA realisiert sind. Seien ferner die $[fP_l]_{DF}$ die disjunktiven Formen, die nur aus den in P exklusiven Pfadimplikanten $\in [f_l]_{DF}$ zu den Pfaden P_l bestehen.
Ist P für die den Pfadausgängen zugeordneten Funktionen fP_l ein schwach transpa-

renter K-facher Einzelpfad, dann läßt sich P ausgehend von den Modulfunktionen f_1 durch mehrfache Anwendung der Variante III der PLA-spezifischen Maßnahmen zur Transparenzverbesserung (Ausschalten eines Implikanten) zu einem K-fachen t-Einzelpfad modifizieren.

Beweis:

Ist P mit den Funktionen fP_1 ein schwach transparenter K-facher Einzelpfad, dann gibt es mindestens eine Belegung ep der den P_1 gemeinsamen pfadeinstellenden Eingänge, so daß

$$TBS^K(EP) = \bigwedge_{l=1}^{K} TBS_1(EP_1)/(EP_1\text{-}EP)$$

erfüllt wird. Mit MTS:=(ep: $TBS^K(ep) = 1$) gilt daher, daß für alle ep $\in$ MTS die einzelnen schwachen Transparenzbedingungen unabhängig von den Belegungen der nicht zu den gemeinsamen pfadeinstellenden Eingänge gehörenden Moduleingänge erfüllt werden:

$\forall$ ep $\in$ MTS: $TBS_1(ep)/(EP_1\text{-}EP) = (fP_{11}(ep) \lor fP_{12}(ep))/(EP_1\text{-}EP) = 1$ für $l=1,\ldots,K$.
Anhand der ODER-Verknüpfung und der innerhalb MTS vorkommenden Wertekombinationen ihrer Operanden $fP_{11}(ep)$ und $fP_{12}(ep)$ werden nun drei Fälle unterschieden (siehe Bild 5.9).

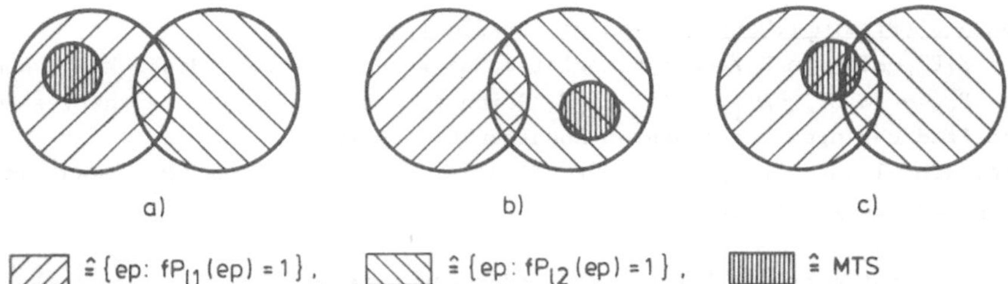

Bild 5.9: Beispiele zur Fallunterscheidung

Es wird gezeigt, daß man in allen Fällen durch Eliminieren von Implikanten erreichen kann, daß innerhalb von MTS nur eine der beiden Bedingungen für die gerichtete Transparenz erfüllt wird, womit dann eine hinreichende Voraussetzung für die Bildung K-facher t-Einzelpfade erfüllt ist.

a) $\forall$ ep $\in$ MTS: $fP_{11}(ep) = 1$ und $fP_{12}(ep) = 0$
   Nach Konstruktion der fP_1 ist immer $fP_{13} = 0$; daher gilt nach Definition 4.15:
   $\forall$ ep $\in$ MTS: $TB_1^+(ep) = 1$.

oder

b) $\forall$ ep $\in$ MTS: $fP_{11}(ep) = 0$ und $fP_{12}(ep) = 1$
   Analog zu a) ergibt sich hier:
   $\forall$ ep $\in$ MTS: $TB_1^-(ep) = 1$.

oder

c) Es liegt weder der Fall a) noch der Fall b) vor.

In diesem Fall ist zumindest für einen Teil der ep $\in$ MTS entweder keine der beiden Bedingungen für die gerichtete Transparenz erfüllt, oder innerhalb von MTS werden beide Bedingungen erfüllt. Entweder durch Eliminieren aller Implikanten, die zu f_{11} beitragen oder durch Eliminieren aller Implikanten, die zu fP_{12} beitragen, wird erreicht, daß innerhalb von MTS genau eine der beiden Bedingung für die gerichtete Transparenz erfüllt wird, diese ggf. nur für eine Teilmenge von MTS. MTS ist dann auf diese Teilmenge zu reduzieren.

Werden zusätzlich zu den in c) genannten alle Implikanten von $[f_1]_{DF}$, die keine exklusiven Pfadimplikanten sind, eliminiert bzw. mittels der als Variante III bezeichneten Maßnahme ausgeschaltet, dann ist auch ausgehend von den ursprüglichen Funktionen f_1 für jeden Einzelpfad P_1 und für alle Belegungen aus der (ggf. reduzierten) Menge MTS genau eine Bedingung der gerichteten Transparenz erfüllt. Da durch die ep $\in$ MTS nur die gemeinsamen pfadeinstellenden Eingänge belegt werden, handelt es sich genauer gesagt nach Def. 4.17 um anteilige Bedingungen für die gerichtete Transparenz $AT_j B_1^+(EP)$ bzw. $ATB_1^-(EP)$. Da sie für alle Pfade gemeinsam erfüllbar sind, ist ihre Konjunktion ebenfalls erfüllbar. Nach Satz 4.6 ist damit P' ein K-facher t-Einzelpfad. (q.e.d.)

Mit dem Satz 5.1 als Grundlage hat das PLA-spezifische Verfahren zum Einrichten eines K-fachen t-Einzelpfads, das die zu Beginn des Abschnitts 5.1 gestellte Aufgabe löst, folgenden Ablauf:

1. Anhand der den Ausgängen von P zugeordneten Modulfunktionen f_1 bzw. ihrer im PLA realisierten disjunktiven Form $[f_1]_{DF}$ werden als Elemente einer Grundmenge MST die Einzelpfade $P_{i,1} = M|ET_i{\rightarrow}AT_1$ bestimmt, die mit den aus ihren in P exklusiven Pfadimplikanten bestehenden Funktionen $fP_{i,1}$ schwach transparent sind.

2. In der Menge MST der in Schritt 1 ermittelten st-Einzelpfade wird versucht, einen K-fachen st-Einzelpfad zu finden. Ist ein solcher nicht vorhanden, wird einer der größtmöglichen V-fachen st-Einzelpfade, V < K, bestimmt.

3. Wie im Beweis zu Satz 5.1 angegeben, wird das PLA unter Anwendung von Variante III der Transparenzverbesserung so modifiziert, daß aus dem in Schritt 2 bestimmten, mehrfachen st-Einzelpfad ein mehrfacher t-Einzelpfad wird.

4. Fehlen nach Schritt 3 noch t-Einzelpfade $P_1 = M|ET_{i1}{\rightarrow}AT_{j1}$, V < l $\leq$ K, werden sie durch Hinzunahme je eines Implikanten $(ET_{i1} \wedge TRM)$ in der UND-Matrix des PLA eingerichtet. Enthält die disjunktive Form der bisher dem Pfadausgang zugeordneten Funktion $[f_1]_{DF}$ nach Eliminieren aller Implikanten, die in dem V-fachen t-Einzelpfad aus Schritt 3 keine exklusiven Pfadimplikanten sind, keine Implikanten mehr, wird der neue Implikant dieser Funktion zugeordnet. Andernfalls bildet der neue Implikant eine neue Ausgangsfunktion nach Variante IV der Transparenzverbesserungen.

Schritt 2 des Verfahrens wurde in einem ähnlichen Verfahren aus [Geng85] als erweitertes Verträglichkeitsproblem mit einer zwar symmetrischen, aber weder reflexiven noch transitiven "Verträglichkeits"-Relation interpretiert und mit einen abgeänderten Algorithmus zur Bestimmung maximaler Verträglichkeitsklassen (zu den Grundlagen und zur Begriffsbildung: siehe [Beis80]) implementiert, wobei als "Verträglichkeits"-Relation verwendet wird, daß zwei Pfade disjunkt sind und einen 2-fachen schwach transparenten Einzelpfad bilden. Nach Erweiterung einer Verträglichkeitsklasse um einen Pfad wird jeweils geprüft, ob ihre Pfade einen mehrfachen schwach verträglichen Einzelpfad bilden. Es reicht aus, wenn das Verfahren entweder _eine_ maximale Verträglichkeitsklasse der Mächtigkeit K oder, falls dies nicht möglich ist, die größte maximale Verträglichkeitsklasse mit einer Mächtigkeit V < K liefert.

Dieser zweite Schritt ist bzgl. des Rechenaufwands bestimmend für das ganze Verfahren, da die Anzahl der maximalen Verträglichkeitsklassen im schlimmsten Fall exponentiell mit der Mächtigkeit der Grundmenge ansteigt (vgl. etwa [Lutz85]). Da es sich jedoch bei der Bestimmung maximaler Verträglichkeitsklassen um ein klassisches Problem des Schaltungsentwurfs handelt [PaUn59], werden hier entsprechend den Fortschritten bei der Theorie der Algorithmen zunehmend leistungsfähigere Verfahren entwickelt (z.B. in [Sutt84]), die mit den genannten Modifikationen auch im obigen Verfahren verwendbar sind.

Der schaltungstechnische Aufwand im PLA für die Einrichtung eines K-fachen t-Einzelpfads umfaßt den zusätzlichen TRM-Eingang, den zugehörigen Dekoder und die TRM-/¬TRM-Leitungen sowie bei Vorhandensein eines V-fachen schwach transparenten Pfads K-V zusätzliche Implikanten; ist also maßgeblich von der Zahl V abhängig.

Abschließend sei noch auf eine Verbesserungsmöglichkeit des obigen Verfahrens hingewiesen. Im ersten Schritt werden alle Pfade in die Grundmenge MST aufgenommen, die mit den aus allen ihren Pfadimplikanten bestehenden Funktionen schwach transparent sind; d.h. man verwendet die Pfadimplikanten zunächst ohne Überprüfung ihrer "Exklusivität". Erst im zweiten Schritt wird für jede, einem V-fachen Einzelpfad entsprechende Verträglichkeitsklasse geprüft, ob ihre Einzelpfade PV_1, $l=1,..,V$, mit den aus den _in PV exklusiven_ Pfadimplikanten bestehenden Pfadfunktionen schwach transparent sind. Dadurch nimmt der Rechenaufwand des Verfahrens zu; es können aber ggf. mehr und umfangreichere Verträglichkeitsklassen zustande kommen, was dann den schaltungstechnischen Aufwand zur Transparenzverbesserung senkt.

5.2 Verbesserung der Relativtransparenz eines Moduls

Auch bei der Relativtransparenz ist es möglich, daß sie funktionsbedingt für Testzwecke unzureichend ist. Ein Mittel, hier eine Verbesserung zu erreichen, besteht im Übergang zu mehreren Beobachtungen, d.h. in der Nutzung der sequentiellen Relativtransparenz, wie in Abschnitt 4.3.3 beschrieben. Ist dabei die s-Mischmenge leer, so wird zumindest bei fehlender Randbedingung RP(EP) für die pfadeinstellenden Eingänge die Beobachtungsaufgabe der Fehlererkennung vollständig gelöst; eine Verbesserung der Relativtransparenz kann dann entfallen. Ist der s-Mischbereich MB_s nicht leer, dann werden dessen Elemente unabhängig von der Belegung der pfadeinstellenden Eingänge EP auf die gleiche Belegung der Pfadausgänge wie s selbst abgebildet. Daher ist in diesem Fall zum Herstellen eines (sequentiell) relativtransparen-

ten Pfads eine Veränderung von Modulfunktionen und damit eine Veränderung der Modul-
schaltung unumgänglich. Im allgemeinen handelt es sich um die folgende Aufgabe.

Gegeben sei ein Modul M mit dem Pfad $P = M|ET_i \rightarrow AT_j$, der nicht relativtransparent
ist und eine Randbedingung RP(EP) für die pfadeinstellenden Eingänge EP. Gesucht
ist durch Modifikation von M ein Modul M' mit dem (sequentiell) relativtransparenten
Pfad $P' = M'|ET_i \rightarrow AT_j$, dessen Relativtransparenzbedingung RTB(EP) (bzw. dessen Bedin-
gungen der sequentiellen Relativtransparenz) auch unter der Randbedingung RP(EP)
erfüllbar sind (bei mehreren Beobachtungen: mit einem leeren s-Mischbereich). Die
Aufgabe soll wie bei der Transparenz auch mit vertretbarem Rechenaufwand und möglichst wenig Schaltungszusätzen gelöst werden.

Für _einen_ Sollwert s wird die Aufgabe dadurch gelöst, daß man das an den Pfadeingängen anstehende Muster mit s vergleicht. Dazu wird der Modul um einen Vergleicher
erweitert, dessen Ausgang im Transparenzmodus an einem der Pfadausgänge ein komple-
mentäres Signal einstellt (siehe Bild 5.10).

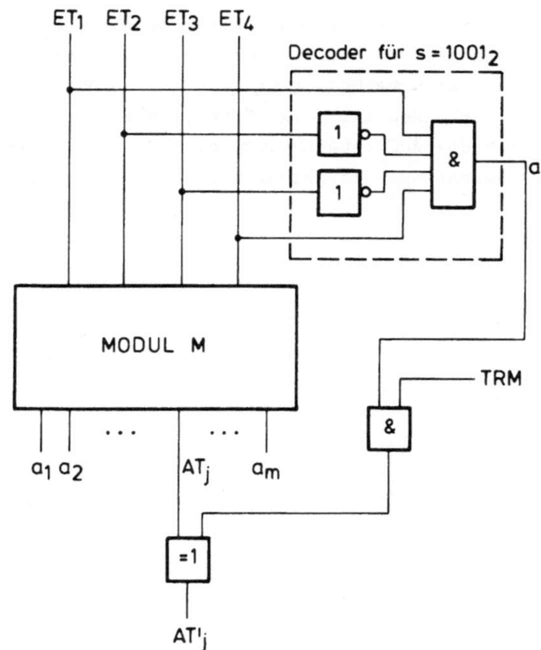

<u>Bild 5.10:</u> Zusatzschaltung zur Verbesserung der Relativtransparenz

Ist die Relativtransparenz eines Pfads bei mehreren Sollwerten s_i für die Testantworten zu verbessern, dann kann die obige Zusatzschaltung mit einem seriell ladbaren
Vergleicher verwendet werden. Vor Anlegen des jeweils nächsten Testmusters ist der
erwartete Sollwert s_i in den Vergleicher zu laden.

Im Zusammenhang mit der sequentiellen Relativtransparenz ist es ausreichend, den
Sollwert von den Elementen des s-Mischbereichs zu unterscheiden, wobei man u.U. mit
der Dekodierung einer Teilmenge der Pfadeingänge auskommt. Ähnliche Vereinfachungen

ergeben sich generell, wenn die Relativtransparenz nur für die ET_i-Belegungen hergestellt werden soll, die einer Randbedingung nach Def. 4.22 genügen.

Durch diese Maßnahmen erhält man für die Relativtransparenz mit einer Beobachtung
die triviale Relativtransparenzbedingung RTB(EP) = 1; für die Relativtransparenz
mit mehreren Beobachtungen wird der s-Mischbereich zur leeren Menge, die Bedingungen
der sequentiellen Relativtransparenz ändern sich dadurch nicht. Daher ist im Einzelfall zu prüfen, ob man bei mehreren Beobachtungen mit nichtleerem s-Mischbereich
MB_s durch eine ggf. etwas umfangreichere, von MB_s unabhängige Dekodierung ebenfalls
die Relativtransparenz bei einer Beobachtung herstellt.

Außerhalb des Rahmens dieser Arbeit liegen Überlegungen, wie eine Gesamtschaltung
geeignet zu verändern ist, wenn die partielle Injektivität (Transparenz bzw. Relativtransparenz) von mehreren Modulen für Testzwecke unzureichend ist. Mit den in
diesem Kapitel vorgestellten Maßnahmen kann die partielle Injektivität zwar so
verbessert werden, daß sie für Testzwecke ausreicht; allerdings wird der Umfang der
Änderungen und Schaltungszusätze bei nur modulweiser Betrachtung meist unnötig groß
sein, da gegenseitige Abhängigkeiten nicht berücksichtigt werden. Daher ist es
lohnend, die Frage der Transparenzverbesserung auch im Kontext der Gesamtschaltung
zu untersuchen. Damit eng verbunden ist die Frage, wie die Betriebsarten aller
Module bei der Testdurchführung zu steuern sind. Allerdings sollten zuvor mit den
angegeben modulweisen Verbesserungen Erfahrungen gesammelt werden.

6 Ein Verfahren zur Anwendung von Modultests aufgrund partiell injektiver Pfadfunktionen

In den vorhergehenden Kapiteln wurde ein Konzept entwickelt und ausgearbeitet, um die Ergebnisse eines im Inneren einer modularen Schaltung ablaufenden Modultests an ihren Primärausgängen zu beobachten. Auf dieser Grundlage wird nun ein modulares Testbestimmungsverfahren angegeben, mit dem man aus den Modultests einen Test der Gesamtschaltung bestimmen kann. Die Voraussetzungen und Anforderungen dazu wurden mit dem Testkonzept im zweiten Kapitel angegeben.

Ein wesentlicher Teil des Testbestimmungsverfahrens wurde bisher noch nicht behandelt: die Bestimmung einer Belegung der Primäreingänge, durch die mehrere im Inneren der Gesamtschaltung vorgegebene Wertebelegungen eingestellt werden. Diese Aufgabenstellung ist (jeweils in einer für das Schaltungsmodell spezifischen Form) in allen deterministischen Testbestimmungsverfahren zu lösen. Ihre Lösung ist weitgehend unabhängig von dem hier betrachteten Fehlermodell. Allerdings wird angestrebt, das modulare Schaltungsmodell zur effizienten Lösung dieser Aufgabe auszunutzen. Es werden zunächst zwei auf Module anwendbare Operationen eingeführt, die bei geeigneter Steuerung interne Wertebelegungen einstellen können. Damit kann schließlich das Testbestimmungsverfahren angegeben werden. Überlegungen zur Effizienz des Verfahrens schließen dieses Kapitel ab.

6.1 Operationen zum Einstellen von internen Wertebelegungen

Nach dem Aufbau eines Beobachtungspfads (vgl. Kap. 4) ist zum Einstellen der internen Wertebelegungen der Teil der Gesamtschaltung zu betrachten, der die nicht zum Beobachtungspfad gehörenden Module enthält. Diese Teilschaltung sei gegeben, modelliert und beschrieben wie in Kap. 2 angegeben. Gegeben seien darin ferner eine Teilmenge der Moduleingänge, die mit bekannten Werten $\in \{0,1\}$ belegt ist, und eine Teilmenge der Modulanschlüsse, die von unbekannten Testergebnissen abhängt. Die restlichen Modulanschlüsse seien unbelegt (frei).

Gesucht ist eine Belegung der Primäreingänge der Gesamtschaltung, die unabhängig von den unbekannten Testergebnissen bewirkt, daß die vorgegebenen schaltungsinternen Belegungen eingestellt werden. Für die Lösung dieses Problems werden zwei auf Modulen arbeitende Operationen definiert: die Implikation und die Vervollständigung. Die erste Operation ermittelt die Belegungen, die von einer gegebenen Teilbelegung der Modul-Eingänge und -Ausgänge impliziert werden; die zweite vervollständigt eine teilweise Belegung von Modul-Eingängen soweit, daß dadurch alle vorgegebenen Belegungen der Modulausgänge eingestellt werden. Im Gegensatz zur ersten Operation sind dabei i.a. mehrere Ergebnisse möglich. Die Anwendung beider Operationen auf die Gesamtschaltung wird innerhalb der Testerzeugung behandelt.

Definition 6.1 (Implikation)

Sei M ein Modul der zu testenden Schaltung, e eine Belegung einer Teilmenge BE
der Moduleingänge und a eine Belegung einer Teilmenge BA der Modulausgänge,
beides Belegungen mit Werten $\in \{0,1\}$. Sei ferner TE die zu BE disjunkte Teilmenge
der Moduleingänge bzw. TA die zu BA disjunkte Teilmenge der Modulausgänge, die
von unbekannten Testergebnissen abhängen. Die **Implikation** ergänzt die Teilbelegungen (e,a) um die dadurch implizierten Belegungen für freie Anschlüsse des
Moduls M, falls dies konsistent ohne widersprüchliche Belegung eines Anschlusses
möglich ist. Dabei ist ein Anschluß widersprüchlich belegt, wenn er sowohl mit 0
als auch mit 1 belegt wird, oder wenn ein von unbekannten Testergebnissen abhängiger Anschluß mit 0 oder 1 belegt wird.

Eine erfolgreiche Implikation liefert eine konsistente Belegung der Modulanschlüsse.
Solange die Belegung noch unvollständig ist, ist die Konsistenz _nicht_ gleichbedeutend damit, daß die Belegung der Ausgänge des Moduls auch eingestellt werden kann
(erfüllbar ist). Dies wird erst durch die Vervollständigung geklärt.

Definition 6.2 (Vervollständigung)

Sei M ein Modul wie in Def. 6.1. Die **Vervollständigung** berechnet für die freien
Eingänge von M die Belegungen e', die zusammen mit den gegebenen Belegungen e
die Belegungen a der Ausgänge einstellen. Die **komplette Vervollständigung** berechnet alle Belegungen e'; die **partikuläre Vervollständigung** berechnet, falls
möglich, eine Belegungen e'.

6.1.1 Durchführung der Implikation

Die Implikation umfaßt zwei verschiedene Teilaufgaben. Zum einen sind aus der Belegung der Moduleingänge die implizierten Belegungen für die Modulausgänge zu bestimmen, was einer Auswertung der den Ausgängen zugeordneten Schaltfunktionen des Moduls
entspricht. Zum anderen sind aus den Belegungen der Modulausgänge die implizierten
Belegungen der Moduleingänge zu bestimmen. Daher wird die Implikation in zwei Teil-
Operationen (Vorwärts- und Rückwärtsimplikation) zerlegt, die alternierend solange
auszuführen sind, bis sich nach einer Rückwärtsimplikation keine zusätzlichen Wertebelegungen mehr ergeben oder bis erkannt wird, daß die gegebene Belegung inkonsistent ist. Vorwärts- und Rückwärtsimplikation und Verfahren zu ihrer Durchführung
werden nun beschrieben.

a) Vorwärts-Implikation

Durch Auswertung der den Ausgängen zugeordneten Schaltfunktionen berechnet die
Vorwärtsimplikation die durch die gegebene Belegung e implizierte Belegung der
Modulausgänge und bildet bei Konsistenz mit der bisherigen Belegung a die neue
Belegung a'. Da e nur eine teilweise Belegung der Eingänge darstellt, ergibt sich
für einen Ausgang entweder ein konkreter Funktionswert $\in \{0,1\}$ oder es wird als
Kofaktor eine Funktion der freien Eingänge berechnet, wobei der Funktionswert unbe-
stimmt ($=$ X) ist. Im Vergleich der implizierten Belegungen mit den gegebenen Bele-
gungen ergeben sich für einen Ausgang neun Kombinationen, die zu einem von drei
Fällen gehören:

<pre>
                implizierte Belegung
              ┌──────────────────────
              │ 0   1   X
           0 │ k   w   k
vorgegebene
  Belegung 1 │ w   k   k

           X │ n   n   k
</pre>

Fall k: Die gegebene Belegung ist mit der Belegung der Moduleingänge konsistent;
        sie bleibt bestehen.

Fall n: War der Ausgang bisher frei, so impliziert die gegebene Eingangsbelegung
        eine neue Belegung. Sie erweitert das Tupel der für die Modulausgänge gege-
        benen Belegungen a.

Fall w: Die durch die gegebene Belegung der Eingänge implizierte Belegung des Aus-
        gangs widerspricht der für diesen Ausgang gegebenen Belegung. Die Belegung
        des Moduls ist inkonsistent und die Implikation wird nicht weiter fortge-
        setzt.

Bild 6.1 zeigt als Beispiel die Implikation einer Belegung e für die Eingänge eines
Moduls bei einer vorgegebenen Belegung a = (X,0,X) der Modulausgänge.

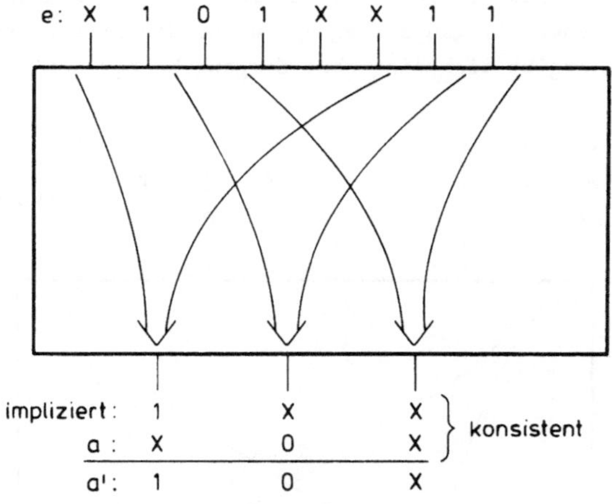

<u>Bild 6.1:</u> Beispiel zur Vorwärtsimplikation

Die von unbekannten Testergebnissen belegten Eingänge des Moduls werden bei der
Vorwärtsimplikation ähnlich wie freie Eingänge behandelt, mit dem Unterschied, daß
bisher freie Modulausgänge, sobald sie unabhängig von der Belegung der freien Eingänge von einem solchen Eingang ∈ TE abhängen, zur Menge TA gehören.
Ausgänge von Modulen außerhalb des Beobachtungspfads können allenfalls aufgrund
einer Vorwärtsimplikation von unbekannten Testergebnissen abhängig werden, nicht
jedoch durch direkte Verbindung mit einem abhängigen Anschluß eines anderen Moduls,
denn entsprechend dem Schaltungsmodell (vgl. Kap. 2) sind Ausgänge nur mit Eingängen

verbunden und Eingänge mit maximal einem Ausgang. Da zusätzlich die Vorwärtsbelegung auch nach Erweiterung einer gegebenen Eingangsbelegung eine einmal hergestellte Abhängigkeit eines Ausgangs von einem Eingang nicht wieder aufhebt, kommt es bei der Vorwärtsimplikation nicht zu einer widersprüchlichen Belegung von Modulausgängen aus TA.

b) Rückwärtsimplikation

Die Rückwärtsimplikation bestimmt ausgehend von den für die Modulausgänge gegebenen Belegungen die implizierten Belegungen der Moduleingänge und bildet bei Konsistenz die neuen Belegungen der Eingänge. Dabei bezieht sich die Implikation auf die Belegung einzelner Eingänge; sie dient also nicht dazu, festzustellen, mit welcher Kombination von Eingangsbelegungen eine gegebene Ausgangsbelegung erfüllbar ist. Modulausgänge, die von unbekannten Testergebnissen abhängen, werden wie freie Ausgänge behandelt; sie sind an der Rückwärtsimplikation nicht beteiligt.

Im Vergleich der vorgegebenen und der implizierten Belegung können an jedem Eingang des Moduls die oben beschriebenen 9 Kombinationen auftreten, bei denen drei Fälle zu unterscheiden sind. Analog zur Vorwärtsimplikation wird im Fall k die gegebene Belegung bestätigt; im Fall n kommt die Belegung eines weiteren Eingangs zur gegebenen Belegung hinzu und im Fall w liegt ein Widerspruch vor, die Belegung ist inkonsistent und die Implikation wird nicht weiter fortgesetzt. Wird im Fall n ein Moduleingang $\in$ TE belegt, der von unbekannten Testergebnissen abhängig ist, ist dies nach Definition 6.1 ebenfalls eine widersprüchliche Belegung und die Implikation wird nicht weiter fortgesetzt.

Bild 6.2 zeigt als Beispiel die Rückwärtsimplikation der Ausgangsbelegung a = (1,0,X) bei vorgegebener Eingangsbelegung e. Da die implizierte Eingangsbelegung mit e konsistent ist, ergibt sich eine neue Eingangsbelegung e'.

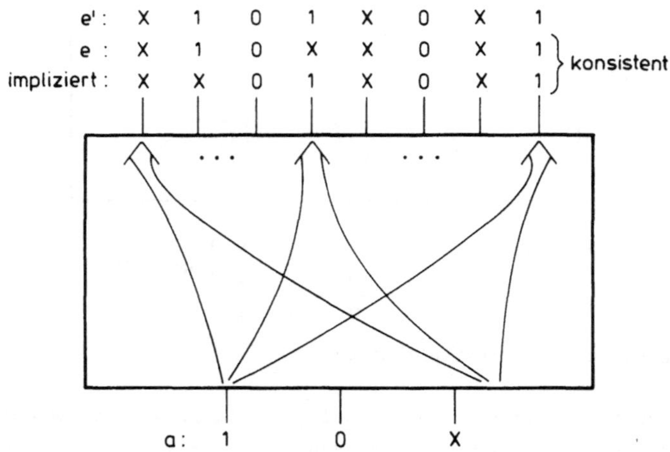

Bild 6.2: Beispiel zur Rückwärtsimplikation

Für die Durchführung der Vorwärts- und Rückwärtsimplikation anhand der im Testkonzept festgelegten Beschreibung der Modulfunktion durch ein Bündel F von Schaltfunktionen werden nun die Verfahren angegeben. Die von unbekannten Testergebnissen abhängigen Anschlüsse $\in$ TE $\cup$ TA sind dabei entsprechend den oben eingeführten Regeln zu behandeln. Wie in den vorangehenden Kapiteln werden Variablen mit Großbuchstaben und ihre Belegungen mit Kleinbuchstaben bezeichnet.

c) Durchführung der Vorwärtsimplikation

Stehen nicht nur die den Modulausgängen zugeordneten Schaltfunktionen F_i, sondern auch die negierten Funktionen $\neg F_i$ als DF zur Verfügung, dann kann die Vorwärtsimplikation mit einem zur Länge der beiden DF proportionalen Rechenaufwand durchgeführt werden. Für alle Ausgänge des Moduls werden sowohl zu F_i als auch zu $\neg F_i$ die Kofaktoren berechnet, die sich aus der gegebenen Belegung der Moduleingänge ergeben. Dann gilt:

$$F_i(E=e) = 0 \quad \text{impliziert } A_i = 0,$$
$$\neg F_i(E=e) = 0 \quad \text{impliziert } A_i = 1,$$
$$\text{andernfalls wird keine Belegung impliziert } (A_i = X).$$

Während bei der angenommenen Darstellung in DF die Funktion $F \equiv 0$ eine eindeutige Darstellung hat (keine Implikanten), hat die Funktion $F \equiv 1$ beliebig viele Darstellungen. Daher muß, falls die negierte Funktion nicht zur Verfügung steht, für die Implikation $A_i = 1$ ein Tautologietest durchgeführt werden (siehe etwa [Bray84a]).

Die Prüfung der implizierten Belegungen auf Konsistenz mit den gegebenen Belegungen und den von unbekannten Testergebnissen abhängigen Anschlüssen sowie die Berechnung der Ergebnisbelegung schließen die Durchführung der Vorwärtsimplikation ab. Falls die Belegung konsistent ist und Ausgangsbelegungen mit noch unbekannter Implikation vorhanden sind, folgt eine Rückwärtsimplikation.

d) Durchführung der Rückwärtsimplikation

Aufgabe der Rückwärtsimplikation ist es, die durch die gegebenen Ausgangsbelegungen eindeutig bestimmten Belegungen von Moduleingängen E_i zu ermitteln, auf Konsistenz mit den gegebenen Eingangsbelegungen zu vergleichen und ggf. die Eingangsbelegung zu erweitern. Es wird vorausgesetzt, daß zuvor eine Vorwärtsimplikation erfolgreich durchgeführt wurde, so daß die vorhandene Wertebelegung der Ein- und Ausgänge konsistent ist. Durch die Rückwärtsimplikation können Belegungen für weitere Eingänge hinzukommen.

Seien $A_1, .., A_q$ die noch unbelegten Ausgänge des Moduls und $E_1, .., E_p$ die noch freien Eingänge. Durch Einsetzen der gegebenen Belegung e in die den unbelegten Eingängen zugeordneten Funktionen F_j werden deren Kofaktoren F'_j berechnet. Damit wird für alle unbelegten Eingänge E_i geprüft, ob

$$\exists_1 \, c \in \{0,1\} : \forall \, e_{1..p} : \left(\bigwedge_{j=1}^{q} (F'_j(e_1,..,e_p)=a_j) \right) \Rightarrow e_i = c$$

wahr ist. Da ein direkter Schluß von den Funktionswerten auf Werte der Eingangsvariablen wegen der meist unbekannten Umkehrabbildung schwierig ist, wird hier die äquivalente Aussage

$$\exists_1\, c \in \{0,1\}: \forall\, e_{1..p}: \left(e_i = \neg c \Rightarrow \bigvee_{j=1}^{q} \left(F'_j(e_1,\ldots,e_p) = \neg a_j\right)\right)$$

als Grundlage der Rückwärtsimplikation verwendet. Zur Durchführung wird jeweils eine der (noch unbelegten) Eingangsvariablen probeweise erst mit 0, dann mit 1 belegt. Liefert eine anschließende Vorwärtsimplikation nur für genau einen der beiden Werte eine konsistente Belegung der Ausgänge, dann wird dieser Wert von der gegebenen Ausgangsbelegung impliziert. Führen beide probeweisen Belegungen zum Widerspruch, ist die Belegung des Moduls inkonsistent. Die Belegung ist ebenfalls inkonsistent, wenn für einen von unbekannten Testergebnissen abhängigen Eingang eine Belegung impliziert wurde. Kommt es bei keinem der beiden Werte zu einer widersprüchlichen Belegung der Ausgänge, bleibt dieser Eingang weiterhin frei.

<u>Beispiel 6.1 (Durchführung der Implikation):</u>

Sei ein Modul gegeben mit den Eingängen A,B,C,D und den Ausgängen F, G, H. Den Ausgängen seien die folgenden gleichnamigen Funktionen zugeordnet:

$$F(A,C,D) = AC \vee BD; \quad G(A,B,C,D) = AC\bar{D} \vee B\bar{C}; \quad H(B,D) = \bar{B}\bar{D}$$

Die Implikation beginne bei der Belegung $(A,B,C,D) = (-,-,1,0)$ und $(F,G,H) = (1,-,-)$. Sie nimmt folgenden Verlauf:

Schritt	Berechnung	(A,B,C,D)	(F,G,H)
1. Vorw.	$F' = A,\ G' = A,\ H' = \neg B$		$(1,-,-)$
1. Rückw.	$F = 1 \Rightarrow A = 1$	$(1,-,1,0)$	
2. Vorw.	$F'' = 1,\ G'' = 1$		$(1,1,-)$
2. Rückw.	keine Veränderungen		

Sie endet mit der konsistenten Belegung $(A,B,C,D) = (1,-,1,0)$ und $(F,G,H) = (1,1,-)$.

6.1.2 Durchführung der Vervollständigung

Ausgangspunkt für die Vervollständigung ist eine konsistente Belegung (e,a) der Moduleingänge und -ausgänge, wie sie sich aus erfolgreichen vorhergehenden Implikationen ergibt. Für die dann noch freien Eingänge sind die Belegungen e' gesucht, die zusammen mit e alle vorgegebenen Belegungen a der Moduleingänge einstellen.

Zunächst wird durch Einsetzen der gegebenen Eingangsbelegung e für alle Funktionen F_i der verbleibende Kofaktor F'_i berechnet. Eine Darstellung der negierten Funktion kann auch hier mit Gewinn verwendet werden. Die Funktionen, für die sich als Kofaktor ein konstanter Wert ergibt, müssen nicht weiter betrachtet werden, da die Belegungen der ihnen zugeordneten Ausgänge schon durch die gegebene Belegung e eingestellt werden. Dieser erste Schritt der Vervollständigung kann entfallen, wenn in der Implikation schon eingestellte Modulausgänge entsprechend markiert werden.

Seien A_1, .., A_q die Modulausgänge, für die eine Belegung vorgegeben ist und deren zugeordnete Funktion einen nichtkonstanten Kofaktor hat. Seien ferner E_1 bis E_p die freien Eingänge, von denen die F'_i abhängig sind. Die für die Vervollständigung gesuchten Belegungen enstprechen damit den Lösungen der logischen Gleichung:

$$\bigwedge_{j=1}^{q} (F'_j(E_1,\dots,E_p) \leftrightarrow a_j) = 1$$

Stehen auch die Darstellungen der negierten Modulfunktionen zur Verfügung, reduziert sich diese Gleichung zu einer Konjunktion von Schaltfunktionen. Ohne Darstellung der negierten Funktionen kann die Gleichung umgeformt werden in die Form:

$$(\bigwedge_{j=1}^{r} F'_j(E_1,\dots,E_p)) \# (\bigvee_{j=r+1}^{q} F'_j(E_1,\dots,E_p)) = 1$$

Gibt es Eingangsvariablen der F'_j, die von unbekannten Testergebnissen abhängen (ist also TE nicht leer), dann ist in der obigen Gleichung F'_j durch die Teilfunktion zu ersetzen, die unabhängig von den Eingängen aus TE erfüllt ist (vgl. Def. 4.16).

Bei der kompletten Vervollständigung werden alle Lösungen der obigen Gleichung bestimmt, etwa in Form vom Belegungsblöcken oder Implikanten, die Teilbelegungen der noch freien E_i entsprechen (siehe Anhang A). Für die partikuläre Vervollständigung wird, falls existent, nur eine Lösung der Gleichung berechnet. Dazu eignet sich ein kombinatorisches Suchverfahren.

<u>Beispiel 6.2 (komplette Vervollständigung):</u>
Sei ein Modul mit den Eingängen A,B,C,D und den Ausgängen F,G,H gegeben. Den Ausgängen seien die folgenden gleichnamigen Funktionen zugeordnet:

$$F(A,B,C) = A\bar{B} \vee \bar{A}C; \quad G(A,B,C) = \bar{A}B \vee A\bar{C}; \quad H(D) = \bar{D}.$$

Die Vervollständigung beginne bei der Belegung $D = 1$, $(F,G,H) = (1,1,0)$, die konsistent ist und durch Implikation nicht weiter bestimmt werden kann. Kein Anschluß des Moduls sei von unbekannten Testmustern abhängig (TE = TA = Ø). Aus der Gleichung

$$F(A,B,C) \wedge G(A,B,C) = 1$$

ergeben sich die beiden Teilbelegungen $(A,B,C) = (0,1,1)$ bzw. $(1,0,0)$, die zusammen mit $D = 0$ alle vorgegebenen Belegungen der Ausgänge einstellen.

Die Anwendung der Operationen Implikation und Vervollständigung in einer modularen Schaltung zum Einstellen interner Belegungen wird im nächsten Abschnitt behandelt.

6.2 Beschreibung des modularen Testbestimmungsverfahrens

Die bisher definierten Operationen zum Berechnen von Pfadbedingungen und zum Einstellen interner Wertebelegungen werden nun zu einem modularen Testbestimmungsverfahren kombiniert. Es geht nicht mehr um die einzelnen Operationen, sondern um den
Ablauf des Verfahrens, insbesondere um die Frage, wann welche Operation auf welche
Module anzuwenden sind. Der Aufbau des Beobachtungspfads wurde teilweise schon im
Kapitel 4 behandelt. Hauptgegenstand ist daher die Bestimmung von Belegungen für
die Primäreingänge der Schaltung, die alle zuvor bestimmten internen Wertebelegungen
einstellen.

Da der Ablauf beim Einstellen der internen Wertebelegungen weitgehend unabhängig
von dem hier betrachteten Testkonzept ist, bietet sich bis auf die Operationen auf
Modulen eine Lösung in Analogie zu einem der bekannten strukturorientierten Testbestimmungsverfahren an. Der D-Algorithmus [Roth66] verwendet zur Ermittlung der
Belegung der Primärausgänge die Knoten der Schaltung auf der Ebene elementarer
Verknüpfungselemente (Gatter). Die Belegungen dieser Knotenmenge werden ausgehend
vom Fehlerort aufgebaut und solange erweitert und modifiziert, bis entweder die
gesuchte Belegung der Primäreingänge gefunden wurde oder alle Knotenbelegungen
durchlaufen sind. Im zweiten Fall gibt es die gesuchte Belegung der Primäreingänge
nicht. Anders gehen der PODEM-Algorithmus [Goel81] und verwandte Verfahren vor.
Hier werden nur die Primäreingänge mit Werten belegt und durch eine implizite Aufzählung aller ihrer Belegungen wird, falls vorhanden, eine Lösung ermittelt. In
beiden Fällen werden Heuristiken angewandt, um die Lösung, falls sie existiert, mit
möglichst wenig Rechenaufwand zu bestimmen.

Für die hier behandelte modulare Testbestimmung wird entsprechend der Schaltungsmodellierung ein Verfahren vorgestellt, das in der Menge der Belegungen der Modulanschlüsse nach einer Lösung sucht, ausgehend von den vorgegebenen Wertebelegungen
(Modultestmuster und Belegungen der pfadeinstellenden Eingänge der Module des Beobachtungspfads). Zum einen reduziert es im Vergleich zum D-Algorithmus durch den
Übergang auf Module die Zahl der Schaltungsvariablen, die mit Werten zu belegen
sind. Zum anderen reduziert es die Anzahl der Bearbeitungsschritte, um eine mögliche
Wertebelegung in der Schaltung auszubreiten. Es ist dem in der vorliegenden Arbeit
untersuchten Testkonzept besser angepaßt, als die implizite Aufzählung der Eingangsbelegungen, da bei den Modulen in der Regel Belegungen mehrerer Eingänge gemeinsam
zu betrachten sind.
Für die Testbestimmung ergibt sich damit der folgende Ablauf, der unter Verwendung
der hier eingeführten Operationen auf Modulen jeweils aus einem Modultest einen
Teil des modularen Gesamttests bestimmt:

Für alle Module der Gesamtschaltung und alle Testmuster der Modultests werden die
Schritte T1 bis T5 durchgeführt:

T1: Die Eingänge des zu testenden Moduls M_T werden mit dem Modultestmuster tm belegt; die Ausgänge des zu testenden Moduls werden mit der Testantwort ta (Testergebnis im fehlerfreien Fall) belegt und erhalten das Attribut "von unbekanntem
Testergebnis abhängig"

T2: Die Belegungen der Anschlüsse von M_T werden an die mit ihnen verbundenen Anschlüsse anderer Module weitergegeben, ebenso das Attribut "von unbekanntem
Testergebnis abhängig". Für alle Module, die mit M_T direkt oder indirekt verbunden sind, werden die dadurch implizierten Belegungen berechnet.

T3: Mit den folgenden Teilschritten wird ein Beobachtungspfad von den Ausgängen von
M_T zu den Primärausgängen aufgebaut (vgl. Kap 4):

Solange der Beobachtungspfad fortsetzbar ist:

T3.1: Bestimmung der Module M_{PK}, die den Beobachtungspfad fortsetzen können,

T3.2: Die Transparenz- bzw. Realtivtransparenzbedingungen zu den gewählten Pfaden
durch die M_{PK} werden berechnet.

T3.3: Die pfadeinstellenden Eingänge der zur Fortsetzung des Pfads verwendeten
M_{PK} werden so belegt, daß die Pfadbedingung erfüllt ist. Alle von der
Testantwort abhängigen Ausgänge des Moduls erhalten das Attribut "von
unbekanntem Testergebnis abhängig".

T3.4: Die Belegungen und Attribute der M_{PK} werden an die mit ihnen verbundenen
Module weitergegeben. Für alle Module, die direkt oder indirekt mit den
M_{PK} verbunden sind, und nicht zum Beobachtungspfad gehören, werden die
dadurch implizierten Belegungen berechnet.
Wird dabei eine Inkonsistenz festgestellt, sind nach Änderung der vorhergehenden Wahlentscheidung, für die noch nicht alle Alternativen untersucht
sind, die Schritte bis T3.4 zu wiederholen ('backtracking').

Falls ein Beobachtungspfad gefunden wurde:

T4: Für die Module außerhalb des Beobachtungspfads, von denen in den Schritten T2,
T3 Ausgänge mit Werten $\in \{0,1\}$ belegt wurden, wird eine Vervollständigung durchgeführt. Dabei wird mit den Modulen begonnen, die mit dem letzten Pfadmodul
verbunden sind. Die Vervollständigung wird alternierend mit der Weitergabe der
ausgewählten Belegung an die angeschlossenen Module und deren Implikation durchgeführt, bis entweder eine Belegung für die Primäreingänge gefunden wurde, die
alle vorgegebenen internen Belegungen einstellt, oder bis das 'backtracking'
abgebrochen wird.

T5: Falls eine erfüllbare Vervollständigung für alle Module gefunden wurde, von denen Ausgänge belegt sind, ist die entsprechende Belegung der Primäreingänge ein Testmuster der Gesamtschaltung; Falls nicht, existiert zu dem Modultest tm des Moduls M_T kein Testmuster für die Gesamtschaltung.

Beispiel 6.3 (Ablauf der modularen Testbestimmung):

Für eine Schaltung entsprechend Bild 6.3 wird ein Ausschnitt aus dem Ablauf der Testbestimmung angegeben. Das Beispiel abstrahiert von den Einzelheiten der Operationen auf Modulen, wie z.B. Implikation und Vervollständigung.

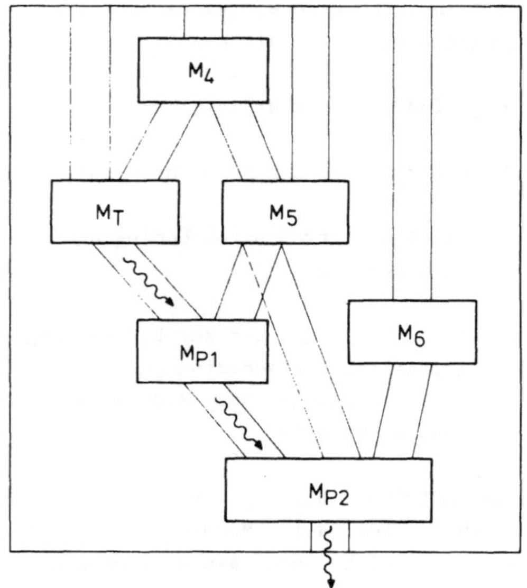

Bild 6.3: Modulstruktur der Schaltung zu Bsp. 6.3

T1: Das zu testende Modul M_T wird mit einem Testmuster tm und der zugehörigen Testantwort ta belegt. Seine Ausgänge erhalten das Attribut "von unbekanntem Testergebnis abhängig".

T2: Ein Teil des Modultestmusters wird direkt an die Primäreingänge weitergegeben, der andere Teil wird an das Modul M_4 weitergegeben. Am Modul M_4 wird eine Implikation durchgeführt, was die eventuelle Weitergabe von Belegungen an die direkt oder indirekt angeschlossenen Module M_5, M_{P1}, M_{P2} und die Implikation von M_5 nach sich ziehen kann.

Es folgt der Aufbau des Beobachtungspfads mit M_{P1} und M_{P2}:

T3.1: Das Modul M_{P1} wird zum ersten Modul des Beobachtungspfads bestimmt.

T3.2: Innerhalb von M_{P1} soll ein relativtransparenter Pfad zwischen den mit M_T verbundenen Eingängen und allen Ausgängen von M_{P1} verwendet werden, um den Beobachtungspfad fortzusetzen. Die Relativtransparenzbedingung RTB dieses Pfads wird berechnet und ist $\neq 0$.

T3.3:   Es wird eine Belegung der pfadeinstellenden Eingänge ausgewählt, die zum einen die RTB erfüllt und zum anderen mit den Wertebelegungen der pfadeinstellenden Eingänge konsistent ist, die aufgrund vorhergehender Implikationen schon vorhanden sind.

T3.4:   Die im vorhergehenden Schritt an M_{P1} vorgenommenen Belegungen werden an M_5 weitergegeben; bei M_5 wird eine Implikation durchgeführt, die weitere Belegungen der Module M_4 und M_{P2} sowie die Implikation an M_4 nach sich ziehen kann.

Das zweite Modul, das den Beobachtungspfad fortsetzt, ist M_{P2}. Es werden wieder die Schritte T3.1 bis T3.4 durchlaufen, was zu weiteren Belegungen bei den anderen Modulen und den Primäreingängen führen kann.

T4: Am Modul M_6 wird eine partikuläre Vervollständigung durchgeführt. Die dabei berechnete Belegung der Moduleingänge wird an die Primäreingänge weitergegeben.
Eine komplette Vervollständigung an Modul M_5 bestimmt alle Belegungen der noch freien Eingänge von M_5, die zusammen mit den schon vorhandenen Belegungen der Moduleingänge die Ausgänge von M_5 wie vorgegeben einstellen. Es wird darunter eine Teilbelegung ausgewählt, die wenig zusätzliche Eingänge belegt. Nach Weitergabe dieser Werte an M_4 wird schließlich dort noch eine partikuläre Vervollständigung durchgeführt. Die Weitergabe der Belegungen von M_4 und M_5 an die Primäreingänge schließt diesen Schritt ab.

T5: Sobald Schritt T4 erfolgreich beendet wurde, ist in Form der Belegung der Primäreingänge für ein weiteres Modultestmuster der entsprechende Teil des Gesamttests bestimmt.

Mit diesem Testmuster für die Gesamtschaltung können alle Fehler des Moduls M_T erkannt werden, die mit dem verwendeten Modultest beim Test von M_T allein erkennbar sind, außerdem alle Fehler der Pfadmodule, die das Beobachtungsergebnis verändern. Bei Verzicht auf die aufwendige Fehlersimulation der Gesamtschaltung bleibt allerdings unbekannt, welche Fehler der Pfadmodule damit erkannt werden.

6.3 Effizienzsteigernde Maßnahmen

Es werden mehrere Maßnahmen angegeben, von denen angenommen wird, daß ihre Anwendung die durchschnittliche Rechenzeit des modularen Testbestimmungsverfahrens reduziert. Diese Annahme kann insbesondere für Heuristiken jeweils nur mittels einer Implementierung validiert werden.

6.3.1 Erweiterung der Modulbeschreibung

Mehrere Berechnungen innerhalb der modularen Testbestimmung (z.B. Vorwärts-Implikation) vereinfachen sich, wenn nicht nur die Modulfunktionen, sondern auch die negierten Modulfunktionen in DF verwendet werden können. Daher sollen letztere nach einmaliger Berechnung in die Modulbeschreibung aufgenommen werden.

Sehr hilfreich, aber aufwendig zu berechnen, ist die **charakteristische Funktion** $cB(A_1,\dots,A_m)$ **der Bildmenge eines Moduls.** Sie wird von allen Belegungen der Modulausgänge erfüllt, zu denen es mindestens eine Belegung der Moduleingänge gibt, die die Belegung der Ausgänge einstellt. Innerhalb der Testbestimmung könnte mit dieser Funktion in zur Länge ihrer DF proportionaler Zeit erkannt werden, ob es unmöglich ist, eine (teilweise) Belegung von Modulausgängen einzustellen. (Die komplementäre Aussage ist dadurch nicht entscheidbar, da sie von den anderen Belegungen in der Schaltung abhängt.)
Prinzipiell kann diese Funktion durch

$$cB(A_1,\dots,A_m) := \exists E:\left(\bigwedge_{j=1}^{m} F_j(E) \leftrightarrow A_j\right)$$

berechnet werden. Zur Berechnung von cB werden die A_j als <u>Indikatorvariablen</u> verwendet. Die Anwendung des Existenzquantors (vgl. Kap. 4) eliminiert die Eingangsvariablen des Moduls aus dem logischen Ausdruck. Ohne weitere Maßnahmen liefert die Formel eine Mintermdarstellung von cB. Ein Ansatzpunkt zur Gewinnung einer kompakteren Darstellung ist, statt cB zunächst ¬cB zu berechnen. Dazu werden während der Einzelschritte

$$cB_0(A) = 1; \quad cB_k := cB_{k-1} \wedge (F_j(E) \leftrightarrow A_j) \quad \text{für } k = 1..m$$

alle A-Teilimplikanten gespeichert, die wegen ihres E-Anteils aus cB_k verschwinden. Die Disjunktion dieser Implikanten ist eine Darstellung von ¬cB. Die Berechnung selbst ist wegen der zusätzlich notwendigen Negation aufwendiger, allerdings erhält man damit eine kompaktere DF für cB. Sind nicht alle Ausgänge von allen Eingängen abhängig, kann man ggf. durch Partitonierung der Mengen der E_i und A_j die Berechnung vereinfachen ([Himm73b]).
Mit cB, der charakteristischen Funktion des Bildbereichs eines Moduls, kann die Testbestimmung deshalb effizienter durchgeführt werden, weil unmögliche interne Wertebelegungen schon früh als solche erkannt und ausgeschieden werden können; ihre Weitergabe an andere Module und damit zusammenhängende Implikationen und Vervollständigungen werden vermieden.

6.3.2 Verwendung von Heuristiken

Mit der Schätzung von Signalwahrscheinlichkeiten, die mit einem zur Schaltungsgröße proportionalen Aufwand durchgeführt werden kann [Wund84], kann man die Testbestimmung vorbereiten und beschleunigen. Es ist zu erwarten, daß nach den guten Erfahrungen, die mit der Verwendung geschätzer Signalwahrscheinlichkeiten in anderen Testbestimmungsverfahren gemacht wurden (z.B. [Tris84]), sie auch bei der hier betrachteten modularen Testbestimmung das Einstellen intern benötigter Belegungen wesentlich beschleunigen können. Nach der Berechnung einer Pfadbedingung oder nach einer kompletten Vervollständigung kann anhand der Signalwahrscheinlichkeiten jeweils die Belegung verwendet werden, die mit der höchsten Wahrscheinlichkeit durch eine Belegung der Primäreingänge einstellbar ist.

Andere Heuristiken betreffen entweder den Aufbau des Beobachtungspfads oder das Rechnen mit Schaltfunktionen. Diese werden im Abschnitt 4.4 und im Anhang A behandelt. Weitere Heuristiken beziehen sich speziell auf bestimmte Formeln und Gleichungen. Erwähnt sei hier als Beispiel die Heuristik, bei einer UND-Verknüpfung mehrerer Schaltfunktionen jeweils die Schaltfunktion als nächste zu verwenden, die den geringsten Erfüllungsgrad hat. Dadurch wird die Menge der Belegungen, die die Schaltfunktionen erfüllen, in jedem Schritt möglichst weit verkleinert, so daß möglichst früh erkannt wird, ob die Konjunktion unerfüllbar ist.

6.3.3 Speicherung von Zwischenergebnissen

Ergänzend zu den vor der Testbestimmung berechneten Erweiterungen kann es nützlich sein, gewisse Zwischenergebnisse zur späteren Wiederverwendung zu speichern. Dazu gehören insbesondere der Verlauf eines Beobachtungspfads (welche Module, welche Ein- und Ausgänge der Module) und die Pfadbedingung (Transparenzbedingung; Relativtransparenzbedingung mit Sollwert der Testantwort). Bei transparenten Beobachtungspfaden kann es sinnvoll sein, die zur Einstellung des Pfads in der Gesamtschaltung .verwendeten Belegungen auch für weitere Modultests als Initialisierung zu verwenden.

7 Bewertung ausgewählter Verfahren und der partiellen Injektivität anhand praktischer Schaltungsbeispiele

Das in der vorliegenden Arbeit entwickelte Testkonzept kann erst anhand einer vollständigen Implementierung, die noch aussteht, umfassend bewertet werden. Wesentliche
Aussagen lassen sich jedoch schon jetzt aus dem Vergleich des Testkonzepts und
seiner Verfahren mit fremden Arbeiten und anhand einer ersten Implementierung der
Verfahren, die für das Testkonzept grundlegend sind, gewinnen.

7.1 Vergleich mit anderen Ansätzen

7.1.1 D-Algorithmus mit mehrwertigem Signalmodell

Der D-Algorithmus und daraus entwickelte Verfahren verwenden als Fehlermodell (einfache) st-0/st-1-Fehler. Es ist zu prüfen, ob sich solche Verfahren auch eignen,
mit dem hier verwendeten abstrahierenden Modulfehlermodell Tests zu bestimmen.
Das abstrahierende Modulfehlermodell beinhaltet jeweils die Menge aller Fehler, die
sich in einer von einem Sollwert s abweichenden Testantwort äußern. Auf transparenten und relativtransparenten Pfaden kann diese Menge von $2^K - 1$ Fehlern (bei Pfadbreite K) in einem bzw. einigen Beobachtungsschritten durch ein Modul des Beobachtungspfads geleitet werden. Dagegen wären bei Verfahren ähnlich dem D-Algorithmus
auch mit einem mehrwertigen Signalmodell, wie es z.B. in [Muth76] und [CDO78] verwendet wurde, bis zu $2^K - 1$ Fehler einzeln zu betrachten. Insbesondere ist es bei
solchen Verfahren i.a. nicht möglich, mit einer zur Pfadbreite proportionalen Anzahl
von Pfadsensibilisierungen auszukommen. Das folgende kleine Beispiel illustriert
den Sachverhalt.

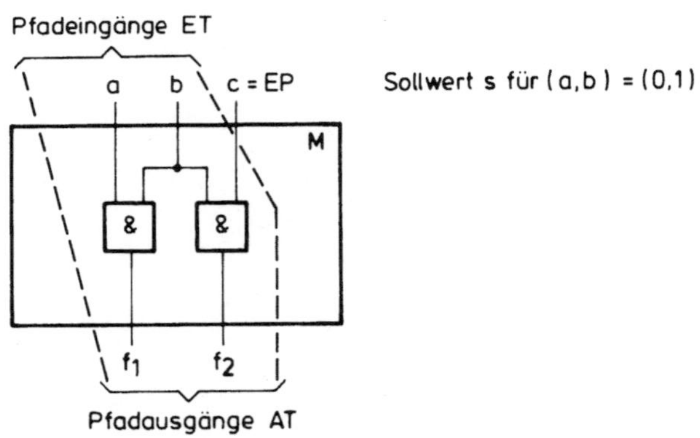

Bild 7.1: Schaltung zum Beispiel 7.1

Beispiel 7.1:
M sei ein Modul mit den Eingängen E = (a,b,c), den Ausgängen A = (f_1,f_2) sowie
den gleichnamigen Modulfunktionen f_1(a,b) = a ∧ b,
f_2(b,c) = b ∧ c (siehe Bild 7.1). Betrachtet wird der Pfad M|(a,b) → (f_1,f_2) und
ein abstrahierender Modulfehler mit Sollwert s: (a,b) = (0,1).

Die Aufgabe, alle von s abweichenden Testmuster auch an den Modulausgängen beobachten zu können, wird nach der Berechnung der Relativtransparenzbedingung durch c=1 vollständig gelöst (vgl. Bsp. 4.6). Im D-Algorithmus ist für alle drei von s abweichenden Belegungen eine Pfadsensibilisierung zu berechnen; die Verwendung des 9-wertigen Signalmodells nach [Muth76] bringt nicht die.gewünschte Vereinfachung, da sich z.B. für $(a,b)=(\neg D,G1)$ $(f_1,f_2)=(G0,G1)$, d.h. keine Sensibilisierung, ergibt.

Die Zahl der zu unterscheidenden Fälle kann bei K halbbestimmten Signalwerten am Pfadeingang auf $2^K - 1$ anwachsen. Auch die Fehlersimulation kann bei nur halbbestimmten Ausgangsbelegungen den Aufwand nicht vermindern, da sie in solchen Fällen keinen der Fehler als erkannt ausscheiden kann.

Dagegen löst die Berechnung der (Relativ-) Transparenz-Bedingung diese Probleme in geschlossener Form und kann auch für eine gegebene Fehlermenge eine minimale Anzahl von Beobachtungen garantieren (siehe 4.3.3).

7.1.2 Ansatz von Somenzi et al.

In [Some85] wurde ein Vorschlag zum Testen von modularen, aus PLAs zusammengesetzten Schaltungen gemacht. Dabei wird auch eine Pfadeigenschaft entsprechend der Relativtransparenz bei _einer_ Beobachtung verwendet. Allerdings fehlt dort die Betrachtung mehrerer Beobachtungen und es wurde neben einer i.a. unvollständigen Näherungslösung ein exaktes Berechnungsverfahren angegeben, dessen Aufwand in jedem Fall exponentiell mit der Pfadbreite wächst.

In der vorliegenden Arbeit wurde durch die Berücksichtigung von Lösungen mit mehreren Beoachtungen und durch die Berechnung von Randbedingungen für die Relativtransparenz ein vollständiges und exaktes Berechnungsverfahren angegeben, das die Beobachtungsaufgabe der Fehlererkennung mit einer jeweils minimalen Anzahl von Beobachtungen löst. Der Rechenaufwand dafür hängt hauptsächlich von der Länge der DF der Modulfunktionen ab. In technischen Anwendungen ist diese Formellänge in vielen Fällen recht klein (s.u.), was eine effiziente Berechnung ermöglicht.

Bei den anderen schon in der Abgrenzung der Aufgabenstellung (Abschnitt 1.5) behandelten Arbeiten zur modularen Testbestimmung sind die dort schon festgestellten Unterschiede im Ansatz oder in der Vorgehensweise so groß, daß ein detaillierterer Vergleich hier nicht möglich ist.

7.2 Bewertung anhand praktischer Beispiele

Anhand praktischer Schaltungsbeispiele sollen einige der für das Testkonzept wesentlichen Verfahren bewertet werden. Zu bewerten ist neben der prinzipiellen Machbarkeit des hier vorgeschlagenen Testkonzepts die Wirksamkeit der einzelnen Verfahren. Die Implementierung konzentrierte sich auf die Verfahren zur Berechnung der Transparenz und Relativtransparenz. Auch ein Teil der Verfahren zur Verbesserung der Trans-

parenz wurde implementiert (siehe [Geng85]).
Nach der Diskussion der Eigenschaften der bei den Schaltungsbeispielen vorgefundenen Funktionsdarstellungen und nach der Einführung von verschiedenen Kenngrößen zur Charakterisierung von Pfaden werden Ergebnisse aus der Berechnung der Relativtransparenz von Mehrfachpfaden bei einer und mehreren Beobachtungen und aus der Berechnung der Transparenz von Mehrfachpfaden angegeben. Für zahlreiche Pfade praktischer Schaltungsbeispiele wird die partielle Injektivität bestimmt und mit Pfadkenngrößen in Beziehung gesetzt. Die Laufzeit und der Speicherbedarf der implementierten Verfahren wird diskutiert.

7.2.1 Merkmale der Funktionsdarstellung

Zu den Voraussetzungen für das hier vorgestellte Testkonzept gehört, daß die Modulfunktionen eine zweistufige Darstellung in DF haben, deren Umfang nicht exponentiell mit der Anzahl der Moduleingänge wächst, da andernfalls die algebraische Bestimmung von Lösungsmengen logischer Gleichungen genau so aufwendig wird wie tabellarische Lösungsverfahren. In Kapitel 2 wurde festgestellt, daß diese Voraussetzung von praktischen Schaltungen erfüllt wird, wenn man von Sonderfällen (z.B Schaltnetzrealisierung der Multiplikation) absieht. Diese Einschätzung soll hier anhand einer Menge von Schaltnetzen konkretisiert werden, die überwiegend aus praktischen Aufgabenstellungen (Entwurf von Steuerwerken) stammen und bei der Entwicklung des Programmsystems LOGIC (früher LOGE genannt, siehe [LNS82]) gesammelt wurden (siehe Tabelle 7.1).

Nr.	n	m	Einzel-Minim.			Bündel-Minim.			Dabei ist:
			#I	SI	#I/f	#I	SI	#I/f	
1	18	30	121	189	6,3	47	288	9,6	n = Anzahl der Eingänge,
2	12	10	161	177	17,7	69	258	25,8	m = Anzahl der Ausgänge,
3	16	10	64	67	6,7	48	70	7,0	
4	14	13	154	177	13,6	70	281	21,6	#I = Anzahl der
5	12	14	182	212	15,1	70	360	25,7	Implikanten im
6	7	10	19	21	2,1	12	29	2,9	Funktionsbündel,
7	13	15	55	61	4,1	22	95	6,3	
8	14	16	142	159	9,9	68	278	17,4	SI = Summe der Implikanten
9	14	5	87	98	19,6	60	108	21,6	der einzelnen Funk-
10	12	19	174	204	10,7	72	280	14,7	tionen,
11	13	19	51	60	3,2	23	71	3,7	
12	13	27	174	204	7,6	98	378	14,0	#I/f = mittlere Anzahl von
13	7	4	12	13	3,2	11	14	3,5	Implikanten je
									Funktion.
Σ		192	1396	1642	8,6	670	2510	13,1	

Tabelle 7.1: Kenndaten der Schaltungsbeispiele

Zur praktischen Bewertung von Teilverfahren werden diese unabhängig von der vorliegenden Arbeit ausgewählten Schaltungsbeispiele als Module verwendet. Die Tabelle zeigt, daß die zweistufigen, mit LOGIC gewonnenen Funktionsdarstellungen jeweils nur wenige Implikanten umfassen; dies bei 7 bis 18 unabhängigen Variablen. Bei Minimierung von Einzelfunktionen ergeben sich im Schnitt 8,6 Implikanten, bei Bündelminimierung sind es 13,1 Implikanten. Durch Vergleich der Spalten '#I' und 'SI' erkennt man, daß bei der Bündelminimierung ein Implikant an durchschnittlich 3,7 Funktionen beteiligt ist, während bei unabhängiger Minimierung von Einzelfunktionen dieser Wert mit 1,2 natürlich viel niedriger liegt.

Diese empirischen Daten bestätigen eine der wesentlichen Voraussetzungen für das hier ausgearbeitete Testkonzept: die Formellänge, auch in zweistufiger Darstellung in DF, ist für die Funktionen vieler praktischer Schaltungen recht klein, auch wenn es durchaus praktische Schaltungen wie z.B. für die Paritätsberechnung gibt, deren Darstellung in DF exponentiellen Umfang hat. Daher sind die zur Umsetzung des Testkonzepts entwickelten algebraischen Verfahren, deren Rechenaufwand wesentlich von der DF-Formellänge abhängt, i.a. für praktische Schaltungen geeignet.

Da die mit LOGIC realisierten Funktionen in der Regel nur teilweise spezifiziert sind (für einen Teil der Eingangsbelegungen sind die Funktionswerte nicht spezifiziert), ergeben sich je nach Minimierungsverfahren (Einzel-/Bündel-Minimierung) für die Realisierung nicht nur unterschiedliche Funktionsdarstellungen, sondern auch unterschiedliche Funktionen. So haben bündelminimisierte Funktionen in der Regel nicht nur mehr Implikanten, sondern sind auch im Vergleich zu einzeln minimisierten Funktionen z.T. von zusätzlichen Variablen abhängig. Daraus können für funktionelle Eigenschaften wie Boolesche Differenz, Transparenz und Realtivtransparenz je nach Minimierungsverfahren unterschiedliche Ergebnisse resultieren. Auch dieser Effekt soll im folgenden noch näher untersucht werden.

7.2.2 Ergebnisse aus der Bestimmung der Relativtransparenz

Im Kapitel 4 wurde u.a. die Relativtransparenz als Eigenschaft von Pfaden in Schaltungsmodulen eingeführt. Anhand der Schaltungsbeispiele aus Abschnitt 7.2.1 wird nun untersucht, ob und in welcher Ausprägung die Relativtransparenz in Modulen, die praktischen Schaltungen entsprechen, vorkommt. Dazu wurden die Verfahren zur Berechnung der Relativtransparenzbedingungen bei einer und mehreren Beobachtungen innerhalb einer vom Autor betreuten Diplomarbeit [Lepo85] implementiert. Diese Programme basieren auf dem Programmsystem CUBICALC (siehe Anhang A) und wurden nach Abschluß der Diplomarbeit noch um verschiedene Möglichkeiten zur statistischen Auswertung der Ergebnisse ergänzt.

Mit der praktischen Bestimmung der Relativtransparenz sollen u.a. die folgenden Fragen beantwortet werden:

FR1: Für welche Pfade ist die Relativtransparenzbedingung bei praktischen Schaltungen erfüllbar (z.B. für welche Pfadbreite)?

FR2: Wieviele Beobachtungen sind notwendig, wenn bei _einer_ Beobachtung keine Relativtransparenz vorliegt?

FR3: Mit welcher Wahrscheinlichkeit wird die Relativtransparenzbedingung von einer Belegung der pfadeinstellenden Eingänge erfüllt (unter der Annahme, daß jede Belegung die gleiche Wahrscheinlichkeit $2^{-(n-p)}$ hat)?

FR4: Gibt es Kenngrößen bzw. Maßzahlen des Moduls, des betrachteten Pfads, die sich zur Schätzung der Relativtransparenz-Ergebnisse eignen und mit deutlich geringerem Aufwand als die RTB bzw. die STB_i bestimmt werden können?

FR5: Wie groß ist (beim implementierten Prototyp) der Rechenaufwand zur Bestimmung der RTB bzw. STB_i?

Von der Beantwortung der ersten drei Fragen hängt ab, ob die Verwendung des abstrahierenden Modulfehlermodells zusammen mit der Relativtransparenz von Pfaden praktikabel ist und ob dadurch im Vergleich zur Bearbeitung einzelner Fehler, wie z.B. im D-Algorithmus, die Anzahl der für die Testerzeugung in der Gesamtschaltung zu bildenden Beobachtungspfade reduziert wird.
Die in der vierten Frage gesuchten Kenngrößen sollen zunächst helfen, die Relativtransparenz als funktionelle Eigenschaft besser zu verstehen. Praktische Bedeutung haben solche Kenngrößen sowohl in der Entwurfsphase, wenn abzuschätzen ist, ob sich eine modulare Schaltung für die hier vorgeschlagene Testbestimmung eignet, als auch während der eigentlichen Testbestimmung, wenn zur Fortsetzung des Beobachtungspfads Alternativen heuristisch zu bewerten sind.
Schließlich können anhand des implementierten Prototyps Rechenzeiten bestimmt werden. Wenn diese Zeiten schon beim Prototyp, der noch kaum bzgl. Rechenzeiten optimiert wurde, innerhalb eines akzeptablen Rahmens liegen, ist zu vermuten, daß sich die angegebenen Verfahren grundsätzlich für eine effiziente Implementierung eignen.

7.2.2.1 Kenngrößen zur Charakterisierung von Pfaden

Zur Vorbereitung der Beantwortung der Frage FR3 werden mehrere Kenngrößen definiert. Später werden dann die Ergebnisse der Realtivtransparenzbestimmung auf Abhängigkeiten von diesen Kenngrößen untersucht, um u.a. die Eignung der Kenngrößen zur Schätzung der Relativtransparenz zu beurteilen.

Es werden hier die im zweiten Kapitel für das Modulmodell eingeführten Bezeichnungen auch für die konkreten Schaltungen verwendet:

$E = (e_1, \ldots, e_n)$, das n-Tupel der Moduleingänge e_i,
$A = (a_1, \ldots, a_m)$, das m-Tupel der Modulausgänge a_j,
$F = (f_1, \ldots, f_m)$, das m-Tupel der Modulfunktionen f_j.

Wie im im Kapitel vier ist $ET = (ET_1, \ldots, ET_p)$ das p-Tupel der Pfadeingänge und $AT = (At_1, \ldots, AT_q)$ das q-Tupel der Pfadausgänge.

Vor den eigentlichen Kenngrößen werden noch folgende Bezeichner vereinbart:

qr_i Anzahl der den Pfadausgängen zugeordneten Modulfunktionen, die vom Pfadeingang ET_i abhängig sind,

qr Anzahl der den Pfadausgängen AT zugeordneten Modulfunktionen, die von mindestens einem der Pfadeingänge abhängen,

$BD_{i,j}$ Boolesche Differenz der dem Pfadausgang AT_j zugeordneten Modulfunktion nach der Variablen ET_i .

Mit diesen Bezeichnungen und mit E(f), dem Erfüllungsgrad einer Funktion f (vgl. Def. 3.7), werden die Pfadkenngrößen definiert.

Definition 7.1 (Pfad-Kenngrößen)

Sei $P=M|ET\rightarrow AT$ ein Pfad des Moduls M. Zur Charakterisierung des Pfads P werden die folgenden **Pfad-Kenngrößen** definiert:

$EAQ_P := p/qr$ (Verhältnis Anzahl der Pfadeingänge zu Anzahl der relevanten Pfadausgänge),

$TEQ_P := p/n$ (Anteil der Pfadeingänge an den Moduleingängen),

$$BTD_P := 1/p \cdot \sum_{i=1}^{p} qr_i/q \quad \text{(durchschnittliche Beteiligung der Pfadeingänge an den Pfadausgängen)}$$

$$BDD_P := 1/(p \cdot q) \cdot \sum_{i=1}^{p} \sum_{j=1}^{q} E(BD_{i,j})$$

(durchschnittlicher Erfüllungsgrad der Booleschen Differenzen aller den Pfadausgängen zugeordneten Modulfunktionen nach allen Pfadeingangsvariablen),

$$SP_P := E(\bigvee_{i=1}^{p} \bigvee_{j=1}^{q} BD_{i,j})$$

(Wahrscheinlichkeit, daß bei beliebiger, gleichverteilter Belegung der Moduleingänge mindestens ein Einzelpfad in P sensibilisiert ist).

Diese Pfad-Kenngrößen wurden ausgewählt, weil vermutet wird, daß es Abhängigkeiten zwischen ihnen und den Ergebnissen der Relativtransparenzbestimmung gibt. Insbesondere soll damit auch untersucht werden, ob sich die Booleschen Differenzen, die nach den Sätzen 4.3 und 4.10 gleich der Transparenzbedingung und der Relativtransparenzbedingung für Einzelpfade sind, zur Schätzung der Relativtransparenz von Mehrfachpfaden eignen.

Dadurch, daß für jedes Modul vorab _einmal_ gewisse Größen wie die Booleschen Differenzen berechnet werden, können alle obigen Pfadkenngrößen für jeden Pfad des Moduls mit einem im Vergleich zur Berechnung der Relativtransparenz geringen Aufwand bestimmt werden. Nach den an der Implementierung gemessenen Zeiten gilt dies auch für SP, wo zur Berechnung des Erfüllungsgrads die Disjunktion der Booleschen Differenzen in eine DF mit disjunkten Implikanten umzuwandeln ist.

7.2.2.2 Durchführung der praktischen Relativtransparenzbestimmung

In der von mir betreuten Diplomarbeit [Lepo85] wurden die Verfahren zur Bestimmung der Relativtransparenz in Form eines dialog-orientierten Prototyps implementiert. Es wurden dabei auch Konvertierungsprogramme erstellt, um die Beschreibung der Modulfunktionen direkt aus anderen Programmsystemen (CUBICALC, LOGIC [LNS82]) übernehmen zu können. Mit Hilfe dieses Prototyps wurden *erste* Ergebnisse anhand der der Schaltungsbeispiele Nr. 3, 5, 6, 7 und 11 aus Tabelle 7.1 gewonnen. Unter Verwendung eines Generators für Pseudozufallszahlen (aus dem SIRAM-System [Echt82]) wurde jeweils ein Pfad und ein Sollwert s für die Testantworten an den Pfadeingängen ausgewählt. Auf diese Art wurde in ca. 250 Fällen die Relativtransparenz bestimmt. Die Ergebnisse wurden in Abhängigkeit von jeweils zwei Pfadparametern (TEQ und BTD bzw. TEQ und BDD) dargestellt und ausgewertet. Aufgrund der relativ geringen Stichprobengröße war zwar eine Validierung der Programme möglich, jedoch ließen sich daraus statistische Ergebnisse nur mit einiger Unsicherheit ableiten.

Um zusätzliche Aussagen zu gewinnen, wurden weitere Relativtransparenzbestimmungen durchgeführt. Dazu wurden alle Schaltungsbeispiele aus Tabelle 7.1 verwendet und die Auswertung der Ergebnisse wurde erweitert. Neben der Anzahl der Beobachtungen werden auch der Erfüllungsgrad E(RTB) der Relativtransparenzbedingung RTB, der Erfüllungsgrad E(RB) der Randbedingung RB der Testantworten, und das arithmetische Mittel des Erfüllungsgrads E(STB) der Bedingungen der sequentiellen Relativtransparenz STB_i berechnet.

Zur Untersuchung der Relativtransparenz wurde der folgende Ablauf implementiert:

1. Einlesen eines Moduls und der **Ablauf-Parameter**:
   rani Initialisierung des Pseudozufallszahlengenerators,
   pmin Mindestanzahl der Pfadeingängen,
   pmax Höchstanzahl der Pfadeingängen,
   qconst konstante Anzahl der Pfadausgänge,
   wh_pfad Wiederholungsfaktor für Pfade mit gleichem p,
   wh_belegung Wiederholungsfaktor für die Wertebelegungen eines Pfads.

2. Für Pfadbreite p = pmin, pmin+1, ..., pmax:
   2.1 Mit Pseudozufallsgenerator wh_pfad Pfade mit p Eingängen und qconst Ausgängen bestimmen.
   2.2 Kenngrößen der Pfade (TEQ, EAQ, BTD, BDD, SP) bestimmen.
   2.3 Für jeden der wh_pfad Pfade mit dem Pseudozufallsgenerator wh_belegung Wertebelegungen als Sollwert s der Pfadeingänge bestimmen.
   2.4 Für alle Pfade und alle ihre Wertebelegungen s die Relativtransparenzbedingung RTB und, falls notwendig, auch die Randbedingung RB und die Bedingungen STB_i für die sequentielle Relativtransparenz berechnen.

3. Ergebnisse aller Relativtransparenzbestimmungen des Moduls tabellarisch ausgeben.

Die Ausgabe der Ergebnisse erfolgt getrennt für die einzelnen Moduln, wobei alle Einzelergebnisse auch nach Werte-Intervallen der Pfadkenngrößen gruppiert werden. Dies erleichtert eine Analyse der vermuteten Abhängigkeiten. Daneben werden für jeden Einzelfall die Berechnungsergebnisse wie z.B. die Transparenzbedingung in DF ausgegeben.

Je Schaltungsmodul aus Tabelle 7.1 wurde für etwa 300 Fälle (1Fall $\hat{=}$ Pfad mit Soll-wert s) die Relativtransparenz bestimmt, um statistisch aussagekräftige Ergebnisse zu erhalten. Soweit nicht anders angegeben, beziehen sich alle Ergebnisse auf Schaltungen, die durch Einzelminimierung mit dem Programm LOGIC SNE (Option PAL) erzeugt wurden. Es folgen verschiedene Auswertungen der zahlreichen Einzeldaten.

7.2.2.3 Anzahl der für Relativtransparenz notwendigen Beobachtungen

Im Kapitel 4 der vorliegenden Arbeit wurde Relativtransparenz bei einer und mehreren Beobachtungen eingeführt. Die folgende Tabelle 7.2 gibt prozentual an, in welchem Teil aller Relativtransparenzbestimmungen eine Lösung mit 1, 2, 3, 4 oder 5 und mehr Beobachtungen gefunden wurde. (Graphische Einzeldarstellungen dieser Ergebnisse sind in Anhang B enthalten.) Die Lösungen sind vollständig in dem Sinn, daß alle von s abweichenden Belegungen der Pfadeingänge an den Pfadausgängen erkannt werden, soweit dies ohne Modifikation der Funktion möglich ist. Die Anzahl der Beobachtungen ist bei mehreren Beobachtungen nicht unbedingt minimal, da zur Lösung des dabei auftretenden verallgemeinerten Überdeckungsproblems ein Näherungsverfahren einge-setzt wird (vgl. Abschnitt 4.3.3). Daher ist es im Einzelfall möglich, daß es auch eine Lösung mit weniger als der angegeben Anzahl von Beobachtungen gibt.

Nr.	Ablaufparameter			Beobachtungen				
	Fälle	pmin	pmax	qconst	1	2	3	4	≥5
1	300	1	15	15	52%	31%	13%	4%	<1%
2	320	1	8	8	62%	31%	8%	<1%	-
3	315	1	9	9	55%	31%	12%	1%	<1%
4	300	1	10	10	47%	38%	13%	2%	-
5	300	1	12	12	67%	29%	5%	<1%	-
6	294	1	7	7	86%	14%	-	-	-
7	320	1	8	8	73%	23%	3%	1%	-
8	320	1	8	8	48%	39%	12%	1%	-
9	320	1	5	5	70%	26%	4%	-	-
10	300	1	10	10	61%	29%	10%	<1%	-
11	300	1	10	10	70%	28%	1%	-	-
12	312	1	13	13	81%	18%	1%	-	-
13	324	1	4	4	79%	17%	3%	-	-

Tabelle 7.2: Anteile der Einfach- und Mehrfachbeobachtungen an den bei der
Relativtransparenzbestimmung untersuchten Fällen

Wie man der Tabelle 7.2 entnehmen kann, reicht in der Mehrzahl der Fälle <u>eine</u> Beobachtung aus, um das Beobachtungsproblem der Fehlererkennung so vollständig, wie ohne Veränderung der Modulfunktionen möglich, zu lösen; d.h. die Relativtransparenzbedingung ist erfüllt (ggf. mit Einschränkungen; vgl. Abschnitt 7.2.2.4).
Sind zur Lösung der Beobachtungsaufgabe mehrere Beobachtungen erforderlich, so kommt man, von wenigen Ausnahmen abgesehen, mit zwei bis drei Beobachtungen aus.

Diese Ergebnisse bestätigen das hier entwickelte Testkonzept in einigen wesentlichen Punkten. Relativtransparenz ist eine Eigenschaft von Mehrfachpfaden, die zumindest in den hier untersuchten Schaltungsbeispielen zu einem hohen Prozentsatz in einer für die Testerzeugung günstigen Form vorhanden ist. Besonders für Beobachtungspfade, die sich aus Pfaden durch mehrere Module der Gesamtschaltung zusammensetzen, ist es günstig, daß, wie in den obigen Beispielen, je Modul im Mittel nur ein bis zwei Beobachtungen notwendig sind, da (ohne weitere Maßnahmen) diese Zahlen für den ganzen Beobachtungspfad zu multiplizieren sind. Die 13 betrachteten Schaltungsbeispiele wurden unabhängig von der vorliegenden Arbeit zusammengestellt; daher ist zu vermuten, daß die hier gefundenen Ergebnisse in ähnlicher Form auch für viele andere Schaltungen gelten.

7.2.2.4 Erfüllungsgrad der Relativtransparenz-Bedingungen und der Randbedingung

Ist ein Pfad entweder bei einer Beobachtung relativtransparent oder bei mehreren Beobachtungen sequentiell relativtransparent, so ist es für die Testbestimmung wesentlich, daß die entsprechenden Bedingungen (eine Relativtransparenzbedingung RTB bzw. mehrere Bedingungen für die sequentielle Relativtransparenz STB_i) "leicht" erfüllbar sind. Wie in Kapitel 6 erläutert wurde, müssen zur Anwendung eines Modultests simultan mehrere interne Wertebelegungen (Modultestmuster am Eingang des zu testenden Moduls, Belegungen der pfadeinstellenden Eingänge der Module im Beobachtungspfad) durch <u>eine</u> Belegung der Primäreingänge eingestellt werden. Daher ist es günstig, wenn ein hoher Prozentsatz der Belegungen der pfadeinstellenden Eingänge die entsprechenden Bedingungen für Relativtransparenz erfüllt.
Als Maß für die Schwierigkeit, mit der eine Bedingung erfüllt werden kann, wird hier ihr <u>Erfüllungsgrad</u> (Def. 3.7) verwendet, der bei Gleichverteilung der Belegungen die Wahrscheinlichkeit angibt, daß die Bedingung von einer Belegung erfüllt wird. Für Zwecke der Testerzeugung ist es i.a. um so besser, je höher der Erfüllungsgrad ist.

Die Tabelle 7.3 gibt zu allen untersuchten Schaltungen den **mittleren Erfüllungsgrad E(RTB) (E(STB)) der (sequentiellen) Relativtransparenzbedingung** an. Bei der Mittelwertbildung wird jeder Fall nur für die Bedingung berücksichtigt, die in diesem Fall erfüllbar ist. Da sich Relativtransparenz und sequentielle Relativtransparenz nach Definition gegenseitig ausschließen, wird jeder Fall genau einmal berücksichtigt.

Nr.	Ablaufparameter				E(RTB)	E(STB)
	Fälle	pmin	pmax	qconst		
1	300	1	15	15	0,371	0,208
2	320	1	8	8	0,325	0,135
3	315	1	9	9	0,267	0,098
4	300	1	10	10	0,259	0,136
5	300	1	12	12	0,405	0,209
6	294	1	7	7	0,540	0,355
7	320	1	8	8	0,270	0,129
8	320	1	8	8	0,406	0,124
9	320	1	5	5	0,250	0,111
10	300	1	10	10	0,281	0,159
11	300	1	10	10	0,314	0,150
12	312	1	13	13	0,514	0,195
13	324	1	4	4	0,453	0,229

<u>Tabelle 7.3:</u> Mittlerer Erfüllungsgrad der RTB und der STB

Zur Bewertung werden die vom UND- bzw. ODER-Gatter mit n Eingängen bekannten Wahrscheinlichkeiten P_n, durch Belegung von n-1 Eingängen einen sensibilisierten Pfad einzurichten, herangezogen (Tabelle 4).

n	2	3	4	5
P_n	0,500	0,250	0,125	0,063

<u>Tabelle 7.4:</u> Wahrscheinlichkeit der Pfadsensibilisierung bei einem
UND-/ODER-Gatter mit n Eingängen

Der Vergleich ergibt, daß die Bedingung RTB für die Relativtransparenz bei <u>einer</u> Beobachtung ähnlich leicht zu erfüllen ist wie die Bedingung für einen sensibilisierten Pfad bei einem UND-/ODER-Gatter mit 2 bis 3 Eingängen. Sind mehrere Beobachtungen erforderlich, wird es schwieriger; aber auch hier liegen die Werte in den meisten Fällen günstig.
Die Schwierigkeit, die pfadeinstellenden Belegungen so zu wählen, daß eine STB_i erfüllt wird, ist ähnlich der, bei einem UND-/ODER-Gatter mit 3 bis 5 Eingängen einen sensibilisierten Pfad einzustellen. Da die hier als Module betrachteten Schaltungen weitaus komplexer als ein einziges Gatter mit 2 bis 5 Anschlüssen sind, liegen die festgestellten Werte der Erfüllungsgrade E(RTB) und E(STB) sehr günstig für die modulare Testerzeugung. Die relativ geringe Streuung der Werte aller 13 Schaltungsbeispiele um weniger als den Faktor 4 läßt erwarten, daß diese Aussagen in ähnlicher Form auch für viele andere Schaltungen gelten.

Wie im Kapitel 4 und 5 erklärt wurde, kann es durch die spezifizierte Modulfunktion zu Einschränkungen der Relativtransparenz kommen. In diesen Fällen kann funktionsbedingt nur ein Teil der von s verschiedenen Belegungen der Pfadeingänge an den Ausgängen eines (sequentiell) relativtransparenten Pfads erkannt werden. Diese Teilmenge läßt sich in Form einer Randbedingung RB beschreiben (siehe Def. 4.22 und 4.25). Der **Erfüllungsgrad E(RB)** dieser Randbedingung gibt an, für welchen Anteil der Belegungen der Pfadeingänge die Beobachtungsaufgabe der Fehlererkennung gelöst wird.

Die Tabelle 7.5 gibt den Erfüllungsgrad dieser Randbedingung an, gemittelt über jeweils alle untersuchten Fälle (mit einer oder mehreren Beobachtungen).

Nr.	Ablaufparameter				E(RB)
	Fälle	pmin	pmax	qconst	
1	300	1	15	15	0,962
2	320	1	8	8	0,995
3	315	1	9	9	0,985
4	300	1	10	10	0,985
5	300	1	12	12	0,991
6	294	1	7	7	0,959
7	320	1	8	8	0,917
8	320	1	8	8	0,970
9	320	1	5	5	0,975
10	300	1	10	10	0,995
11	300	1	10	10	0,923
12	312	1	13	13	0,973
13	324	1	4	4	0,970

Tabelle 7.5: Mittelwerte des Erfüllungsgrads der Randbedingung RB

Die festgestellten Mittelwerte des Erfüllungsgrads der Randbedingung liegen bei 9 der 13 Schaltungen höher als 0,97; bei den übrigen Schaltungen liegt der Wert zwischen 0,91 und 0,97. Die hohen Mittelwerte zeigen, daß Pfade, die nur eingeschränkt (sequentiell) relativtransparent sind, trotzdem die Beobachtungsaufgabe der Fehlererkennung fast vollständig lösen.
Betrachtet man Module mit eingeschränkt relativtransparenten Pfaden innerhalb einer Gesamtschaltung, dann ist häufig der Wertebereich an den Pfadeingängen durch den Bildbereich der Vorgängermoduln eingeschränkt. Da sich dies auch auf Testantworten auswirkt, ist es nicht ausgeschlossen, daß der Pfad auch bei E(RB) < 1 für alle an den Pfadeingängen vorkommenden Belegungen relativtransparent ist. Trotz der Randbedingung werden auch in solchen Fällen die Möglichkeiten der Testbestimmung nicht eingeschränkt.

Die bei den Schaltungsbeispielen weitgehend einheitlichen Ergebnisse lassen auch für andere Schaltungen erwarten, daß es für die hier vorgeschlagene modulare Testerzeugung nur in wenigen Fällen notwendig sein wird, die vorhandene Relativtransparenz durch geeignete Entwurfsmaßnahmen (vgl. Kap. 5) zu verbessern.

7.2.2.5 Einfluß des Minimierungskriteriums

Je nachdem, wie ein Modul realisiert werden soll (z.B. aus diskreten Gattern, als ROM, als PLA), wird die zur Realisierung verwendete Darstellung der Modulfunktionen z.B. durch Minimierung der einzelnen Schaltfunktionen (Einzelminimierung) oder durch eine gemeinsame Minimierung des Bündels aller Schaltfunktionen eines Moduls

(Bündelminimierung) gewonnen. Dabei nutzt man aus, daß in der Regel die Funktionswerte nur für eine Teilmenge der Eingangsbelegungen spezifiziert sind, und verfügt über die nicht spezifizierten Funktionswerte so, daß das verwendete Minimierungs-Kriterium (z.B. möglichst wenig Implikanten in der DF jeder einzelnen Funktion) möglichst gut erfüllt wird. Daher können aus einer teilweise spezifizierten Funktion verschiedene, dann vollständig(er) spezifizierte Funktionen entstehen.

Nr.	Minimierung	Anzahl der Beobachtungen				
		1	2	3	4	≥5
3	Einzel	55%	31%	12%	1%	<1%
	Bündel	53%	30%	14%	4%	-
5	Einzel	67%	29%	5%	<1%	-
	Bündel	64%	30%	5%	1%	<1%
6	Einzel	86%	14%	-	-	-
	Bündel	79%	20%	<1%	-	-
10	Einzel	61%	29%	10%	<1%	-
	Bündel	54%	35%	10%	<1%	-
11	Einzel	70%	28%	1%	-	-
	Bündel	70%	29%	1%	-	-
12	Einzel	81%	18%	1%	-	-
	Bündel	80%	17%	<1%	-	-

<u>Tabelle 7.6:</u> Einfluß von Einzel/Bündelminimierung auf die Anzahl der Beobachtungen

Da die Relativtransparenz eine Eigenschaft der Pfad<u>funktion</u> ist, wurde für einige Schaltungen verglichen, wie sich Einzelminimierung (durch LOGIC SNE_{PAL}) und Bündelminimierung (durch LOGIC PLA) auf die Relativtransparenz auswirken. In Tabelle 7.6 ist jeweils für beide Minimierungsformen zu den Modulen der Anteil der Fälle mit 1, 2, 3, 4 sowie 5 und mehr Beobachtungen angegeben. Die Ablaufparameter sind jeweils für beide Fälle gleich; ihre Werte entsprechen denen der Tabelle 7.2.

Ein Vergleich der Zeilen für Einzel- und Bündelminimierung ergibt kein einheitliches Bild. Bei den Schaltungsbeispielen 3, 5, 11 und 12 sind die Ergebnisse für beide Minimierungsformen recht ähnlich; für Nr. 6 und 10 sind bei Bündelminimierung häufiger 2 Beobachtungen notwendig.

Wie vermutet, hat das Minimierungskriterium offensichtlich einen Einfluß auf die Relativtransparenz. Es bedarf (außerhalb dieser Arbeit) weitergehender Analysen, um zu klären, ob dieser Einfluß verträglich mit den sonstigen Entwurfskriterien gezielt zur Optimierung der Relativtransparenz ausgenutzt werden kann. Der Bereich, in dem die Funktionen eines Moduls nicht spezifiziert sind, bietet einen u.U. beträchtlichen Spielraum zur Beeinflussung der Relativtransparenz und mittelbar zur Beeinflussung der Testbarkeit der Gesamtschaltung.

7.2.2.6 Abhängigkeit der Relativtransparenz von Pfadkenngrößen

Bei der Relativtransparenzbestimmung wurden in jedem Einzelfall auch die Pfadkenngrößen (siehe Abschnitt 7.2.2.1) berechnet. Zwei Pfadkenngrößen, das Verhältnis Pfadeingänge/(relevante Pfadausgänge) EAQ_p und der durchschnittliche Erfüllungsgrad der Booleschen Differenzen des Pfads BDD_p, erwiesen sich als besonders aussagekräftig.

Die mit sehr geringem Aufwand berechenbare **Pfadkenngröße EAQ_p** korreliert mit der Zahl der für die Relativtransparenz notwendigen Beobachtungen. Steigt EAQ von 0 auf 1 an, so steigt die mittlere Beobachtungsanzahl von einer Beobachtung auf (je nach Schaltung) 1,27 bis 2,16 Beobachtungen an. Tabelle 7.7 zeigt diese Abhängigkeit. Die Daten wurden mit den gleichen Ablaufparamtern gewonnen wie in den vorhergehenden Tabellen; fehlende Einträge bedeuten, daß für die betreffende Schaltung kein EAQ-Wert in dem entsprechenden Intervall liegt.

Nr.	EAQ_p-Intervall [%] (logarithm. Teilung)							
	(6,8]	(8,12]	(12,17]	(17,24]	(24,35]	(35,50]	(50,72]	(72,100]
1	1,00	1,00	1,20	1,30	1,64	2,28	1,80	
2		1,00			1,00	1,21	1,55	1,96
3			1,00	1,00	1,07	1,07	1,70	2,16
4		1,00	1,00	1,00	1,48	1,61	2,10	1,91
5	1,00	1,00	1,00		1,12	1,50	2,04	1,37
6			1,00		1,00	1,03	1,27	1,22
7		1,00		1,00	1,00	1,10	1,38	1,48
8			1,00		1,00	1,42	1,78	1,83
9				1,00		1,33	1,27	1,59
10		1,00	1,00	1,00	1,00	1,20	1,68	2,05
11		1,00		1,00	1,21	1,33	1,45	1,29
12	1,00		1,00	1,33	1,06	1,34	1,21	1,19
13					1,00	1,06		1,43

Tabelle 7.7: Abhängigkeit der Anzahl der Beobachtungen von EAQ_p

Die **Pfadkenngröße BDD_p** eignet sich u.a. zur Schätzung der Zahl der für die Relativtransparenz benötigten Beobachtungen und zur Vorhersage der Erfüllungsgrade von RTB und STB. Mit der Zunahme von BDD_p nehmen auch diese Erfüllungsgrade zu. Für BDD_p-Werte oberhalb von 0,2 ergibt sich ein deutlich überproportionaler Anstieg von E(RTB); Mehrfachbeobachtungen sind dann kaum noch notwendig. Graphische Darstellungen der Einzelergebnisse zu den 13 untersuchten Schaltungen sind im Anhang C enthalten. Die Pfadkenngröße ist als arithmetisches Mittel der Erfüllungsgrade der $BD_{i,j}$ auch mit geringem Aufwand zu berechnen und eignet sich daher besonders zur Schätzung der Relativtransparenz.

7.2.2.7 Rechenaufwand der Relativtransparenzbestimmung

Unabhängig von den sonstigen Qualitäten eines Testbestimmungsverfahrens entscheidet letztendlich die Rechenzeit und der Speicheraufwand seiner Implementierung darüber, ob das Verfahren praktisch einsetzbar ist.

Da in der vorliegenden Arbeit mit der Testbestimmung ein Problem zu lösen war, das eine exponentielle Komplexität besitzt (vgl. etwa [Blum85]) und auch bei der Berechnung der Relativtransparenzbedingung einige Operationen (z.B. Negation einer Schaltfunktion) verwendet werden, die der gleichen Problemklasse angehören, ist jeweils nur anhand einer Implementierung zu entscheiden, ob und ggf. bis zu welchen Grenzen diese Verfahren eine praktische Bedeutung haben.

Daher wurden an dem Prototyp, der zur Durchführung der obigen Relativtransparenzbestimmungen verwendet wurde, auch Zeitmessungen durchgeführt. Einen ersten Anhaltspunkt bietet die Tabelle 7.8, die für alle Schaltungsbeispiele die **mittlere Zeit für eine komplette Relativtransparenzbestimmung** angibt. Diese Zeit $t(R.-Bst.+ A)$ enthält im einzelnen die Zeiten für die Berechnung einer RTB bzw. mehrerer STB_i, für die Berechnung der Randbedingung und die Zeit für die Ausgabe der Ergebnisse der Relativtransparenzbestimmung (einige Millisekunden).

Nr.	Ablaufparameter				$t(R.-Bst. + A)$ [sec]
	Fälle	pmin	pmax	qconst	
1	300	1	15	15	0,456
2	320	1	8	8	0,785
3	315	1	9	9	0,938
4	300	1	10	10	0,711
5	300	1	12	12	0,626
6	294	1	7	7	0,070
7	320	1	8	8	0,256
8	320	1	8	8	0,576
9	320	1	5	5	0,572
10	300	1	10	10	0,697
11	300	1	10	10	0,356
12	312	1	13	13	0,268
13	324	1	4	4	0,090

Dabei ist:

R.-Bst. = Bestimmung der Relativtransparenz,

A = Ausgabe der Meßwerte.

<u>Tabelle 7.8:</u> Mittlere Rechenzeit für eine Relativtransparenzbestimmung (jeweils incl. einiger Millisekunden für Ergebnisausgabe)

Die durchschnittliche Dauer einer kompletten Relativtransparenzbestimmung liegt, wie aus der obigen Tabelle ersichtlich, immer unter einer Sekunde Rechenzeit, z.T. unter 1/10 Sekunde (alle Zeitangaben beziehen sich auf CPU-Zeit des Rechners SIEMENS S 7561).

Bei der Wertung dieser Angabe ist zu berücksichtigen, daß es sich bei dem zur Berechnung verwendeten Programm um einen Prototyp handelt, bei dem zur Begrenzung des Implementierungs-Aufwands auf Optimierungen des Laufzeitverhaltens weitgehend verzichtet wurde. Unter diesem Aspekt erscheinen die gemessenen Zeiten um so günstiger. Sie bestätigen die in der vorliegenden Arbeit geäußerte Vermutung, daß sich die vorgeschlagenen algebraischen Berechnungsverfahren bei praktischen Schaltungen zur effizienten Bestimmung der Relativtransparenz eignen. Auch wenn manche der dabei zu lösenden Teilprobleme (z.B. Negation einer in DF dargestellten Schaltfunktion) exponentielle Zeitkomplexität haben, ergeben sich doch zumindest für die hier betrachteten Schaltungsbeispiele sehr kurze Rechenzeiten. Wie Bild 7.2 zeigt, gilt für die mittlere Rechenzeit t(RTB) zur Berechnung der Relativtransparenz bei einer Beobachtung bei allen 13 Schaltungsbeispielen in erster Näherung

$$t(RTB) \approx 2 \cdot \#I/P \ [ms].$$

Ähnliche Rechenzeiten kann man auch für alle andere Schaltungen erwarten, die ebenfalls eine relativ kompakte Darstellung in DF haben, so daß die vorgeschlagenen Verfahren sich auch bzgl. der Rechenzeit für eine praktische Anwendung eignen.

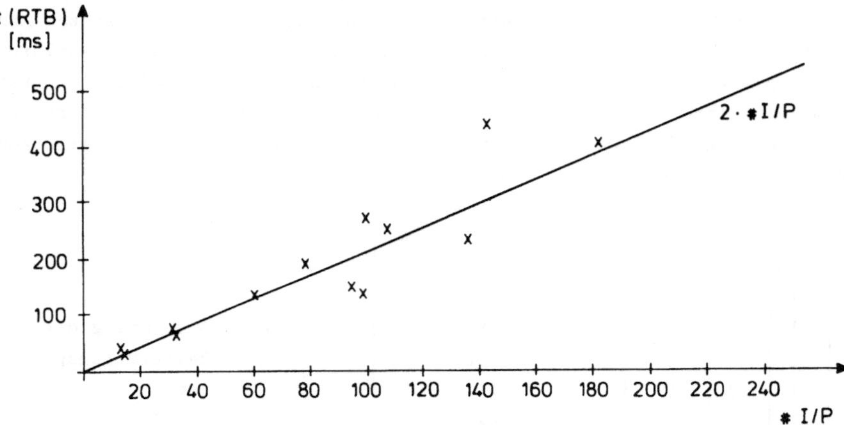

<u>Bild 7.2:</u> Abhängigkeit der mittleren RTB-Berechnungszeit von der Anzahl #I/P der zum Pfad gehörenden Implikanten

Auf eine detaillierte **Analyse des Speicherbedarfs** kann hier verzichtet werden, da der Speicherbedarf der implementierten Verfahren aufgrund einer dynamischen Speicherverwaltung unproblematisch ist.

7.2.3 Ergebnisse aus der Bestimmung der Transparenz

Neben der Relativtransparenz wurde im Kapitel 4 der vorliegenden Arbeit die Transparenz in verschiedenen Ausprägungen als Eigenschaft von Pfaden in Schaltungsmoduln eingeführt. Die praktischen Schaltungsbeispiele aus Abschnitt 7.2.1 werden auch hier zur Bewertung dieser Pfad-Eigenschaft und damit zusammenhängender Berechnungsverfahren verwendet. Hier wird die Berechnung der Transparenzbedingung von K-fachen Mehrfachpfaden untersucht. Für die praktische Berechnung der Transparenzbedingung des K-fachen Einzelpfads sei auf die Diplomarbeit [Geng85] verwiesen.

Mit der praktischen Transparenzbestimmung sollen vorrangig folgende drei Fragen geklärt werden:

$FR1_T$: Wie hoch ist der Anteil **transparenter** Pfade an den K-fachen Mehrfachpfaden?

$FR2_T$: Mit welcher Wahrscheinlichkeit wird die Transparenzbedingung TB von einer Belegung der pfadeinstellenden Eingänge erfüllt (unter der Annahme, daß jede Belegung die gleiche Wahrscheinlichkeit $2^{-(n-p)}$ hat)?

$FR3_T$ Wie groß ist (beim implementierten Prototyp) der Rechenaufwand zur Bestimmung der Transparenzbedingung TB?

Auf die Auswertung der Abhängigkeiten von Pfadkenngrößen wird hier verzichtet.

Zur Durchführung der praktischen Transparenzbestimmung wurde ein Ablauf analog dem in Abschnitt 7.2.2.2 implementiert. Es entfällt darin lediglich die Bestimmung eines (pseudozufälligen) Sollwerts für die Belegung der Pfadeingänge, da die Transparenzbedingung des Pfads davon unabhängig ist.

7.2.3.1 Anteile transparenter Pfade

Wesentlich für die Anwendbarkeit transparenter Pfade ist die Häufigkeit, mit der sie in praktischen Schaltungen vorkommen. Die Tabelle 7.9 gibt die anhand der 13 Schaltungsbeispiele für K-fache Mehrfachpfade ermittelten Werte an.

Nr.	Ablaufparameter				Anteil transparenter K-facher Mehrfachpfade					
	Fälle	pmin	pmax	qconst	K=1	K=2	K=3	K=4	K≥5	insges.
1	60	1	6	18	100%	40%	-	-	-	23%
2	50	1	5	10	100%	90%	60%	-	-	50%
3	100	1	5	10	100%	85%	20%	-	-	41%
4	50	1	5	13	100%	70%	10%	-	-	36%
5	50	1	5	14	100%	100%	30%	10%	-	48%
6	50	1	5	10	100%	90%	50%	-	-	48%
7	60	1	6	15	100%	30%	10%	-	-	23%
8	60	1	6	16	100%	70%	30%	-	-	33%
9	40	1	4	5	100%	50%	-	-	entf.	38%
10	50	1	5	19	100%	100%	90%	20%	10%	64%
11	60	1	6	19	100%	70%	10%	-	-	30%
12	60	1	6	27	100%	60%	30%	-	-	32%
13	80	1	4	4	100%	55%	10%	-	entf.	41%

Tabelle 7.9: Anteile transparenter K-facher Mehrfachpfade an den bei der Transparenzbestimmung untersuchten Fällen

Wie die Tabelle 7.9 zeigt, gibt es bei den meisten Schaltungsbeispielen nur für K ≤ 3 einen größeren Anteil transparenter K-facher Mehrfachpfade. Der größte Anteil transparenter Pfade wurde für die Schaltung Nr. 10 festgestellt; dort existieren auch Pfade mit K=5 Eingängen.

Für die Anwendungen, speziell für die Testerzeugung bedeuten diese Ergebnisse, soweit sie repräsentativ sind, daß, falls breitere transparente Pfade benötigt werden, diese entweder gemäß Kapitel 5 durch Modifikation der Funktion und Schaltung der Module einzurichten sind. Eine Alternative dazu ist ähnlich wie bei der Relativtransparenz der Übergang zu mehreren Beobachtungen (sequentielle Transparenz nach Def. 4.12). Dabei wird nicht die Menge der *Belegungen* der Pfadeingänge ET, sondern die Menge der *Pfadeingänge* partitioniert.

7.2.3.2 Erfüllungsgrad der Transparenzbedingung

Für die Nutzung transparenter Pfade ist es günstig, wenn die zugehörige Transparenzbedingung TB von möglichst vielen Belegungen der pfadeinstellenden Eingänge erfüllbar ist. Dies gilt insbesondere für die Testbestimmung aufgrund transparenter Pfade, da dort die Transparenzbedingungen mehrerer Module (der Pfadmodule) gemeinsam zu erfüllen sind. Als Maß für die Schwierigkeit, mit der eine Transparenzbedingung erfüllt werden kann, wird hier wie in Abschnitt 7.2.2.4 ihr Erfüllungsgrad (Def. 3.7) verwendet.

Die Tabelle 7.10 gibt für die 13 untersuchten Schaltungen jeweils den Erfüllungsgrad der TB für alle Pfade mit der gleichen Zahl von K Eingängen an. In die Mittelwertbildung gehen auch die nicht transparenten Pfade ein.

Nr.	Ablaufparameter				Erfüllungsgrad der TB für K-fache Mehrfachpfade					
	Fälle	pmin	pmax	qconst	K=1	K=2	K=3	K=4	K≥5	Mittel
1	60	1	6	18	0,270	0,019	0	0	0	0.048
2	50	1	5	10	0,708	0,239	0,051	0	0	0.200
3	100	1	5	10	0,500	0,149	0,032	0	0	0.136
4	50	1	5	13	0,364	0,109	0,001	0	0	0.095
5	50	1	5	14	0,361	0,172	0,008	0,001	0	0.109
6	50	1	5	10	0,759	0,244	0,088	0,001	0	0.218
7	60	1	6	15	0,511	0,088	0,050	0	0	0.108
8	60	1	6	16	0,492	0,176	0,020	0	0	0.115
9	40	1	4	5	0,303	0,191	0	0	entf.	0.123
10	50	1	5	19	0,777	0,467	0,140	0,008	0,002	0.279
11	60	1	6	19	0,406	0,161	0,050	0	0	0.103
12	60	1	6	27	0,537	0,212	0,145	0	0	0.149
13	80	1	4	4	0,533	0,123	0,025	0	entf.	0.170

<u>Tabelle 7.10:</u> Erfüllungsgrad der Transparenzbedingung TB
im Mittel aller untersuchten Fälle

Vergleicht man diese Werte mit dem Erfüllungsgrad der Bedingung der Pfadsensibilisierung für ein UND-Gatter mit n Eingängen (vgl. Tabelle 7.4), ergibt sich folgende Wertung. Für K=1 und K=2 ist die Transparenzbedingung ähnlich leicht zu erfüllen wie die Sensibilisierungsbedingung eines UND-Gatters mit 2 bis 4 Eingängen. Der mittlere Erfüllungsgrad für Pfade mit K=3 und mehr Eingängen fällt stark ab; die Transparenzbedingung wird im Mittel nur noch von wenigen Prozent aller Belegungen der pfadeinstellenden Eingänge erfüllt. Auch diese Ergebnisse weisen auf die Probleme hin, die sich bei der Anwendung breiterer transparenter Pfade ergeben können.

7.2.3.3 Rechen- und Speicheraufwand der Transparenzbestimmung

Hier wird die Frage untersucht, ob für praktische Schaltungen die Transparenzbedingung von K-fachen Mehrfachpfaden mit vertretbarem Aufwand an Rechenzeit und Speicherplatz berechenbar ist. Allgemein lassen sich darüber keine Aussagen machen, da die Komplexität des Problems entsprechend dem der Testerzeugung exponentiell ist. Daher wurde in den durchgeführten Transparenzbestimmungen (vgl. Tabelle 7.9 bzw. 7.10) die Rechenzeit erfasst. Die Mittelwerte dieser Rechenzeit (CPU-Zeit der Siemens S7561) sind in Tabelle 7.11 zusammengestellt.

Nr.	Ablaufparameter				Rechenzeit [s]
	Fälle	pmin	pmax	qconst	
1	60	1	6	18	0,806
2	50	1	5	10	6,440
3	100	1	5	10	0,456
4	50	1	5	13	1,349
5	50	1	5	14	7,506
6	50	1	5	10	0,112
7	60	1	6	15	0,303
8	60	1	6	16	3,158
9	40	1	4	5	1,642
10	50	1	5	19	3,928
11	60	1	6	19	0,333
12	60	1	6	27	1,746
13	80	1	4	4	0,048

<u>Tabelle 7.11:</u> Rechenzeit zur Berechnung der Transparenzbedingung TB
im Mittel aller untersuchten Fälle

Die mittleren Rechenzeiten für die Berechnung der Transparenzbedingung streuen zwischen den einzelnen Schaltungsbeispielen um mehr als den Faktor 100. Absolut sind sie z.T. niedriger, z.T. bis zum 10-fachen höher, als die Zeiten für die Berechnung der Relativtransparenz (vgl. Tabelle 7.7). Eine Analyse der Einzelzeiten ergab, daß die Rechenzeit für TB mit der Breite des untersuchten Pfads stark ansteigt; sie ist auch bei transparenten Pfaden höher als bei nicht transparenten Pfaden. Beide Effekte können sich in praktischen Anwendungen ungünstig auswirken.

Auch der **Speicherbedarf der Transparenzberechnung** zeigt im Gegensatz zur Berechnung der Relativtransparenz kein stabiles Verhalten, da hier die mit dem Prototyp berechneten Zwischenergebnisse einen Umfang haben, der in weiten Grenzen schwankt. Wie bei der Rechenzeit sind hier über die vorliegende Arbeit hinaus weitere Untersuchungen notwendig, um abzuklären, ob die im Kapitel 4 angegebenen Verfahren besser implementiert werden können.

Als **Ergebnis der Bewertung anhand praktischer Beispiele** läßt sich folgendes feststellen. Die Relativtransparenz (bei einer oder mehreren Beobachtungen) ist in fast
allen untersuchten Schaltungen in einem für praktische Anwendungen ausreichenden
Umfang vorhanden; schon die als Prototyp implementierten Verfahren haben bei stabi-
lem Laufzeitverhalten einen geringen Zeit- und Speicherbedarf. Dagegen ist die
Transparenz eine Eigenschaft von Pfaden, die insbesondere bei breiteren K-fachen
Mehrfachpfaden (K > 3) kaum in einem z.B. für die Testerzeugung ausreichenden Umfang
vorhanden ist. Durch den Prototyp konnte nicht geklärt werden, ob die Berechnungsverfahren hinreichend stabil und effizient arbeiten. Die in einem Pfad fehlende
Transparenz kann durch die in Kapitel 5 dieser Arbeit angegebenen Mittel und Methoden ergänzt werden. Bei der Relativtransparenz ist es speziell durch das Konzept
der Mehrfachbeobachtung gelungen, ein für Anwendungen nützliches Instrument zu
schaffen. Vielleicht ist dies auch für die Transparenz der Schlüssel zu günstigen
Ergebnissen.

Ausgangspunkt war die Feststellung, daß es bei Digitalschaltungen zur Testvorbereitung einerseits Verfahren gibt, die für relativ kleine Schaltungen Tests von nachweisbar hoher Qualität bzgl. der Erfassung realer Fehler bestimmen können; daß aber andererseits Testbestimmungsverfahren für sehr große Schaltungen aus Effizienzgründen ein vereinfachtes, abstrahierendes Fehlermodell verwenden, wodurch die Erfassung der realen Fehler unbekannt bleibt.

Mit dem Ziel, eine nachweisbar hohe Testqualität auch für sehr große Schaltungen zu erreichen, wird in der vorliegenden Arbeit ein Testkonzept vorgeschlagen, das auf einem modularen Schaltungs- und Fehlermodell basiert. Zur Anwendung von zuvor bestimmen Modultests werden dabei zwei Formen der in den Modulfunktionen vorhanden partiellen Injektivität ausgenutzt, die **Transparenz** und die **Relativtransparenz**. Diese beiden Eigenschaften von Funktionsbündeln stehen im Mittelpunkt der Arbeit. Verfahren zur vollständigen, effizienten Bestimmung beider Formen von partieller Injektivität bilden die Grundlage eines darauf aufbauenden modularen Testbestimmungsverfahrens, das realisierungsnahe Modelle der einzelnen Schaltungsmoduln und ihrer Fehler mit einem abstrahierenden Modell der Gesamtschaltung kombiniert. Auch auf den Entwurf von Testhilfen, die dieses Testbestimmungsverfahren unterstützen, wird eingegangen.

Der Vergleich mit anderen Ansätzen und die Bewertung anhand einer Reihe von praktischen Schaltungsbeispielen lassen erwarten, daß es mit der in den Modulfunktionen vorhandenen partiellen Injektivität und den hier angegebenen Verfahren zu ihrer Bestimmung und Verbesserung nun auch für sehr große Schaltungen gelingen wird, Test von nachweisbar hoher Qualität zu bestimmen.

Auf zwei weitere Anwendungen der hier geschaffenen Hilfsmittel sei noch kurz hingewiesen.
Auch eine Testbestimmung für Schaltwerke ist mit Hilfe der Bestimmung der partiellen Injektivität möglich. In üblicher Weise wird dazu das Schaltwerk als iteriertes Schaltnetz aus gleichen Moduln modelliert. Für die fehlerhaft veränderten Module kann man die Ausbreitung der Testantwort mittels Bestimmung der Transparenz bzw. Relativtransparenz beschreiben und so ggf. eine Testfolge bestimmen.
Eine naheliegende andere Anwendung ist die Plazierung von Testhilfen wie z.B. Signaturregistern in modularen Schaltungen. Hier kann in Erweiterungen der Arbeit von Breuer et al. [AbBr85] durch Bestimmung der partiellen Injektivität genau festgestellt werden, nach welchem Modul eine Testhilfe notwendig ist. So kommt man mit möglichst wenig Testhilfen aus, was mit bisherigen, eher intuitiv arbeitenden Verfahren kaum möglich ist.

9 Literaturverzeichnis

[AbBr85]   **Abadir, M.S.; Breuer, M.A.:** A knowledge-based system for designing testable chips, IEEE Design & Test of Computers, August 1985, S. 56-68

[AbRe81]   **Abadir, M.S.; Reghbati, H.K.:** Test generation for LSI: a new approach, University of Saskatchewan, Saskatoon, Canada, Dept. of Computational Science, Research Report 81-7, 1981

[AgFu81]   **Agarwal, V.K.; Fung, A.S.F.:** Multiple fault testing of large circuits by single fault test sets, IEEE Trans. CAS., Vol. CAS-28, No. 11 (Nov. 81), S. 1059-1069

[Aker78]   **Akers, S.B.:** Binary decision diagrams, IEEE Trans. C., Vol C-27, No. 6 (June 1978), S. 509-516

[AmCo67]   **Amar, V.; Condulmari, N.:** Diagnosis of large combinational nets, IEEE Trans. EC, Vol. EC-16, 1967, S. 675-680

[BaAb82]   **Banerjee, P.B.; Abraham, J.A.:** Fault characterization of VLSI MOS circuits, IEEE Proc. ICCC 82, S. 564-568

[BaKi76]   **Batni, R.P.; Kime, Ch.R.:** A module-level testing approach for combinational networks, IEEE Trans. C., Vol. C-25 (June 76), S. 594-604

[Beck85a] **Becker, B.:** Efficient testing of optimal-time adders, Universität Saarbrücken, SFB 124 - B1, Intern. Bericht 04/1985

[Beck85]   **Becker, B.:** An easily testable optimal-time VLSI multiplier, Proc. Euromicro '85, Amsterdam: North-Holland, 1985, S. 401-409

[Beh82]   **Beh, C.C. et al.:** Do stuck fault models reflect manufacturing defects ?, Proc. International Test Conference 1982, S. 35-42

[Beis80]   **Beister, J.:** Formale Hilfsmittel: Entwurf digitaler Schaltungen I A, Skriptum, Institut für Technik der Informationsverarbeitung, 1980

[Benn84]   **Bennnets, R.G.:** Design of testable logic circuits, London: Addison-Wesley, 1984

[Blum85]   **Blum, N.:** Fehlererkennung in kombinatorischen Schaltkreisen, Universität Saarbrücken, FB 10, SFB 124, Bericht 10/1985

[Boct80]   **Boctor, G.:** Ein effizientes algorithmisches Verfahren zur Erstellung von Testmengen für Schaltnetze und Schaltwerke, Universität Karlsruhe, Fakultät für Informatik, Dissertation, 1980

[BoHo71] **Bossen, D.C.; Hong, S.J.**: Cause-effect analysis for multiple fault detection in combinational networks, IEEE Trans. C., Vol. 20, No. 11 (Nov. 1971), S. 1252-1257

[BoPo81] **Bochmann, D.; Posthoff, Ch.**: Binäre dynamische Systeme, München: R. Oldenbourg Verlag, 1981

[Bray82a] **Brayton, R.K.; Cohen, J.D.; Hachtel, G.D.; Trager, B.M.; Yun, D.Y.Y.**: Fast recursive boolean function manipulation, Proc. Int. Symp. on Circuits and Systems, May 1982, S. 58-62

[Bray84a] **Brayton, R.K.; Hachtel, G.D.; McMullen, C.T.; Sangiovanni-Vincentelli, A.L.**: Logic Minimization Algorithms for VLSI synthesis, Boston: Kluver Academic Publ., 1984

[Brya85] **Bryant, R.E.**: Symbolic manipulation of Boolean functions using a graphical representation, Proc. 22nd Design Autom. Conf., 1985, S. 688-694

[BrFr80] **Breuer, M.A.; Friedman, A.D.**: Functional level primitives in test generation, IEEE Trans. C., Vol. C-29, No. 3 (March 1980), S. 223-235

[BrVa79] **Breitbart, Y.; Vairavan, K.**: The computational complexity of a class of minimization algorithms for switching functions, IEEE Trans. C., Vol. C-28, No. 12 (Dec. 1979), S. 941-943

[BZP84] **Bochmann, D.; Zakrevskij, A.D.; Posthoff, Ch. (Hrsg.)**: Boolesche Gleichungen, Berlin: VEB Verlag Technik, 1984 (auch Springer-Verlag, Wien)

[CaTr84] **Camposano, R.; Treff, L.**: STRUDEL - Eine Sprache zur Spezifikation der Struktur digitaler Schaltungen, Universität Karlsruhe, Fakultät für Informatik, Interner Bericht Nr. 7/84, Oktober 1984

[Cern78] **Cerny,E.**: Controllability and fault observability in modular combinational circuits, IEEE Trans. C., Vol. C-27, No.10 (Oct. 78), S. 896-903

[Chan83] **Chandramouli, R.**: On testing stuck-open faults, Proc. FTCS-13, 1983, S. 258-265

[Cha79] **Cha, C.W.**: Multiple fault diagnosis in combinational networks, Proc. 16th Design Autom. Conf., 1979, S. 149-155

[Chen84] **Chen, Y.**: Mehrfach-Literalfehler in logischen Funktionen und Verfahren zur Testerzeugung in Schaltnetzen, Düsseldorf: VDI-Verlag, Dissertation, 1984 (Fortschr. Ber. VDI Reihe 10 Nr. 36)

[CDO78]   **Cha, Ch.W.; Donath, W.E.; Özgüner, F.:** 9-V algorithm for test pattern generation of combinational digital circuits, IEEE Trans. C., Vol. C-27, No.3 (March 1978), S. 193-200

[Daeh83]   **Daehn, W.:** Deterministische Testmustergeneratoren für den Selbsttest von integrierten Digitalschaltungen, Universität Hannover, Fakultät für Maschinenwesen, Dissertation, 1983

[Davi82]   **Davis, B.:** The economics of automatic testing, London: McGraw-Hill, 1982

[Ders83]   **Dershowitz, N.; Hsiang, J.; Josephson, N.A.; Plaisted, D.A.:** Associative-commutative rewriting, Proceedings of the Eight Internatinal Joint Conference on Artificial Intelligence (ijcai-83), Vol. 2, 1983, S. 940-944

[Diet78]   **Dietmeyer, D.L.:** Logic design of digital systems, Second Edition, Boston: Allyn and Bacon, 1978

[East81]   **Eastman, Ch. M.:** Recent developments in representation in the science of design, Proc. 18th Design Autom. Conf., 1981, S. 13-21

[Echt82]   **Echtle, K.:** Bewertung von Fehlertoleranz-Verfahren für Mehrmikrorechner durch Simulation, in: Tagungsband "Struktur und Betrieb von Rechensystemen", NTG Fachbericht Band 80, Düsseldorf: VDE-Verlag 1980

[EiWi77]   **Eichelberger, E.B.; Williams, T.W.:** A logic design structure for LSI testability, Proc. 14th Design Autom. Conf., 1977, S. 462-468

[FaMa83]   **Fantini, F.; Mattana, G.:** Failure mechanisms and analysis of very large scale integrated circuits, Proc. Journees d'Electronique Lausanne, 1983, S. 85-104

[Flab76]   **Flabb, O.:** Fehlerdiagnose an digitalen Schaltungen mit Methoden der Stochastik, RWTH Aachen, Fakultät für Elektrotechnik, Dissertation, 1976

[FuSh83]   **Fujiwara, H.; Shimono, T.:** On the acceleration of test generation algorithms, Proc. FTCS-13, 1983, S. 98-105

[FBS82]   **Faulkner, T.L.; Bartlett, C.W.; Small, M.:** Hardware logic design faults - A classification and some measurements -, Proc. FTCS-12, 1982, S. 377-380

[Geng85]   **Gengel, B.:** Maßnahmen zur Vereinfachung des Transfers von Testmustern und Testantworten durch Moduln digitaler integrierter Schaltungen, Universität Karlsruhe, Inst. f. Informatik IV, Diplomarbeit, 1985

[Goel80]   **Goel, P.:** Test generation costs analysis and projections, Proc. 17th Design Autom. Conf., 1980, S. 77-84

[Goel81]   **Goel, P.:** An implicit enumeration algorithm to generate tests for combinational logic circuits, IEEE Trans. C., Vol. C-30, No. 3 (March 1981), S. 215-222

[Goer73]   **Görke, W.:** Fehlerdiagnose digitaler Schaltungen, Stuttgart: B.G. Teubner, 1973

[Goer81]   **Görke, W.:** Generating tests for functional expressions, in: Dal Cin, M.; Dilger, E. (eds.): Self-Diagnosis and Fault-Tolerance, Tübingen: Attempto Verlag, 1981

[Gold77]   **Goldstein, L.H.:** A probabilistic analysis of multiple faults in LSI circuits, IEEE Computer Society Repository, R77-304, 1977

[GoMa85]   **Görke, W.; Marhöfer, M.:** Digitale Fehlerdiagnose,, Kurseinheiten 6 und 7 Skriptum, Universität Karlsruhe und GHS Hagen, 1985

[GCV80]   **Galiay, J.;Crouzet, Y.; Vergniault, M.:** Physical versus logical fault models for MOS LSI circuits: impact on their testability, IEEE Trans. C., Vol. C-29, (1980), S. 527-531

[GGM86]   **Gerner, M.; Görke, W.; Marhöfer, M.:** Prüfgerechter Entwurf von ICs, Informatik-Spektrum (1986)9, H.4, S. 235-246

[Haye71]   **Hayes, J.P.:** A NAND model for fault diagnosis in combinational logic circuits, IEEE Trans. C., Vol. 20, No. 12 (December 1971), S. 1496-1506

[Haye80a] **Hayes, J.P.:** Test generation using equivalent normal forms, Design Autom. and Fault Tol. Computing, 1980, S.131-154

[Himm73a] **Himmelblau, D.M. (ed.):** Decomposition of large-scale problems, Amsterdam: North-Holland, 1973

[Himm73b] **Himmelblau, D.M.:** Morphology of decomposition, in: Himmelblau, D.M. (ed.): Decomposition of large-scale problems, Amsterdam: North-Holland, 1973

[HCO74]   **Hong, S.J.; Cain, R.G.; Ostapko, D.L.:** MINI: A heuristic approach for logic minimization, IBM Journal of Res. and Dev., Vol. 18, Sept. 1974, S. 443-458

[IbSa75]   **Ibarra, O.H.; Sahni, S.K.:** Polynomially complete fault detection problems, IEEE Trans. C., Vol. C-24 (1975), S. 242-249

[Joha83]   **Johansson, M.:** The GENESYS-algorithm for ATPG without fault simulation, Proc. International Test Conference, 1983, S. 333-337

[Kaut67]   **Kautz, W.H.**: Testing faults in cellular logic arrays, Proc. IEEE 8th Ann. Symposium on Switching & Automata Theory, S. 161-174

[Klin73]   **Klin To**: Fault-folding for irredundant and redundant combinational networks, IEEE Trans. C., Vol C-22, No.11 (November 1973), S. 1008-1015

[KMZ79]   **Koeneman, B.; Mucha, J.; Zwiehoff, G.**: Built-in test for complex digital integrated circuits, Proc. International Test Conference, 1979, S. 37-41

[Lai81]   **Lai, K.-W.**: Functional testing of digital systems, Carnegie-Mellon University, Pittsburg, Research Report No. CMU-CS-81-148, Ph. D. Thesis, December 1981

[Lala85]   **Lala, P.K.**: Fault tolerant and fault testable hardware design, London: Prentice-Hall International, 1985

[Lepo85]   **Lepold, R.**: Bestimmung der logischen Funktion und der Transparenz digitaler Schaltungen aus einer Strukturbeschreibung, Universität Karlsruhe, Inst. f. Informatik IV, Diplomarbeit, 1985

[LeMe81a] **Levendel, Y.H.; Menon, P.R.**: Comparison of fault simulation methods - Treatment of unknown signal values, Journal of Digital Systems, Vol. IV, No. 4, 1981, S. 443-459

[Lipp69]   **Lipp, H.M.**: Zur Systematik der Diagramm-Minimisierung, Elektron. Rechenanlagen 11 (1969), H. 5, S. 267-271

[Lutz85]   **Lutz, H.**: Algorithmen für den logischen Entwurf und ihre effiziente Implementierung auf Arbeitsplatzrechnern, Düsseldorf: VDI-Verlag, Dissertation, 1985 (Fortschr.-Ber. VDI Reihe 10 Nr. 43)

[LNS82]   **Lipp, H.M.; Nolle, M.; Sutter, K.**: LOGE - Ein leistungsfähiges CAD System zum Entwurf digitaler Steuerungen, Proc. 10th Inter. Cong. Microelectronics, München, 1982

[Marh84b] **Marhöfer, M.**: Entwurf von Testbarkeit bei der Entwicklung hochintegrierter Schaltungen, Arbeitspapier, 21. Juni 1984 (unveröffentlicht)

[Marh84]   **Marhöfer, M.**: Modellierung digitaler Schaltungen für Testanwendungen, Universität Karlsruhe, Fakultät für Informatik, Interner Bericht Nr. 6/84, Juni 1984

[MaLi79]   **Malek, M.; Liu, K.Y.**: Graph theory models in fault diagnosis and fault tolerance, Design Autom. & Fault-Tol. Computing, Vol. III, 1979, S. 155-169

[Mead83]   **Mead, C.A.:** Structural and behavioral composition of VLSI, in: Anceau, F.; Aas, E.J. (eds.): Proc. VLSI '83, Trondheim, 1983, S. 3-8

[Mich71]   **Michalski, R. et al.:** A system of programs for the synthesis of switching circuits using the method of disjoint stars, Proc. IFIP Congress 1971, part TA-2, S. 158-162

[More82]   **Moret, B.M.:** Decision trees and diagrams, ACM Computing Surveys, Vol. 14, No. 4 (Dec. 1978), S. 593-623

[Muth76]   **Muth, P.:** A nine-valued circuit model for test generation, IEEE Trans. C., Vol. C-25, No. 6 (June 76), S. 630-636

[Nash84]   **Nash, J.D.:** Bibliography of hardware description languages, ACM SIGDA Newsletter, Vol. 14, No. 1 (Feb. 1984), S. 18-34

[Pawl85]   **Pawlak, A.:** A tutorial guide to modern hardware description and design languages, Proc. Euromicro '85, Amsterdam: North-Holland, 1985, S. 507-516

[PaUn59]   **Paull, M.C.; Unger, S.H.:** Minimizing the number of states in incompletly specified sequential switching functions, IRE Trans. on Electronic Comp., EC-8, 9/59, S. 356-366

[Petr56]   **Petrick, S.:** A direct determination of the irredundant forms of a Boolean function from the set of prime implicants, Air Force Research Center, Bedford, MA, Tech. Rept. 56-110, 1956

[Roth58]   **Roth, J.P.:** Algebraical topological methods for the synthesis of switching systems I, Trans. of American Mathematical Society, July 1958, S. 301-326

[Roth66]   **Roth, J.P.:** Diagnosis of automatic failures: a calculus and a method, IBM J. of Res. and Dev., 10 (1966), S. 278-291

[Roth68]   **Roth, J.P.:** A calculus and an algorithm for the multiple-output 2-level minimization problem, IBM Th.J. Watson Research Center, Yorktown Heigths, N.Y., Research Report RC2007, February 1968

[Roth72]   **Roth, J.P.:** Theory of cubical complexes with application to diagnosis and algorithmic description, IBM Th.J. Watson Research Center, Yorktown Heigths, N.Y., Research Report RC 3675, January 1972

[Roth80]   **Roth, J.P.:** Computer logic, testing and verification, Potomac: Computer Science Press, 1980

[Rude74]   **Rudeanu, S.:** Boolean functions and equations, Amsterdam: North Holland, 1974

[Savi79]   **Savir, J.**: Testing for single faults in modular combinational networks, Journal of Design Autom. & Fault Tol. Comp., 3, 1979, S. 69-82

[Semi85]   **Baitinger, U.G.; Dermla, A.; Lipp, H.M.; Marhöfer, M.; Mathony, H.-J. (Veranst.)**: Rechnen mit logischen Ausdrücken und Funktionen, Seminar, Universität Karlsruhe, 1985

[Shiv79]   **Shiva, S.G.**: Computer hardware description languages - A tutorial, Proc. of the IEEE, Vol. 67, No. 12 (Dec. 1979), S. 1605-1615

[ShFe83a] **Shen, J.P.; Ferguson, J.**: Easily-testable array multipliers, Proc. FTCS--13, 1983, S. 37-40

[SiAv81]   **Sievers, M.; Avizienis, A.**: Analysis of a class of totally self-checking functions in a MOS LSI general logic structure, Proc. FTCS-11, 1981, S. 256-261

[SiRe80]   **Siewiorek, D.; Rennels, D.**: Workshop Report: Fault-Tolerant VLSI Design, IEEE Computer, December 1980, S. 51-53

[SiTr81]   **Singh, A.K.; Tracey, J.H.**: Development of comparsion features for computer hardware description languages, in: Breuer, M.; Hartenstein, R. (eds.): Computer Hardware Description Languages and their Applications, North Holland Publ., 1981, S. 247-263

[Some85]   **Somenzi, F.; Gai, S.; Mezzalama, M.; Prinetto, P.**: Testing strategy and technique for macro-based circuits, IEEE Trans. C., Vol. C-34, No. 1 (January 1985), S. 85-90

[Stef82]   **Stefik, M. et al.**: The partitioning of concerns in digital system design, Proc. Conf. on Advanced Research on VLSI, M.I.T., 1984, S. 43-52

[Stei84]   **Steinbach, B.; Reiß, J.; Fehmel, J.; Voigt, E.**: Rechentechnische Erfahrungen mit Booleschen Gleichungen, in: Bochmann, D.; Zakrevskji, A.D.; Posthoff, Ch. (Hrsg.): Boolesche Gleichungen, Berlin: VEB Verlag Technik, 1984

[Sutt84]   **Sutter, K.**: Eine Methode zur Konstruktion effizienter Baumalgorithmen für den logischen Entwurf digitaler Einheiten, Düsseldorf: VDI-Verlag, Dissertation, 1985 (Fortschr.-Ber. VDI Reihe 9 Nr. 53)

[SuLi84]   **Su, S.Y.H.; Lin, T.**: Functional testing techniques for digital LSI/VLSI systems, Proc. 21th Design Autom. Conf., 1984

[SHB68]   **Sellers, F.F.; Hsiao, M.Y.; Bearnson, L.W.**: Analysing errors with the Boolean difference, IEEE Trans. C., Vol. C-17, 1968, S. 676-683

[SHB71]   **Sellers, F.F.; Hsiao, M.Y.; Bearnson, L.W.:** Corrections to "[SHB68]", IEEE Trans. C., Vol. C-20, 1971, S. 1245-1251

[SMF85]   **Shen, J.P.; Maly, W.; Ferguson, F.J.:** Inductive fault analysis of MOS integrated circuits, IEEE Design & Test of Computers, December 1985

[Thay81]   **Tayse, A.:** Boolean calculus of differences, Berlin: Springer-Verlag, 1981 (Lect. Notes in Computer Science, Vol. 101)

[Thel81]   **Thelen, B.:** Untersuchungen von Algorithmen für den rechnergestützten logischen Entwurf digitaler Baugruppen, Universität Karlsruhe, Fakultät für Elektrotechnik, Dissertation, 1981

[Tris84]   **Trischler, E.:** An integrated design for testability and automatic test pattern generation system: an overview, Proc. 21th Des. Autom. Conf. 1984, S. 209-215

[Wads78]   **Wadsack, R.C.:** Fault modeling and simulation of CMOS and MOS integrated circuits, Bell Systems Tech. Journal, Vol.57 (May/June 1978), S. 1449-1473

[Will81a] **Williams, T.W.:** Design for testability, in: Antognetti,P.; Pederson, D.O.; De Man, H. (eds.): Coputer Design Aids for VLSI Circuits, Sijthoff & Noordhoff, 1981 (Nato Advanced Study Institute Series, Series E: Applied Sciences No. 48)

[WiAn73]   **Williams, M.J.Y.; Angell, J.M.:** Enhancing testability of large-scale integrated circuits via test points and additional logic, IEEE Trans. C., Vol. 22, No. 1 (January 1973), S. 46-59

[Wund84b] **Wunderlich, H.-J.:** Zur statistischen Analyse der Testbarkeit digitaler Schaltungen, Universität Karlsruhe, Institut für Informatik IV, Interner Bericht Nr. 18/84, 1984

[Wund84]   **Wunderlich, H.-J.:** Statistical analysis of combinational networks, Arbeitspapier, 1984

[XuMc83]   **Xu, X.; McCluskey, E.J.:** Test generation and fault diagnosis for multiple faults in combinational circuits, Proc. FTCS-13, 1983, S. 110-113

[Zakr84]   **Zakrevskij, A.D.:** Logische Matrixgleichungen - Theorie und Praxis, in: Bochmann, D.; Zakrevskij, A.D.; Posthoff, Ch. (Hrsg.): Boolesche Gleichungen, Berlin: VEB Verlag Technik 1984

<u>Anhang A:</u> <u>Rechnen mit Schaltfunktionen im System CUBICALC</u>

	Seite
A.1 Aufgaben beim Rechnen mit Schaltfunktionen	143
A.1.1 Ausführung von Operationen auf Funktionen in DF	144
A.1.2 Vereinfachen einer Funktionsdarstellung in DF	145
A.1.3 Lösen logischer Gleichungen	145
A.2 Maßnahmen zur Effizienzsteigerung	147
A.3 Implementierung der Operationen	148
A.3.1 Einheitliche Datenstrukturen	148
A.3.2 Elementaroperationen auf Implikanten	149
A.3.3 Operationen auf disjunktiven Formen	150
A.3.4 Behandlung von beliebigen logischen Ausdrücken	153
A.4 Anwendungsbeispiele	154
A.5 Zusammenfassung	155
A.6 Syntax und Bedeutung der Befehle des CUBICALC-Interpreters	156

Rechnen mit Schaltfunktionen im System CUBICALC

Das Rechnen mit Schaltfunktionen umfaßt in Analogie zum Rechnen mit Zahlen u.a. das Wandeln von einer Darstellung in eine andere, die Verknüpfung von Schaltfunktionen durch ein- und mehrstellige Operatoren und das Lösen von Gleichungen. Anwendungen dafür findet man besonders beim Entwurf von digitalen Schaltungen und bei der Analyse ihrer funktionalen Eigenschaften. Auch Fragestellungen der Aussagenlogik lassen sich durch das Rechnen mit Schaltfunktionen beantworten.

CUBICALC ist ein Programmsystem, das Schaltfunktionen in verschiedenen Darstellungen akzeptiert, Operationen auf Schaltfunktionen ausführt und Gleichungen mit Schaltfunktionen löst. Das Programmsystem enthält keine Algorithmen zur Minimierung von Schaltfunktionen, lediglich einige Verfahren zur z.T. heuristischen Vereinfachung von Schaltfunktionen.
Zwei Benutzerschnittstellen werden angeboten. Mittels eines Interpreters können Aufgaben im Dialog bearbeitet werden; in Form von PASCAL-Prozeduren können alle Möglichkeiten des Systems auch in Anwendungsprogramme integriert werden. CUBICALC entstand als Hilfsmittel für die Entwicklung und Implementierung der in der vorliegenden Arbeit beschriebenen Verfahren.

Die folgende Darstellung setzt Grundlagen über Schaltfunktionen und ihre Darstellung voraus, wie sie etwa im Kapitel 3 dieser Arbeit zusammengestellt sind.

A.1 Aufgaben beim Rechnen mit Schaltfunktionen

Es werden hier nur Aufgabenstellungen betrachtet, die logische Ausdrücke zur Darstellung der Funktion verwenden. Die Darstellung der Funktion als Graph (binärer Entscheidungsbaum [More82], binäres Entscheidungsdiagramm [Aker78], normierter Graph [Brya85]) kann nicht direkt verarbeitet werden. Diese Randbedingung ist primär dadurch begründet, daß die Ausführung von Operationen auf logischen Ausdrücken weit besser untersucht ist als auf anderen Darstellungen. Da jede Darstellung einer Schaltfunktion in jede andere Darstellung umgewandelt werden kann, können mittelbar auch andere Aufgaben bearbeitet werden.

CUBICALC bietet direkte Lösungen für die folgenden vier Typen von Aufgaben an:

A) Ausführen von Operationen auf Darstellungen in disjunktiver Form

B) Vereinfachen von Darstellungen in DF

C) Umwandeln beliebiger logischer Ausdrücke in eine äquivalente DF

D) Lösen von logischen Gleichungen mit beliebigen logischen Ausdrücken

Auch die Aufgaben A) und D) sind erst dann vollständig spezifiziert, wenn die Darstellungsform für das Ergebnis angegeben wird. In dem hier beschriebenen Programmsystem wird die disjunktive Form (DF) als Standard-Darstellung für das Ergebnis verwendet. Manche Aufgaben stellen zusätzlich Bedingungen an deren Kompaktheit. Die DF kann nicht nur eine Funktion beschreiben; als Darstellung der charakteristischen Funktion einer Lösungsmenge ist die DF universell zur Beschreibung von Ergebnissen geeignet. Neben einer kompakten Darstellung hat dieser Ansatz den Vorteil, daß die Operatoren direkt nur auf Operanden in DF angewandt werden, was eine effiziente Implementierung der Operationen ermöglicht.

Aus dieser Ergebnisdarstellung ergibt sich die Wandlung eines logischen Ausdrucks in einen äquivalenten Ausdruck in disjunktiver Form als einheitliche Lösungsstrategie für alle Aufgabentypen. Andere Techniken werden nur bei der partikulären Lösung von logischen Gleichungen angewandt. Als formale Hilfsmittel für das symbolische Rechnen mit Schaltfunktionen kommen neben dem auf [Roth58] zurückgehenden 'cubical calculus' die in jüngerer Zeit entwickelten Termersetzungssysteme wie z.B. [Ders83] in Frage. Die Termersetzungssysteme sind ein Formalismus von großer Allgemeingültigkeit und erleichtern insbesondere auch den Nachweis von formalen Eigenschaften eines Systems. Im Vergleich mit dem 'cubical calculus' und seinen Weiterentwicklungen (z.B.[Bray84a]) eignen sie sich jedoch weniger, um die hier betrachteten Anwendungen effizient zu unterstützen [Semi85]. Daher baut das hier beschriebene Programmsystem auf dem 'cubical calculus' auf. Dieses Kalkül, das vorwiegend für den Entwurf von Schaltungen eingesetzt wird [Diet78], wird hier um einige Operatoren und Heuristiken erweitert, damit logische Ausdrücke mit Quantoren effizient bearbeitet werden können. Der hier beschriebene Prototyp des Systems CUBICALC wurde in der Sprache PASCAL implementiert. Durch Verlagerung der Elementaroperationen in Assembler und Spezialhardware, wie sie in [Lutz85] vorgeschlagen wurde, könnte auch die Effizienz von CUBICALC noch wesentlich gesteigert werden.

Es folgt eine Übersicht der zur Lösung der drei Aufgabentypen verwendeten Verfahren.

A.1.1 Ausführung von Operationen auf Funktionen in DF

Gegeben seien Schaltfunktionen f und g in DF und ein Operator ρ. Als Operatoren werden alle ein- und zweistelligen Operatoren betrachtet, die zur Bildung eines logischen Ausdrucks zugelassen sind. Gesucht ist das Ergebnis

$$(\rho f)(X) \text{ bzw. } (f\rho g)(X)$$

wiederum in disjunktiver Form. Prinzipiell kann dies so erreicht werden, daß man zunächst den Operator ρ durch die ihm äquivalente Kombination von $\neg$, $\wedge$, und $\vee$ ersetzt und im Operatorensystem $\{\neg,\wedge,\vee\}$ nach den Regeln der Booleschen Algebra die Klammern auflöst, um schließlich die Darstellung in DF zu erhalten. Der Rechenaufwand dafür wächst z.B. für $\rho=\wedge$ mit dem Produkt der Länge der DF für f und g. Neben einigen anderen Operationen polynomialer Komplexität haben die Negation und darauf aufbauende Operatoren eine exponentielle Komplexität. Das CUBICALC-System verwendet jedoch bei keinem Operator die obige "einfache" Lösung, da sie in der Regel zuviel Rechenzeit beansprucht oder das Ergebnis nicht in der gewünschten Kompaktheit liefert. Statt dessen werden zum einen die Operatoren auf $\{\#,\wedge,\vee\}$ zurückgeführt:

$$\neg f \quad := \quad 1\#f,$$
$$f\leftarrow/\rightarrow g \quad := \quad (f\lor g)\#(f\land g),$$
$$f\leftrightarrow g \quad := \quad \text{if } T(f)<T(g) \text{ then } (\neg f)\leftarrow/\rightarrow g \text{ else } f\leftarrow/\rightarrow(\neg g),$$

wobei $T(f)$ die Anzahl der Implikanten von $[f]_{DF}$ bezeichnet;

zum anderen werden verschiedene Maßnahmen eingesetzt bzw. dem Anwender zur Verfügung gestellt, um kurze Rechenzeiten und eine kompakte Darstellung des Ergebnisses zu erzielen. Diese sind, soweit sie mehrere Operationen betreffen, im Abschnitt A.2 beschrieben. Die einzelnen Operatoren sind mit ihren speziellen Maßnahmen zur Effizienzsteigerung im Abschnitt A.3 beschrieben.

A.1.2 Vereinfachen einer Funktionsdarstellung in DF

Eine Schaltfunktion hat beliebig viele Darstellungen in DF. Von besonderem Interesse sind Darstellungen, die aus relativ wenigen, kurzen Konjunktionen bestehen. Durch die im CUBICALC-System nicht enthaltene Minimierung kann man sogar eine bzgl. eines bestimmten Kriteriums minimale Darstellung bestimmen, z.B. eine Darstellung mit minimaler Termanzahl. Da hier der Aufwand für die Vereinfachung gegen den Aufwand abzuwägen ist, der dadurch in den folgenden Rechenschritten eingespart wird, sind in CUBICALC nur die folgenden Verfahren zum Vereinfachen einer DF implementiert. (Ist eine Minimierung notwendig, so kann diese z.B. im LOGE-System [LNS82] ausgeführt werden.)

a) **Subsumieren (Anwendung des Absorptionsgesetzes)**

Seien I und I' zwei Implikanten der DF. Gilt $I \Rightarrow I'$, dann wird I von I' subsumiert und kann gestrichen werden, da I keine Einsstellen repräsentiert, die nicht auch in I' enthalten sind. Nach dem Subsumieren kommt jeder Implikant nur noch einmal in der DF vor und kein Implikant wird von einem anderen impliziert.

b) **Heuristisches Vereinfachen**

Dazu wird eine Variante der Prozedur 'Simplify' aus [Bray84a] verwendet. Nach Aufspalten der Funktion in Teilfunktionen mit monotoner DF werden diese subsumiert, was bei monotonen Funktionen der Minimierung der Teilfunktionen entspricht. Anschließend werden die Teilergebnisse jeweils paarweise unter Anwendung von zwei speziellen Vereinfachungsregeln wieder zusammengefaßt. Durch diese heuristische Vereinfachung erhält man eine DF, die i.a. weniger und kürzere Implikanten enthält. Der Aufwand dafür liegt weit unter dem Aufwand für eine Minimierung.

A.1.3 Lösen logischer Gleichungen

Wie oben angemerkt, können alle Gleichungen und Gleichungssysteme mit Schaltfunktionen in die homogene Form

$$g(x)=0 \text{ bzw. } g(x)=1$$

gebracht werden, wobei g(x) durch einen logischen Ausdruck dargestellt wird. Gesucht sind entweder eine oder alle Wertebelegungen von x, für die die Gleichung erfüllt wird. Ohne auf die Besonderheiten bei der Behandlung von Gleichungssystemen (z.B. Dekomposition [Himm73a]) einzugehen, werden hier zwei Techniken zur Lösung einer logischen Gleichung angegeben.

Durch **baumartiges Suchen** im Lösungsraum B^k kann man **partikuläre Lösungen** (Null- bzw. Einsstelle oder Null- bzw. Einsblock der homogenen Form) bestimmen. Dabei werden die x_i in einer heuristisch bestimmten Reihenfolge mit Werten belegt. Zur Einschränkung des Suchraums versucht man, Reihenfolge und Werte so zu wählen, daß möglichst früh zu erkennen ist, ob eine Teilbelegung zur Lösung fortgesetzt werden kann.
In dieser Technik wurde ein Lösungsverfahren für d(x)=0 implementiert, wobei d in DF gegeben ist. Es verwendet einen von Zakrevskij angegebenen Algorithmus [Zakr84] und eignet sich insbesondere zur Prüfung auf Tautologie, denn das Auffinden einer partikulären Lösung für d(x) = 0 ist äquivalent mit d(x) $\neq$ 1.

Zur **vollständigen Lösung** einer logischen Gleichung wird eine andere Technik verwendet. Ausgangspunkt ist die homogene Form

$$g(x)=1,$$

wobei g(x) durch einen beliebigen logischen Ausdruck dargestellt wird. Die Lösung in DF wird durch **Umwandlung dieses Ausdrucks** bestimmt. Dazu wird sein Strukturbaum erzeugt, dessen Blätter logische Konstanten (0,1), Variablen x_i oder disjunktive Formen sind. Bild A.1 zeigt ein Beispiel dazu.

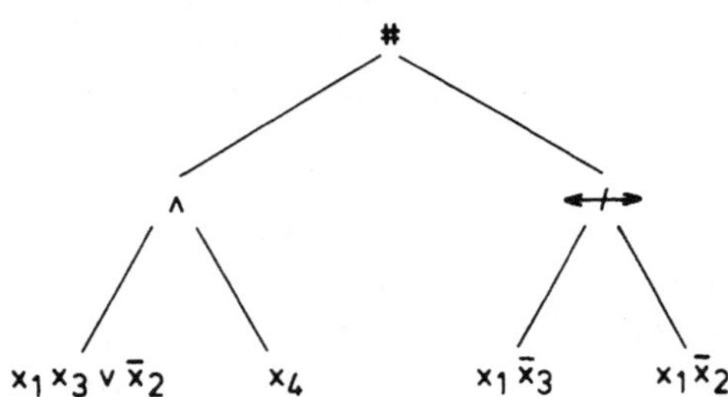

<u>Bild A.1:</u> Beispiel für den Strukturbaum eines logischen Ausdrucks

Durch sukzessives Ausführen der Operationen ρ werden jeweils Teilausdrücke durch eine disjunktive Form ersetzt, bis schließlich die vollständige Lösung in DF vorliegt. Vereinfachungen der Darstellung sind z.T mit der Ausführung von Funktionen verbunden und können auch explizit auf die Lösung und Zwischenlösungen angewandt werden. Optimal ist der Aufwand zur Vereinfachung der Zwischenergebnisse dann, wenn das Ergebnis in der verlangten Kompaktheit mit insgesamt minimalem Aufwand erreicht wird, was allenfalls heuristisch approximiert werden kann.

A.2 Maßnahmen zur Effizienzsteigerung

Beim Rechnen mit Schaltfunktionen hängt die Effizienz nicht nur von Rechenzeit und Speicherbedarf ab, sondern wesentlich von der Kompaktheit der Ergebnisdarstellung. Bei Ergebnisdarstellung in DF kann die Kompaktheit in Abhängigkeit von der Aufgabenstellung an der Anzahl der Implikanten, der Länge der Implikanten oder der Länge der DF insgesamt gemessen werden.

Beim Ausführen einer Operation verwendet CUBICALC folgende drei Vorgehensweisen, um eine kompakte Darstellung zu erreichen.

K1 vor Ausführung der Operation die Operanden in eine geeignete Darstellung bringen,

K2 nach Ausführung der Operation die Darstellung des Ergebnisses vereinfachen,

K3 Operation so ausführen, daß eine kompakte Ergebnisdarstellung erreicht wird.

Unabhängig von der Operation können Subsumieren und heuristisches Vereinfachen der Darstellung angewandt werden. Das Subsumieren hat eine Rechenzeit, die quadratisch mit der Länge der DF zunimmt. Aufgrund eines Verfahrens, das mit einer zweistufigen Sortierung der Implikanten arbeitet, hat das Subsumieren jedoch eine mittlere Rechenzeit, die deutlich langsamer ansteigt. Die Komplexität der heuristischen Vereinfachung kann nicht angegeben werden; die Rechenzeit liegt für viele Beispiele um etwa den Faktor 10 höher als beim Subsumieren.

Für das Relativkomplement (f#g) wird ein Algorithmus verwendet, der für das Ergebnis eine Darstellung aus disjunkten Implikanten erzeugt, falls f ebenfalls in dieser Darstellung vorliegt. Dieses Verfahren wurde erstmals in [Roth72] angegeben und ist unter der Bezeichnung 'disjoint sharp product' u.a. in [HCO74] beschrieben. Es kann als eine Kombination von K1 und K3 angesehen werden, da die Anzahl der Ergebnisterme i.a. deutlich niedriger liegt, als bei der einfachen Implementierung des Relativkomplements. Während die einfache Implementierung des Relativkomplements eine Menge von Implikanten erzeugt, die nach Subsumieren gerade aus sämtlichen Primimplikanten von f#g besteht [Roth68], wird beim Relativkomplement mit paarweise disjunkten Ergebnistermen nur eine i.a. viel kleinere Menge von Implikanten erzeugt. Die Zusammensetzung und Mächtigkeit der Ergebnismenge hängt auch noch von Parametern in der Ausführung des disjunkten Relativkomplements ab (siehe 5.3). Auch die Ausführungszeiten liegen unter denen des einfachen Relativkomplements, woran der hier mögliche Verzicht auf das Subsumieren des Ergebnisses seinen Anteil hat. Die Ergebnisimplikanten sind nicht prim und enthalten in der Regel deutlich mehr Literale. Da aber in CUBICALC die Rechenzeiten stärker von der Anzahl der Implikanten als von deren Umfang abhängt, hat sich die Darstellung mit paarweise disjunkten Implikanten auch bei zusammengesetzten Aufgaben bewährt. Berichte über ein System zum Lösen Boolescher Gleichungen [Stei84], das durchgehend diese Darstellung verwendet, bestätigen diese Vorgehensweise.

Bei manchen Operationen wurde probeweise auch die in [Bray82a] angegebene Technik implementiert, die Funktionen vor Ausführung der Operation in Teilfunktionen mit monotoner DF zu zerlegen und die Teilergebnisse jeweils paarweise unter Subsumieren zum Ergebnis zusammenzufassen. Damit können Ergebnisse erzielt werden, die bzgl. der Termlänge und -anzahl deutlich kompakter sind, als die aus nicht zerlegten Funktionen gewonnenen Ergebnisse. Jedoch ist mit dieser bei K3 einzuordnenden Technik für die hier typischen Anwendungen mit meist geringer Implikantenanzahl ein hoher zusätzlicher Rechenaufwand verbunden, so daß sie in CUBICALC kaum eingesetzt wird. In laufenden Arbeiten wird noch untersucht, ob sich dieses Ergebnis durch Verwendung einer anderen, stochastisch begründeten Heuristik für das Zerlegen der Funktion verbessern läßt.

A.3. Implementierung der Operationen

Die Algorithmen, die die CUBICALC-Operationen auf Darstellungen in DF implementieren, werden nach Angabe der gemeinsamen Datenstrukturen einzeln beschrieben, soweit sie über Standardimplementierungen des 'cubical calculus' (siehe z.B. [Diet78]) hinausgehen.

A.3.1 Einheitliche Datenstrukturen

Einheitlich für alle Algorithmen sind die Datenstrukturen für eine Funktion und ihre Darstellung in DF.
Die Datenstruktur für eine Funktion ist ein **Verbund** mit den drei Komponenten:

Funktion: (Name,
 Zeiger auf eine Darstellung in DF,
 Zeiger auf eine Funktion)

Die dritte Komponente dient dazu, mehrere Funktionen als sequentielle Liste zu verketten. So werden Funktionenbündel und der Funktionsspeicher des CUBICALC-Systems implementiert. Die zweite Komponente verweist auf einen logischen Ausdruck in DF:

DF (disjunktive Form): (Zeiger auf den ersten Implikanten,
(cover)   Zeiger auf den letzten Implikanten,
       Anzahl der Implikanten)

Ein einzelner Implikant ist ebenfalls als Verbund implementiert; alle Implikanten einer DF bilden eine doppelt verkettete Liste:

Implikant: (Eins-Menge m1,
(cube)   Null-Menge m0,
       Zeiger auf vorhergehenden Implikanten,
       Zeiger auf nachfolgenden Implikanten)

Durch die Mengen (PASCAL-Typ 'set') $m0$ und $m1$ sind die Literale des Implikanten gemäß folgender Tabelle codiert. Die Mengen $m0$ und $m1$ sind Teilmengen der Menge $\{1, 2, \ldots, i_{max}\}$ der Variablen-Indizes.

Beteiligung der Variablen x_i	Codierung
x_i am Implikanten beteiligt	$i \notin m0$, $i \in m1$
$\neg x_i$ am Implikanten beteiligt	$i \in m0$, $i \notin m1$
x_i nicht am Implikanten beteiligt	$i \in m0$, $i \in m1$

Bild A.2 illustriert die Datenstrukturen an einem Beispiel.

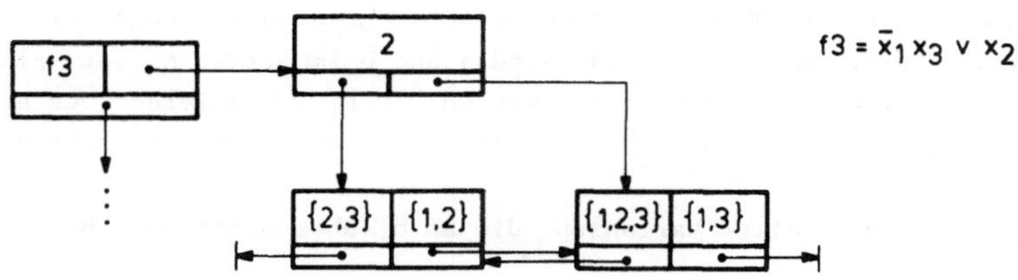

<u>Bild A.2:</u> Datenstruktur einer Funktion in CUBICALC (Beispiel)

Mit der Implikanten-Datenstrukur können entsprechend den Grenzen des hier verwendeten PASCAL-Systems bis zu 2048 Variablen bewältigt werden. Wichtiger als diese Randbedingung ist, daß bei der obigen Codierung die elementaren Operationen auf Implikanten, auf denen alle weiteren Operationen von CUBICALC basieren, durch PASCAL -Mengenoperationen (Vereinigung, Schnitt, Mengendifferenz) implementiert werden können. So nutzt CUBICALC die Parallelität auf Maschinenebene aus und mit der Änderung des Parameters i_{max}, der maximalen Kardinalität der Mengen m0, m1, kann man das System auf eine andere Anzahl von Variablen umstellen. Für den beschriebenen Prototyp von CUBICALC wurde i_{max}=26 gewählt, was bei der externen Darstellung zur Bezeichnung der Variablen mit den Buchstaben des Alphabets ausgenutzt wird.

A.3.2 Elementaroperationen auf Implikanten

Betrachtet wird hier die Ausführung von Operationen auf Implikanten bei einer Grundgesamtheit von n Variablen. Die meisten dieser Elementaroperationen können entsprechend der für Implikanten gewählten Datenstruktur (s.o.) in CUBICALC geschlossen als Mengenoperationen implementiert werden. Dies ist zumindest in PASCAL wesentlich effizienter als die Speicherung und Verarbeitung einzelner Literale.

Zur Beschreibung wird in den folgenden Beispielen eine sich an PASCAL orientierende Notation gewählt; **Verbundkomponenten** werden durch <Verbund>.<Komponente> bezeichnet.

a) Konjunktion zweier Implikanten a,b

1. e.m0:=a.m0 ∩ b.m0;
2. e.m1:=a.m1 ∩ b.m1;
3. c:=if e.m0 ∪ e.m1 = {1,..,n} then e else nil;

d.h. falls die Konjunktion von a und b nicht leer ist, ergeben sich die Mengen m0 und m1 des Ergebnis-Implikanten c aus dem Schnitt der entsprechenden Mengen von a und b; andernfalls gibt es keinen Ergebnis-Implikanten.

b) Test auf a⇒b (Implikation)

1. if (a.m0 ⊆ b.m0) and (a.m1 ⊆ b.m1) then Implikation:=true
                                    else Implikation:=false;

Der Implikant a impliziert den Implikanten b, falls sowohl die Menge seiner bejahten Variablen als auch die Menge seiner negierten Variablen eine Teilmenge der entsprechenden Mengen von b sind. Sind a und b Implikanten der gleichen DF und gilt a⇒b, dann kann a gestrichen werden. Das Subsumieren besteht gerade darin, alle Vereinfachungen dieser Art innerhalb einer DF durchzuführen.

c) Bestimmung der Menge v aller Variablen, die an b, aber nicht an a beteiligt sind.

1. v:=(a.m0 ∩ a.m1) - (b.m0 ∩ b.m1)

Mit '-' wird hier die Mengendifferenz bezeichnet. Die gesuchte Menge wird als Differenz der Mengen der an a und b nicht beteiligten Variablen bestimmt, da diese komplementäre Bestimmung bei der gewählten Codierung und den in PASCAL verfügbaren Mengenoperationen (∪,∩,-) am einfachsten ist.

A.3.3 Operationen auf disjunktiven Formen

In CUBICALC wurden die folgenden Operationen, z.T. in mehreren Varianten, implementiert, die ausgehend von disjunktiven Formen für die Funktionen f und g das Ergebnis in DF berechnen.

a) $[f \vee g]_{DF}$
Die Implikantenlisten von f und g werden miteinander zu einer Liste verbunden; Implikanten, die in einem anderen enthalten sind werden entfernt.

b) $[f \wedge g]_{DF}$
Die einfache Implementierung besteht darin, alle Konjunktionen f.i∧g.j von Implikanten f.i aus f mit Implikanten g.j aus g zu berechnen und abschließend die Liste der Konjunktionsergebnisse zu subsumieren. Der Aufwand kann dadurch reduziert werden, daß bei einer Implikation f.i⇒g.j der Implikant f.i aus f entfernt und in die Liste der Ergebnisse aufgenommen wird.
Die Implementierung nach Brayton [Bray82a] entwickelt f und g gemäß:

$$f = x \wedge f(x=1) \vee \neg x \wedge f(x=0)$$
$$g = x \wedge g(x=1) \vee \neg x \wedge g(x=0)$$

in je zwei Teilfunktionen (Kofaktoren), wobei als Variable x jeweils diejenige Variable ausgewählt wird, in der $[f]_{DF} \vee [g]_{DF}$ nicht monoton und die an den meisten Implikanten beteiligt ist. Die gewünschte Zerlegung ist erreicht, sobald die ODER-Verknüpfung zweier Teilfunktionen monoton ist. Dadurch ist auch die dann gebildete UND-Verknüpfung der Teilfunktionen monoton und das damit verbundene

Subsumieren liefert ein minimales Teilergebnis. Teilergebnisse, die aus benachbarten Zweigen der Zerlegung stammen, werden unter Berücksichtigung von identischen und implizierenden Implikanten paarweise solange rekursiv zusammengefaßt, bis das Ergebnis als eine Liste von Implikanten vorliegt. Monotonie wird hier im Sinne von Def. 3.13 (Monotonie einer DF) verstanden. Mit diesem Verfahren ist gerade bei Funktionen, die von vielen Variablen abhängen, aber mit nur wenigen Implikanten dargestellt sind, ein relativ hoher Rechenaufwand verbunden, der auch nicht immer durch die kompaktere Darstellung des Ergebnisses kompensiert wird. Daher verwendet der CUBICALC-Interpreter das einfachere Verfahren.

c) $[f \# g]_{DF}$ (Relativkomplement, Kreuzoperation)

Das Relativkomplement ist in zwei Varianten implementiert. Das einfache Verfahren basiert auf [Roth58]; es ist u.a. beschrieben in [Diet78] und [Roth80] und erzeugt nach Subsumieren gerade die Menge aller Primimplikanten von $f \wedge \neg g$. Nachteilig dabei ist, daß eine Funktion sehr viele Primimplikanten ($\geq n!/((n/3)!)^3$ nach [Lutz85] bzw. [BrVa79]) haben kann, deren Kenntnis aber hier (anders als bei der Minimierung einer Funktion) nicht notwendig ist.

Das zweite Verfahren zur Berechnung des Relativkomplements erzeugt eine Überdeckung der Ergebnisfunktion $f \wedge \neg g$, die im allgemeinen schneller zu berechnen ist und weniger Implikanten umfaßt. Die Ergebnisimplikanten sind genau dann disjunkt, wenn die Implikanten von f disjunkt sind. Es basiert auf dem sog. 'disjoint sharp product' [Roth72] und wurde hier mit einer speziellen Heuristik implementiert. Erklärt wird das Verfahren zunächst für zwei Implikanten a,b.

Seien die Implikanten a, b als Ternärvektoren $(a_1, \ldots, a_n)$ und $(b_1, \ldots, b_n)$ mit folgender Codierung gegeben:

Variable v	Ternärcode
bejaht am Implikant beteiligt	1
negiert am Implikant beteiligt	0
nicht am Implikant beteiligt	-

Das Relativkomplement mit disjunkten Ergebnisimplikanten ist so definiert:

Als Ergebnis von a#b erhält man eine DF c mit

$$c = \bigvee_{i=1}^{n} c^i$$

mit $c^i = (c^i_1 \wedge \ldots \wedge c^i_n)$

$$\text{und } c^i_j = \begin{cases} a_j \cdot b_j & \text{für } j<i \\ a_j \cdot \neg b_j & \text{für } j=i \\ a_j & \text{für } j>i \end{cases}, \text{ falls alle } c^i_j \neq \varphi;\ 0 \text{ sonst.}$$

wobei die Verknüpfung $\cdot$ so erklärt ist:

	$\cdot$	b_j			$\neg b_j$		
		0	1	-	0	1	-
	0	0	φ	0	φ	0	φ
a_j	1	φ	1	1	1	φ	φ
	-	0	1	-	1	0	φ

Die implikantenweise Implementierung des Verfahrens geschieht weitgehend durch Mengenoperationen ähnlich denen in A.3.2. Bei einer Permutation π der Indizes von b, also den Übergang von j zu $\pi(j)$, erhält man die gleiche Funktion c, aber in einer anderen Darstellung.

Die entsprechende Operation auf zwei Funktionen f,g ist so definiert:

Sei $f = f_1 \vee f_2 \vee \ldots \vee f_p$,
$\quad g = g_1 \vee g_2 \vee \ldots \vee g_q$. Dann ist

$$f \# g_i = \bigvee_{j=1}^{p} f_j \# g_i \quad \text{und}$$

$$f \# g = (\ldots (f_1 \vee f_2 \vee \ldots \vee f_p) \# g_1) \# g_2) \ldots) \# g_q$$

Da sich je nach Permutation π für das Ergebnis verschiedene Darstellungen ergeben, liegt es nahe, π so zu wählen, daß sich eine möglichst kurze Rechenzeit und eine Darstellung mit relativ wenig Implikanten ergibt. Zu diesem Zweck wurde mit Erfolg eine Heuristik, die ursprünglich für die Primimplikantenbestimmung nach [Thel81] von [Lutz85] angegeben wurde, auf das Verfahren zur Bestimmung des Relativkomplements übertragen. Bei der Berechnung von $f_i \# g_j$ werden die Komponenten von g_i permutiert indiziert. Die Permutation ordnet die Variablen nach steigender Häufigkeit ihres Vorkommens in der Darstellung von g, d.h. $\pi(1)$ ist der Index der am seltensten, $\pi(n)$ der Index der am häufigsten in g-Implikanten vorkommenden Variablen.

d) $[\neg f]_{DF}$
Wie schon angegeben, ist die Negation durch Berechnung von $[1 \# f]_{DF}$ implementiert, wobei ebenfalls das Relativkomplement mit disjunkten Ergebnisimplikanten verwendet wird.
Um zu prüfen, ob $\neg f = 0$ bzw. $f = 1$ ist, was einem Tautologietest entspricht, wurde ein zweites Verfahren implementiert [Lepo85], das durch baumartiges Suchen entweder einen Implikanten von $\neg f$ als partikuläre Lösung liefert oder mit leerer Lösungsmenge endet, was $f = 1$ bedeutet.

Äquivalenz und Antivalenz werden wie in A.1.1 angegeben auf die obigen vier Operationen abgebildet.

Wohl neu in diesem Zusammenhang sind Existenz- und Allquantor als zwei weitere auf disjunktiven Formen erklärte Operationen, die sich, wie in Kap. 4 dieser Arbeit gezeigt, auf die Operationen "Löschen von Literalen" und Negation zurückführen lassen.

e) $[\ \exists X:f(X,Y)]_{DF}$

Ist eine Funktion f von den Variablen $X=(x_1,..,x_i)$ und $Y=(x_{i+1},...,x_n)$ abhängig, kann der Existenzquantor bzgl. der Variablen in X sehr einfach dadurch implementiert werden, daß man in den Implikanten von f alle Literale löscht, die sich auf X-Variablen beziehen (vgl. Kap. 4, Lemma 4.3).

f) $[\ \forall X:\ f(X,Y)]_{DF}$

Der Allquantor wird unter Verwendung der Negation und des Existenzquantors implementiert. Es gilt nach Lemma 4.3 (Kap. 4):

$$[\forall X:f(X,Y)]_{DF}$$

$$=\ [\neg[\exists X:\neg f(X,Y)]_{DF}]_{DF} \quad ; \text{ Mit der Bezeichnung fn für } \neg f:$$

$$=\ [\neg[fn(-,\ldots,-,Y)]_{DF}]_{DF}.$$

Zur Anwendung des Allquantors ist f zunächst zu komplementieren. Nach Löschen aller X-Literale in der negierten Funktion erhält man das Ergebnis in DF durch Komplementieren des Zwischenergebnisses.

A.3.4 Behandlung von beliebigen logischen Ausdrücken

Beliebige logische Ausdrücke a(x) enstehen durch Komposition der verfügbaren Operatoren. Sie werden wie in A.1.3 dargestellt schrittweise in DF überführt.
Zunächst wird noch innerhalb des CUBICALC-Interpreters eine Syntaxanalyse durchgeführt, bei der geprüft wird, ob es sich um einen gültigen logischen Ausdruck handelt, und es wird eine dem Ausdruck entsprechende interne Datenstruktur, der sog. Strukturbaum aufgebaut. Die Funktionsbezeichner werden ersetzt durch die ihnen aktuell zugeordneten Ausdrücke in DF.
Der Strukturbaum definiert die Reihenfolge, in der anschließend die Operationen zur Umformung in DF ausgeführt werden.

Im letzten Abschnitt dieses Anhangs sind die Befehle des CUBICALC-Interpreters beschrieben. Da zur internen Darstellung von Funktionen nur die DF verwendet wird, löst eine Zuweisung der Form:

<Ergebnisfunktion> := <logischer Ausdruck>

die oben beschriebene Umwandlung des logischen Ausdrucks in DF aus. Dieses Ergebnis wird der Ergebnisfunktion zugewiesen, die der Anwender entweder ausgeben oder in folgenden Anweisungen benutzen kann.

A.4 Anwendungsbeispiele

An einigen Beispielen soll gezeigt werden, wie das Programmsystem CUBICALC angewendet wird. Die Rechenzeiten (angegeben in Millisekunden, kurz **ms**) sind CPU-Zeiten der SIEMENS S7561.

a) **Komplementbildung**

   Gegeben sei eine Funktion f(a,b,c,d,e):

$$f(a,b,c,d,e) = a\bar{b}c \lor abd\bar{e} \lor a\bar{c}e \lor \bar{a}bd\bar{e} \lor \bar{b}cde \lor \bar{b}c\bar{d} \lor \bar{b}\bar{c}\bar{d}e$$

   Durch die Eingabe "g = -f" wird das Komplement g von f,

$$g(a,b,c,d,e) = \bar{a}\bar{b}\bar{c}de \lor \bar{a}\bar{b}cd\bar{e} \lor \bar{b}\bar{c}\bar{e} \lor bcde \lor \bar{a}b\bar{c}de \lor bc\bar{d} \lor \bar{b}\bar{c}d\bar{e} \lor \bar{a}b\bar{c}de,$$

   in 8 ms berechnet.

   Durch

$$h=h(a,b,\ \ldots,p) = (\bar{a}b \lor \bar{b}c \lor \bar{c}d \lor \bar{d}a)\#(efgh \lor ijkl \lor mnop)$$

   wird für h eine disjunktive Form mit 16 Variablen und
   256 Implikanten in 26 ms berechnet.
   Durch die Eingabe "g=-h" wird als Komplement von g eine
   DF mit 390 Implikanten in 397 ms berechnet.

b) **Heuristisches Vereinfachen mit Simplify**

   Die Anwendung der Prozedur Simplify vereinfacht die Darstellung der obigen Funktion g, das Komplement von h, in 435 ms von 390 Implikanten auf die (zufällig minimale) Darstellung:

$$g = \neg h = abcd \lor \bar{a}\bar{b}\bar{c}\bar{d} \lor efgh \lor ijkl \lor mnop$$

c) **Vergleich zweier Funktionen**

   Zum Vergleich zweier Funktionen wird der Antivalenz-Operator verwendet. Die zwei Funktionen f und g sind genau dann gleich, wenn $f\leftrightarrow g\equiv 0$ ist.
   Der Vergleich von zwei Darstellungen für die Funktion h aus a) mit 16 Variablen und jeweils 256 Implikanten dauert z.B. 266 ms.

d) **Berechnung der Booleschen Differenz**

   Als letztes Beipiel wird gezeigt, wie die Boolesche Differenz durch Kofaktorbildung und Antivalenzoperator berechnet wird.
   Bezeichne f die gleiche Funktion und Darstellung wie in a). Durch die Eingabe ("@" steht in CUBICALC für $\leftrightarrow$)

$$\text{"fb = f(B=1) @ f(B=0)"}$$

   wird die Boolesche Differenz f_b in der Darstellung

$$fb = ace \lor ac\overline{d}\overline{e} \lor \overline{a}cd\overline{e} \lor \overline{a}\overline{c}\overline{d}e \lor \overline{a}d\overline{e} \lor c\overline{d} \lor cde$$

in 6 ms berechnet, die mittels Simplify in weiteren
6.2 ms zu

$$fb = \overline{a}\overline{d}e \lor c\overline{d} \lor ce \lor \overline{a}c \lor \overline{c}d\overline{e}$$

vereinfacht werden kann.

A.5 Zusammenfassung

Das Programmsystem CUBICALC wurde vorgestellt. Es implementiert auf der Basis des
'cubical calculus' Verfahren zum Rechnen mit Schaltfunktionen. Der hier beschriebene
Prototyp wurde ursprünglich für Anwendungen bei der modularen Testerzeugung entwickelt, wo er zur partikulären bzw. vollständigen Lösung von Gleichungen mit logischen Ausdrücken eingesetzt wird. Auch andere Aufgaben, wie z.B. die Schaltungsana-
lyse und -Verifikation, die Berechnung Boolescher Differenzen oder die Vereinfachung
von Ausdrücken können damit gelöst werden. Zur Bildung der logischen Ausdrücke
stehen dem Anwender neben den üblichen logischen Operatoren wie z.B. Negation,
Antivalenz auch der Existenz- und der Allquantor zur Verfügung.

Trotz der hohen algorithmischen Komplexität vieler damit verbundener Probleme konnten mit dem Prototyp auch Funktionen mit mehr als 20 Variablen und mehreren Hundert
Implikanten innerhalb weniger Sekunden verarbeitet werden, wobei im Prototyp weder
bei den Algorithmen noch bei der Implementierung in der höheren Programmiersprache
PASCAL alle bekannten Möglichkeiten zur Effizienzsteigerung verwendet wurden.

Der Anwender kann CUBICALC über zwei Schnittstellen nutzen. Ein Interpreter ermöglicht die Bearbeitung von kleineren Aufgaben im Dialog. Er eignet sich zu "Ver-
suchszwecken", z.B. für die Entwicklung von neuen Verfahren. Für größere Aufgaben
ist es günstiger, CUBICALC als Unterprogrammbibliothek zum jeweiligen Anwendungspro-
gramm zu verwenden, wobei der Datenaustausch wahlweise über die externe, auch im
Interpreter verwendete Text-Formate oder über interne Datenstrukturen erfolgen
kann. Aufgrund der modularen Struktur des Programmsystems und verschiedener Dienst-
programme für das Rechnen mit Schaltfunktionen ist es einfach, neue Operatoren und
Algorithmen in das System einzufügen und zu erproben. Nicht zuletzt ist CUBICALC
also auch ein Entwicklungssystem für Verfahren zum Rechnen mit Schaltfunktionen.

A.6 Syntax und Bedeutung der Befehle des CUBICALC-Interpreters

Im Teil a) wird die Syntax aller CUBICALC-Interpreter-Befehle beschrieben. Die Zusammenstellung der Bedeutung der Befehle im Teil b) ist wegen der vom üblichen abweichendend Notation der logischen Operatoren und der bisher nicht erklärten Prozeduren nützlich.

a) Syntax der Befehle des CUBICALC-Interpreters

Zur Syntaxbeschreibung wird die Backus-Naur-Form (BNF) mit der folgenden Erweiterung verwendet:

{<.....>}n/m bedeutet: <.....> wird mindestens m-und maximal n-fach wiederholt,
dabei sind n und m natürliche Zahlen; n=* bedeutet,daß
die Syntax beliebig viele Wiederholungen zuläßt.

<Befehl>   ::= <Zuweisungsbefehl>|<Kommando>

<Zuweisungsbefehl> ::= <Funktionsname> = <Ausdruck>|
<Funktionsname>=<Prozedur-Aufruf>
<Funktionsname>   ::= <Buchstabe> {<Ziffer>|<Buchstabe>| _ }19/0
<Buchstabe>   ::= <Grossbuchstabe>|<Kleinbuchstabe>
<Grossbuchstabe>   ::= A|B|C|D|E|F|G|H|I|J|K|L|M|N|O|P|Q|R|S|T|U|V|W|
X|Y|Z
<Kleinbuchstabe>   ::= a|b|c|d|e|f|g|h|i|j|k|l|m|n|o|p|q|r|s|t|u|v|w|
w|x|y|z
<Ziffer>   ::= 1|2|3|4|5|6|7|8|9|0
<Ausdruck>   ::= <Operand>|-<Ausdruck>|(<Ausdruck>)|
<Ausdruck> <binärer Operator> <Ausdruck>
<Operand>   ::= <Konstante>|<Funktionsname>|
<Funktionsname> < <T-Vektor> >|
<Funktionsname> (<T-Vektor>)
<binärer Operator> ::= +|*|#|:|@
<Konstante>   ::= [<cover>]|1|0
<cover>   ::= <cube> { + <cube>}*/0
<cube>   ::= <Literal> {<Literal>}*/0
<Literal>   ::= <negierte Variable>|<bejahte Variable>
<bejahte Variable> ::= <Grossbuchstabe>
<negierte Variable>::= <Kleinbuchstabe>

<Prozedur-Aufruf> ::= $SUB(<Funktionsname>)|
$SIM(<Funktionsname> {,c}1/0)|
$SEL(<Funktionsname>,<T-Vektor>)|
$NSEL(<Funktionsname>,<T-Vektor>)|
$MOD(<Funktionsname>,<T-Vektor>)

<T-Vektor>   ::= {<Grossbuchstabe>}*/1 = {<T-Wert>}*/1
<T-Wert>   ::= 0 | 1 | -

```
<Kommando>            ::= % <Steuer-Anweisung>
<Steuer-Anweisung>::= <End-Anweisung>|<List-Anweisung>
                      <Help-Anweisung>|<Read-Anweisung>
<End-Anweisung>      ::= E | END
<List-Anweisung>     ::= <List-Code> {<Funktionenliste>}1/0
<List-Code>          ::= L | LIST
<Funktionenliste> ::= <Funktionsname> {,<Funktionsname>}*/0
<Help-Anweisung>     ::= H | HELP
<Read-Anweisung>     ::= <Read-Code> <Dateiname>
<Read-Code>          ::= R | READ
```

<Dateiname> ist wie in BS2000 definiert.

b) Bedeutung der Befehle

Bei Namen für Funktionen und Prozeduren wird nicht zwischen Groß- und Kleinschreibung unterschieden.

Operatoren:
- - Negation
- + Disjunktion, Oder-Verknüpfung
- * Konjunktion, Und-Verknüpfung
- # Relativkomplement, Kreuzoperation
- : Äquivalenz
- @ Antivalenz

Prozeduren:
Alle Prozeduraufrufe haben eine Schaltfunktion als Ergebnis und müssen daher auf der rechten Seite einer Zuweisung stehen. Die als Parameter übergebene Funktion bleibt in allen Fällen unverändert.
Der teilweise als Parameter verwendete 3-wertige T-Vektor wird in zwei Bedeutungen benutzt: in MOD zur Angabe einer Wertebelegung für die Variablen und bei den andere Prozeduren zur Angabe einer Reihe von Literalen.

SUB   : die Funktion wird durch Anwendung des Absorptionsgesetzes subsumiert

SIM   : die Funktion wird entsprechend dem Simplify-Algorithmus heuristisch vereinfacht; wird der zweite, optionale Parameter 'c' angegeben, dann wird auch aufgrund von Implikation (containment) vereinfacht, andernfalls nur aufgrund von gleichen Implikanten im Kofaktor-Paar.

SEL   : Die Implikanten der Funktion, die alle angegebenen Literale enthalten, bilden die Ergebnisfunktion.
        Die gleiche Bedeutung hat das auch in Ausdrücken verwendbare Konstrukt
        <Funktionsname> < <T-Vektor> >

NSEL : Komplementär zu SEL: Die Implikanten, die mindestens eines der angegebenen
Literale nicht enthalten, bilden die Ergebnisfunktion.

MOD : verallgemeinerte Kofaktorbildung: Wird im T-Vektor eine Wertebelegung mit
Werten $\in \{0,1\}$ angegeben, dann bildet die bei dieser Wertebelegung entste-
hende Restfunktion das Ergebnis; zusätzlich werden die Literale zu allen
Variablen, für die '-' als Wert angegeben ist, aus den sich ergebenden
Ergebnisimplikanten gestrichen.
Die gleiche Bedeutung hat das auch in Ausdrücken verwendbare Konstrukt
<Funktionsname> (<T-Vektor>)

Interpreterkommandos:

HELP : Der Interpreter gibt eine kurze Erklärung der Interpreter-Kommandos aus.

READ : Der Interpreter liest von der angegebenen Datei eine Reihe von Funktionen
und wandelt sie in die interne Darstellung. Anschließend können sie über
ihren Namen wie andere Funktionen auch benutzt werden. Damit können u.a.
ganze Funktionenbündel aus LOGE-Dateien der Art SNE.PRG bzw. PLA.PRG
eingelesen werden.

LIST : Damit werden Funktionen, die innerhalb einer Sitzung dem Interpreter
eingegeben wurden, am Terminal ausgegeben. Die in disjunktiver Form ge-
speicherten Funktionen und die Zahl ihrer Implikanten werden in einer
matrixförmigen Darstellung ausgegeben. Die Parameterliste nennt die auszu-
gebenden Funktionen; fehlt sie, werden sämtliche Funktionen ausgegeben.

PRINT : Entspricht LIST, jedoch erfolgt die Ausgabe auf eine Datei (Standard-Da-
tei: CUBICALC.PROTOKOLL)

END : Damit wird die Interpreterbenutzung beendet.

<u>**Anhang B:**</u> <u>**Anteile der Einfach- und Mehrfachbeobachtungen an den bei**</u>
<u>**der Relativtransparenzbestimmung untersuchten Fällen**</u>

Die 13 folgenden Balkendiagramme stellen für die einzelnen untersuchten Schaltungen
die Daten aus Tabelle 7.2 graphisch dar. In Abschnitt 7.2.2.3 werden die Ergebnisse
interpretiert.

<u>**Schaltung 1:**</u>

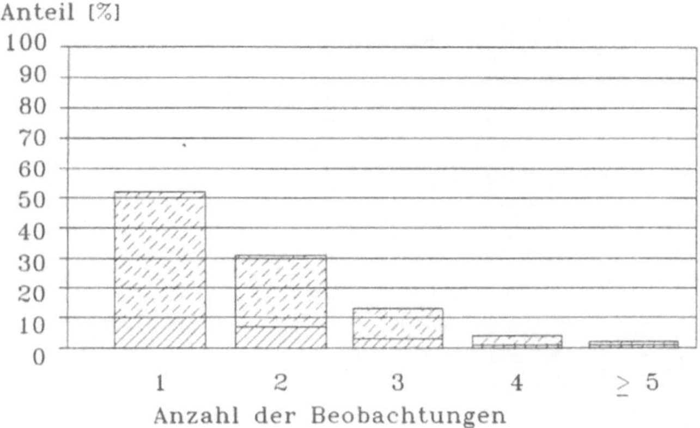

<u>**Schaltung 2:**</u>

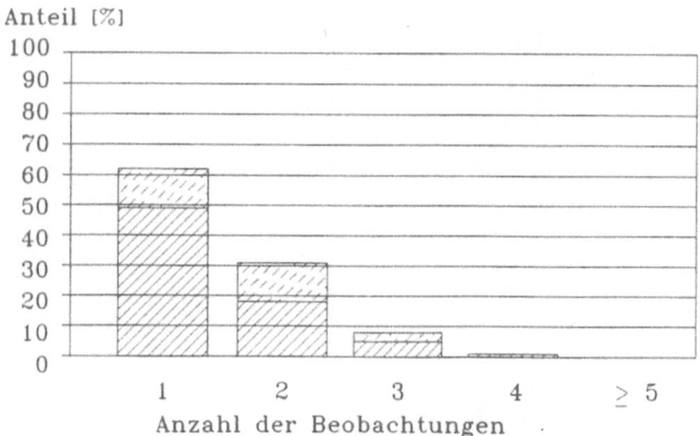

<u>Schaltung 3:</u>

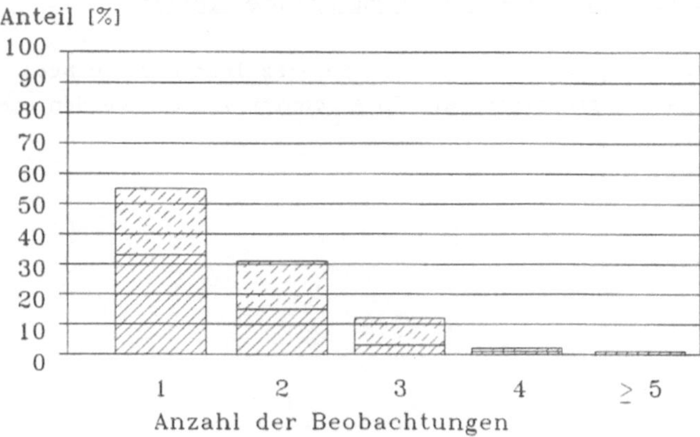

<u>Schaltung 4:</u>

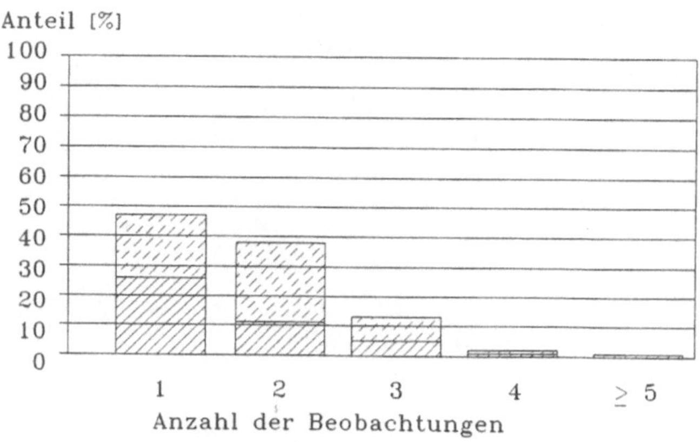

<u>Schaltung 5:</u>

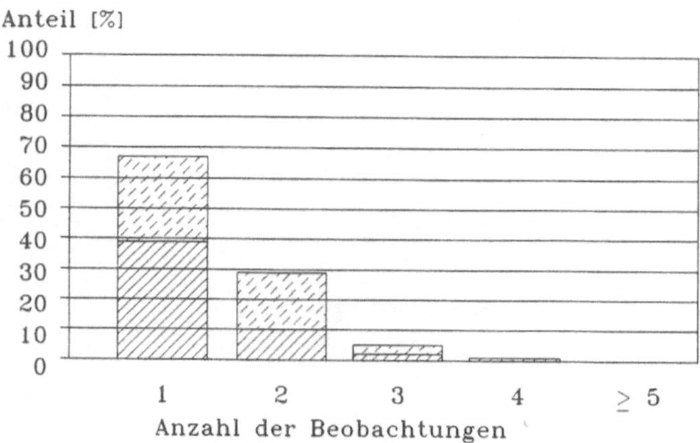

Anteil o h n e Randbedingung
Anteil m i t Randbedingung

Schaltung 6:

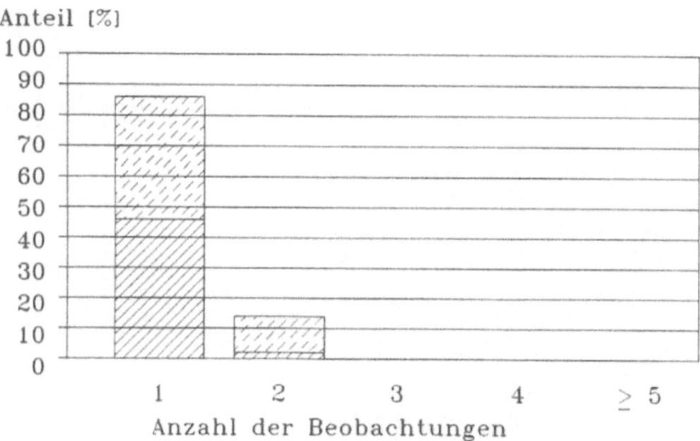

Schaltung 7:

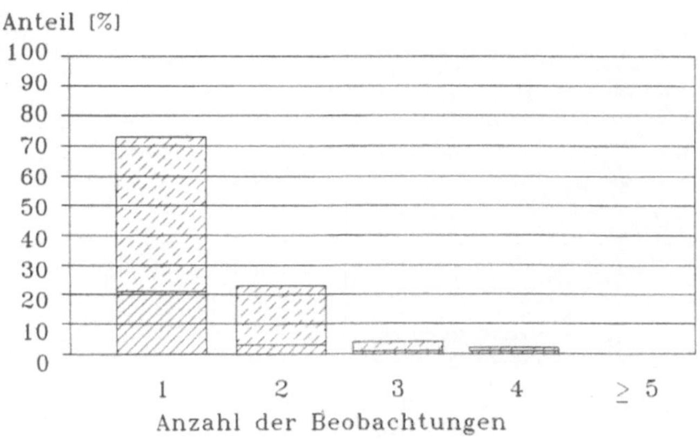

Schaltung 8:

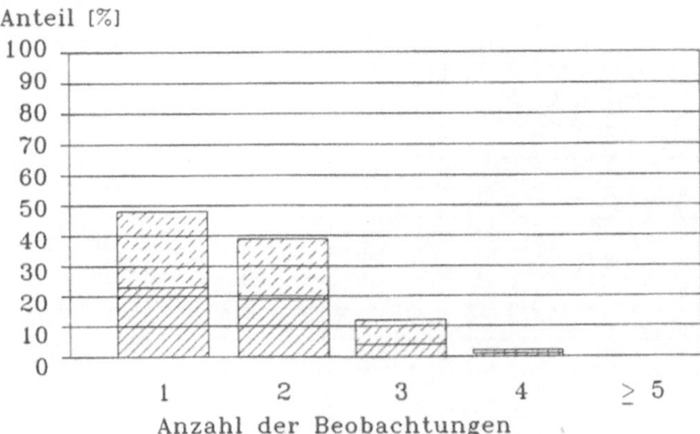

Schaltung 9:

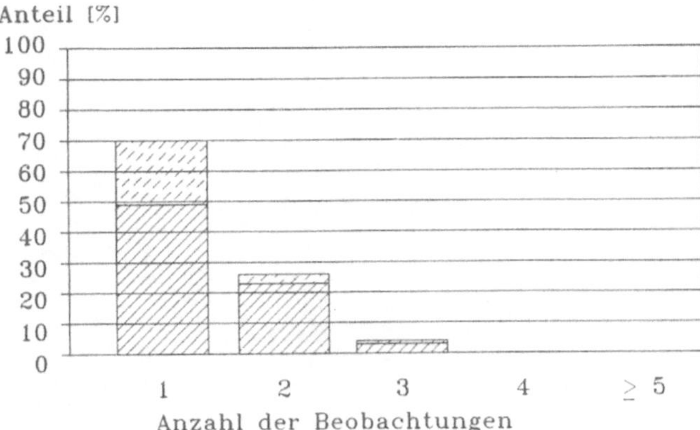

Schaltung 10:

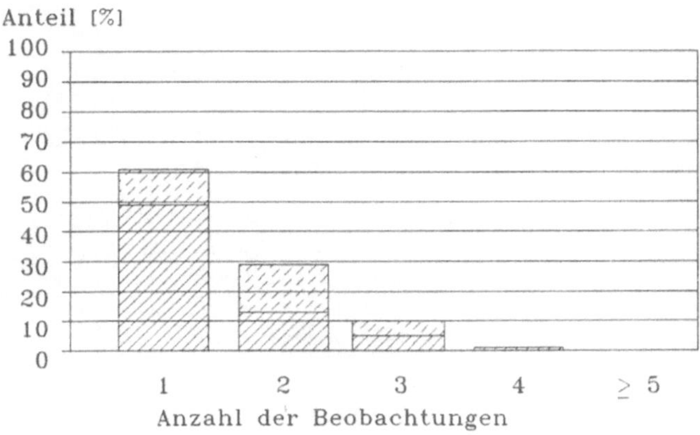

Schaltung 11:

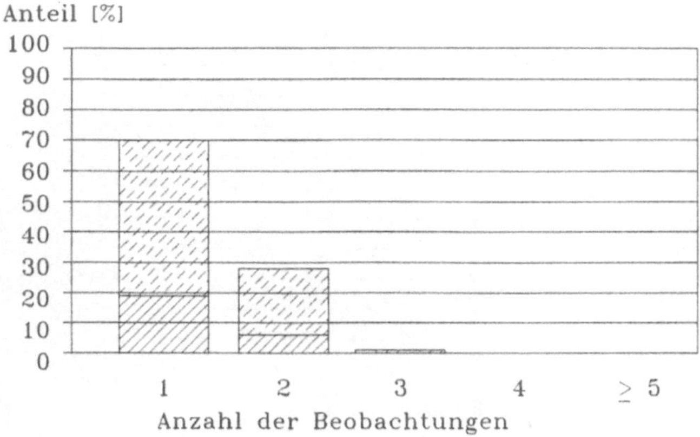

Schaltung 12:

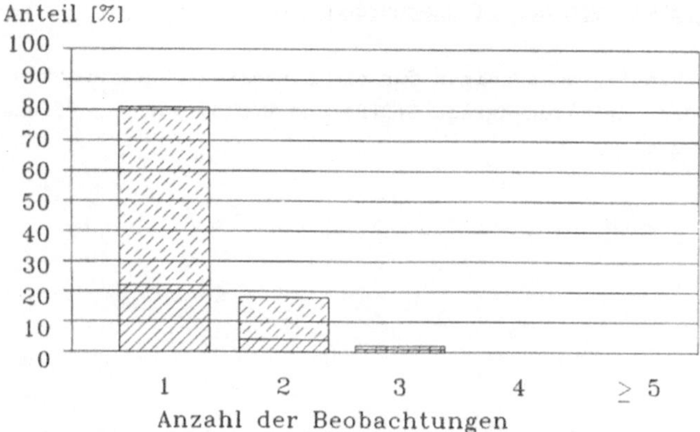

Schaltung 13:

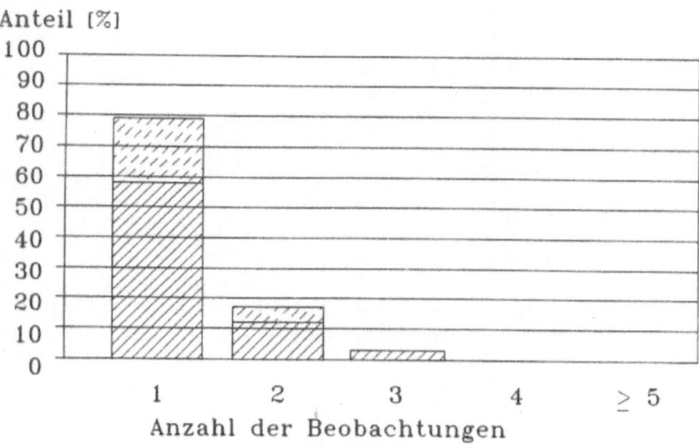

Die 13 folgenden Balkendiagramme zeigen für die einzelnen untersuchten Schaltungen die Abhängigkeit der Erfüllungsgrade E(RTB) und E(STB) von der Pfadkenngröße BDD$_p$ (vgl. Abschnitt 7.2.2.6).

Schaltung 1:

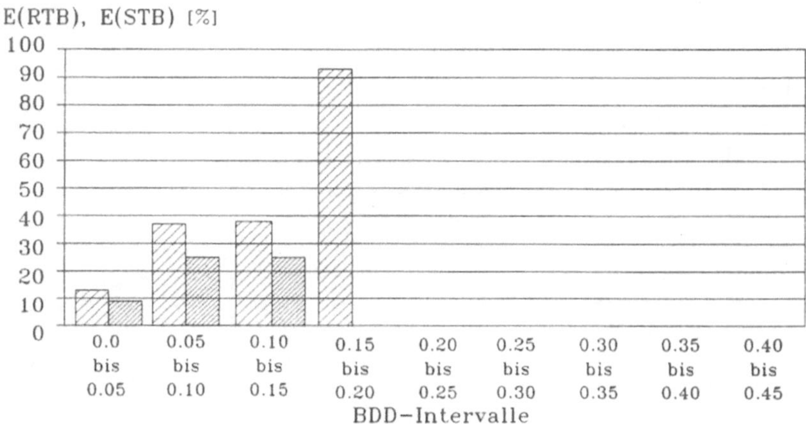

Schaltung 2:

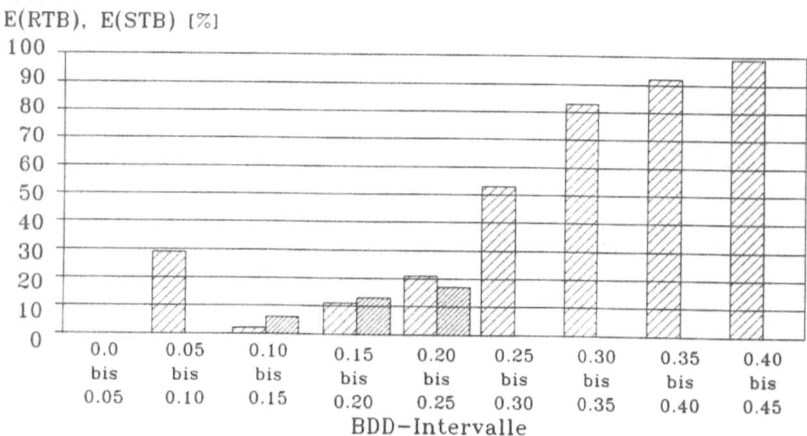

Schaltung 3:

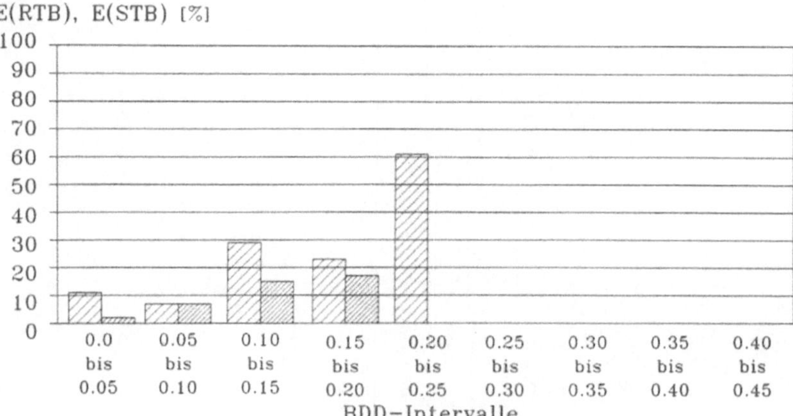

Schaltung 4:

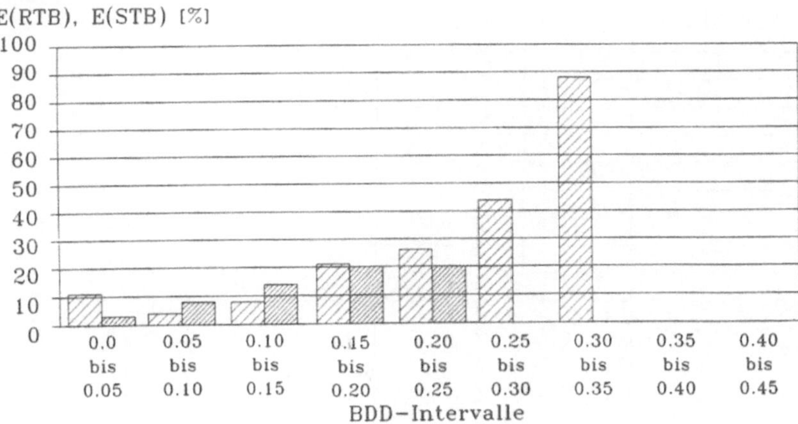

Schaltung 5:

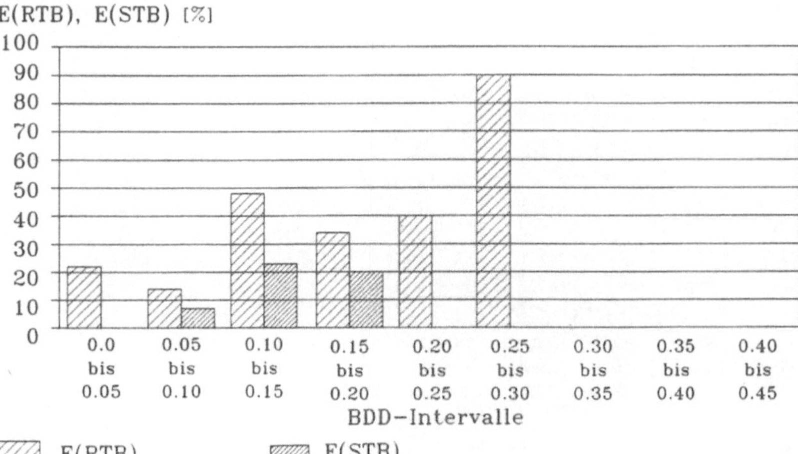

<u>Schaltung 6:</u>

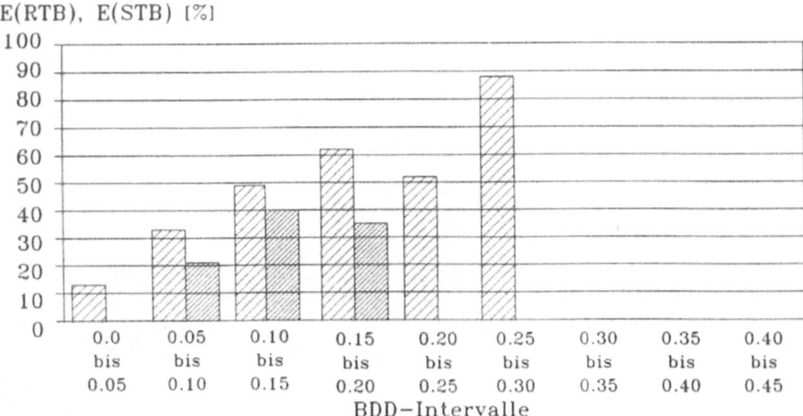

<u>Schaltung 7:</u>

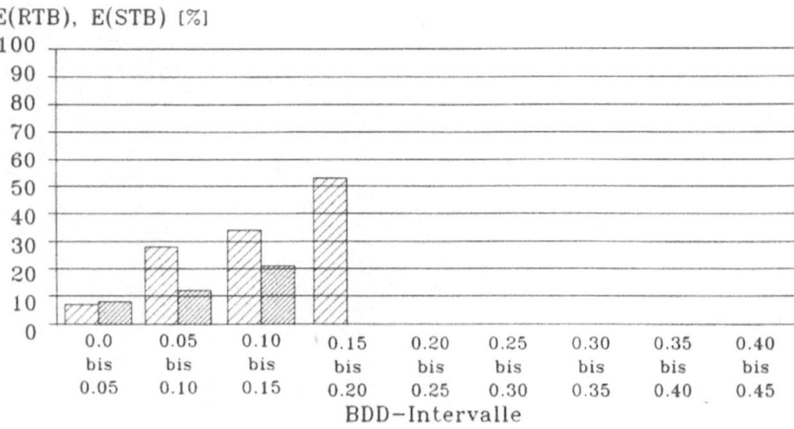

<u>Schaltung 8:</u>

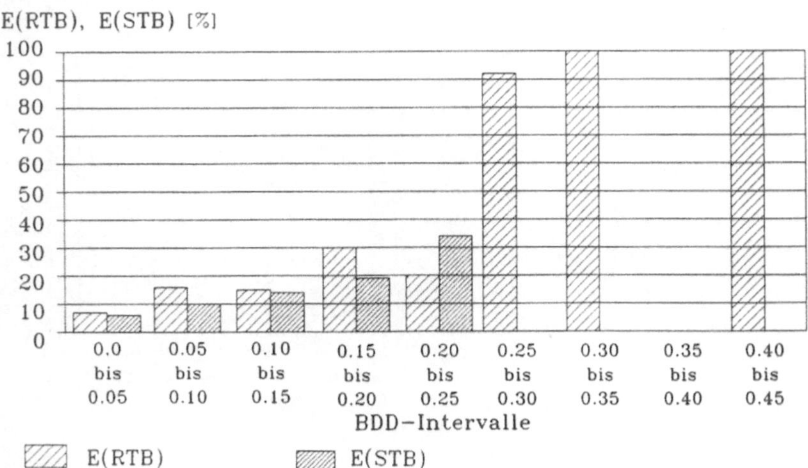

<u>Schaltung 9:</u>

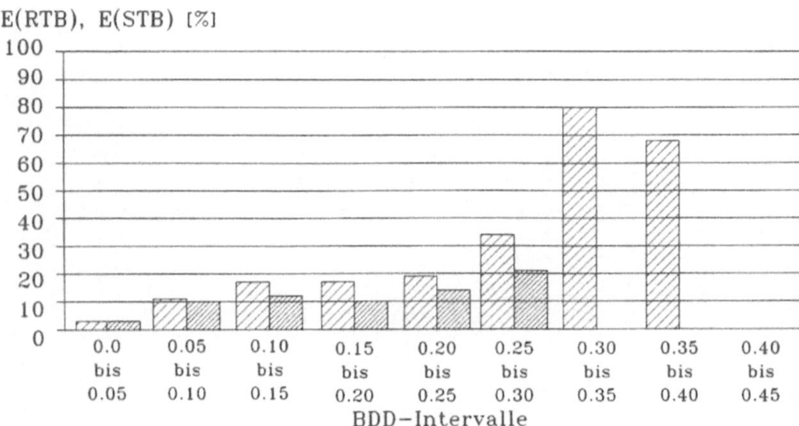

<u>Schaltung 10:</u>

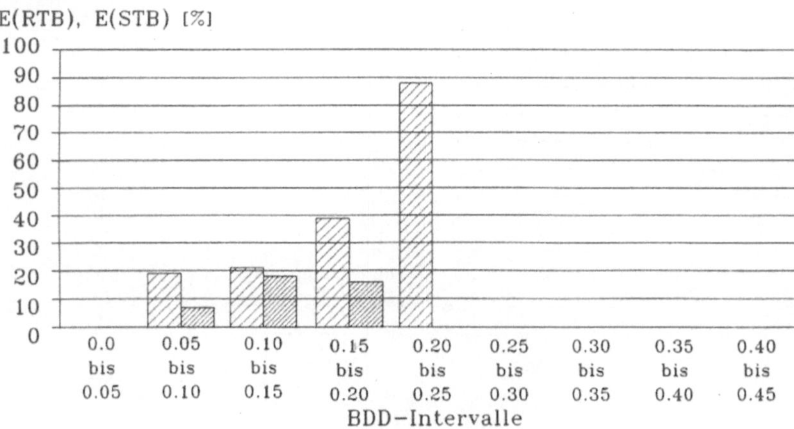

<u>Schaltung 11:</u>

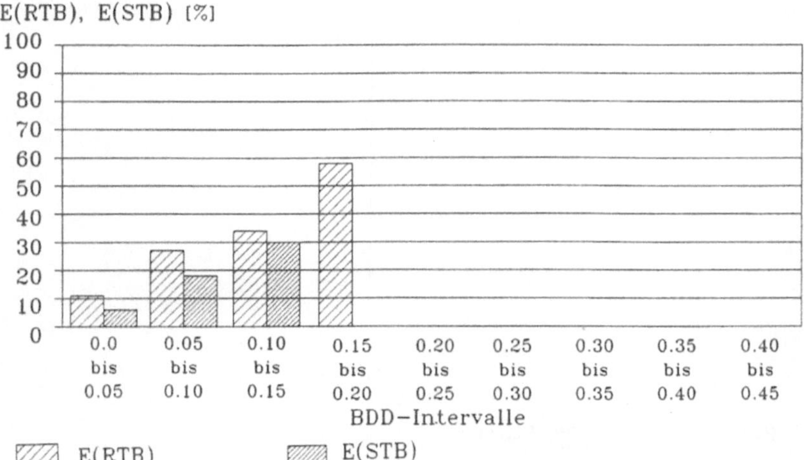

<u>Schaltung 12:</u>

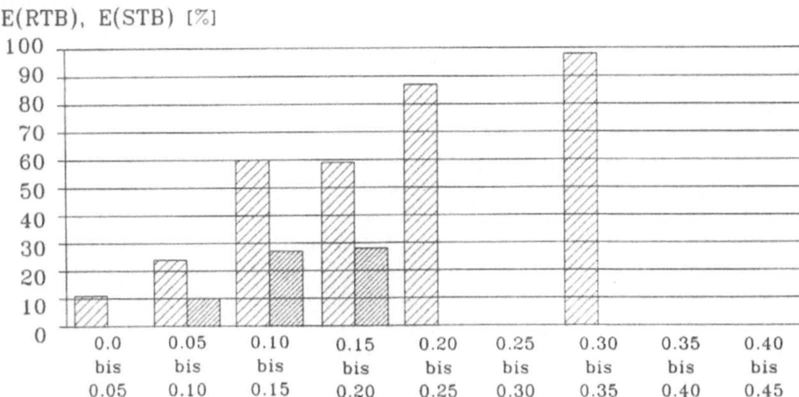

<u>Schaltung 13:</u>

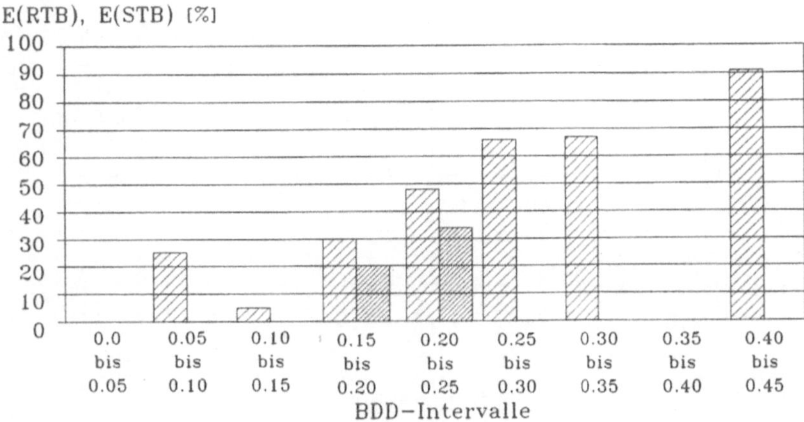

Sachverzeichnis:

<table>
<tr><td></td><td>Definition</td><td>Verwendung auf Seite</td></tr>
</table>

A

	Definition	Verwendung auf Seite
abstrahierendes Modulfehlermodell (AF)	2.4	22
Allquantor ($\forall$)	3.8	30
Analyse der Testbarkeit		4
anteilige Transparenzbedingung (ATB)	4.17	51
Antivalenz ($\leftarrow/\rightarrow$)	3.3	28
Äquivalenz ($\leftrightarrow$)	3.3	28

B

	Definition	Verwendung auf Seite
Bauelementetest		5
Bedingung		
- der eingeschränkten Relativtrans. (ETB_s)	4.24	66
- der eingeschr. seq. Reltrans. ($STB_{s,i}$)	4.25	69
- der gerichteten Transparenz (TB^+, TB^-)	4.15	48
- der schwachen Transparenz (TBS)	5.1	88
- der sequentiellen Relativtrans. ($STB_{s,i}$)	4.25	69
Beobachtungsaufgabe		
- der Fehlererkennung	4.6	38
- der Fehlerlokalisierung	4.7	38
Beobachtungspfad		10, 73 ff.
Beschreibung des Testobjekts		24
beschreibungsbezogenes Fehlermodell		6 f.
Bewertung der Verfahren		115 ff.
Block	3.9	30
Boolesche		
- Algebra	3.2	27
- Differenz (f_{Ei}, $BD_{i,j}$)	3.15	34, 45
- Funktion	3.4	28

C

	Definition	Verwendung auf Seite
charakteristische Funktion (c_D)	3.5	29
CUBICALC		
-Programmsystem		142 ff.
-Syntax		156

D

	Definition	Verwendung auf Seite
D-Algorithmus		11, 114
Datenstrukturen		148 f.
deterministische Testbestimmung		12
disjunkte Pfade	4.3	37
disjunktive Form (DF, $[..]_{DF}$)	3.11	31
disjunktive Normalform (DNF)	3.10	31

E

	Definition	Verwendung auf Seite
eindeutige Abbildung	3.1	27
Eins-		
-block	3.9	30
-menge	3.9	30
-stelle	3.9	30
Einzelpfad	4.2	36
Erfüllungsgrad ($E(..)$)	3.7	29, 122 ff.

F

	Definition	Verwendung auf Seite
FAN-Verfahren		11

170

	Definition	Verwendung auf Seite
Fehlererfassung		8
- reale ...		8
Fehler		
-diagnose		3
-erkennung		3
-lokalisierung		3
-modell	2.4	5 ff., 22
Fremdtest		5
Funktionenbündel (F)	3.4	28
G		
Gerätetest		5
Gesamtschaltung		
- konsistente ...	2.6	23
- Modell der ... (GS)	2.5	23
Gesamttest		12
Gleichheits-Operator	4.18	55
H		
Heuristisches Vereinfachen		145
homogene Form		34
I		
Implikant (I)	3.11	31
Implikat	3.11	31
Implikation ($\Rightarrow$)	3.3	28
- einer Belegung	6.1	102
injektive Abbildung	3.1	27
Injektivität eines Fkt.-Bündels	4.8	39
iterative logic array (ILA)		7
K		
Kofaktor (f_z; auch z.B. $f(x_3=1)$)	3.14	33
konjunktive Form (KF)	3.11	31
konjunktive Normalform (KNF)	3.10	31
Kreuzoperation (#)	3.3	28
L		
Länge einer DF ($L([..]_{DF})$)	3.13	33
logische Gleichung	3.16	34
logischer Ausdruck	3.12	32
Lösen logischer Gleichungen		145 ff.
Lösung		
- partikuläre ...	3.16	34
- vollständige	3.16	34
Linearität einer Schaltfunktion	3.6	29
M		
Mehrfachpfad	4.2	36
Methode der Booleschen Differenzen		11
Minimierung		
- Einzel-...		117, 124
- Bündel-...		117, 125
Mischbereich		
- einheitlicher ...	4.28	71
- zu ep ($MB_{s,ep}$)	4.27	70
- zu PM ($MB_{s,PM}$)	4.27	71

	Definition	Verwendung auf Seite
Modul (M)	2.1	21
-funktion (f_i)	2.2	22
-modell (M = (E,A,F,G))	2.1	21
-test (T = (TD,TO))	2.3	12
Monotonie einer DF	3.13	33
Monotonie einer Schaltfunktion	3.6	29
N		
N-Modul		79
N-Pfad		79
Null-		
-block	3.9	30
-menge	3.9	30
-stelle	3.9	30
P		
parallel transparente Pfade	4.13	42
partielle Injektivität		25, 35 ff.
Pfad (M|ET→AT)	4.1	36
-ausgänge (AT)	4.1	36
-eingänge (ET)	4.1	36
-einstellende Eingänge (EP)	4.1	36
-funktion (FP_k)	4.5	25, 37
-implikant	5.3	95
-Kenngrößen	7.1	119, 126
-modul (M_p)		78
PLA-spezifische Maßnahmen		92 ff.
PODEM-Verfahren		11
prüfgerechter Entwurf		4, 13, 86 ff.
punktweise Injektivität	4.19	61
Q		
Quantoren (∃, ∀)	3.8	30
R		
Randbedingung (R_s, RP, RB)	4.22	66, 87, 123
Relativkomplement (#)	3.3	28, 151
Relativtransparenz	4.20	25, 60 ff.
-bedingung (RTB_s)	4.21	61
- eingeschränkte ... (ETB_s)	4.23	66
- sequentielle ... ($STB_{s,i}$)	4.25	68 ff.
- Verbesserung der ...		98
Rückwärtsimplikation		104 f.
S		
Schaltfunktion	3.4	28
Schaltungsbeispiele		116
Schaltungsmodell	2.1-2.6	5, 21 ff.
schwach transparenter Pfad	5.2	88
Selbsttest		5
sensibilisierter Pfad		11
s-Mischbereich (MB_s)	4.26	70
ständig-0/ständig-1-Fehlermodell (st-0/st-1)		6
Substitution		
- des Pfadausgangs		91
- des Pfadeingangs		90

	Definition	Verwendung auf Seite
subsumieren		145
s-Unterscheidungsbereich (UB$_s$)	4.26	69
surjektive Abbildung	3.1	27
Systemtest		5
T		
Teilfunktion	4.16	51
Teilpfad	4.2	36
t-Einzelpfad	4.14	43
- K-facher ...	4.14	43
t-Mehrfachpfad	4.14	43
Termanzahl einer DF (T($[..]_{DF}$))	3.13	33
Testbarkeit		13, 86 ff.
Test		
-durchführung		3
-ergebnis		3
-hilfe		13
-konzept		20 ff.
-menge		3
-muster		3
-objekt		3
-vorbereitung		3
Testbestimmung		
- anhand des Layouts		10
- anhand einer Struktur v. Gattern		11
- anhand einer Struktur v. Modulen		12 f.
Testen mit Pseudozufallsmustern		12
Transparenz	4.9	25, 40
-bedingung (TB)	4.10	41
- gerichtete ... (TB$^+$, TB$^-$)	4.15	48
- parallele ...	4.13	42
- schwache ...	5.2	88
- sequentielle	4.12	41
- teilweise	4.11	41
-modus (TRM)		86, 88
- Verbesserung der ...		86 ff.
U		
Überdeckung eines Pfades	4.4	37
Ungleichheits-Operator	4.18	55
Unterscheidungsbereich		
- zu ep (UB$_{s,ep}$)	4.27	70
- zu PM (UB$_{s,PM}$)	4.27	71
V		
Verbesserung der Testbarkeit		13, 86 ff.
Vereinfachen der Funktionsdarstellung		145
Vereinigung von Pfaden	4.3	37, 81
Vervollständigung einer Belegung	6.2	102, 106
vollst. Testbestimmungsverfahren		9
Vollständigkeitsgrad		8
V-Modul		79
Voraussetzungen fur das Testkonzept (V1 - V8)		18, 19, 20
V-Pfad		79